普通高等教育“十二五”规划教材

电机与电力电子实验及仿真指导书

主　编　李朝生
副主编　廖德利
编　写　林　琳　范冬萍
主　审　程　明

中国电力出版社
CHINA ELECTRIC POWER PRESS

内容提要

本书为普通高等教育“十二五”规划教材。

本书为了满足应用型本科院校电机实验与电力电子实验及仿真教学使用的需求而编写。本书分为电机与电力电子实验和电机与电力电子仿真上、下两篇，共有12章，包括电机学实验、异步电动机拖动控制实验、异步电动机调速实验、电力电子技术实验、电力电子技术课程设计、MATLAB概述、SIMULINK基础、变压器仿真、三相异步电动机仿真、三相同步发电机仿真、直流电动机仿真和电力电子电路仿真等内容。

本书主要作为应用型本科院校电气工程及其自动化专业的电机学实验与电子电力技术实验教学用书，也可作为高专高职院校的实验实训教学教材，并可为广大学生自学电机学实验、电力电子技术实验等提供帮助。

图书在版编目（CIP）数据

电机与电力电子实验及仿真指导书 / 李朝生主编. —北京：中国电力出版社，2012.7（2017.2 重印）
普通高等教育“十二五”规划教材
ISBN 978-7-5123-3103-7

Ⅰ. ①电… Ⅱ. ①李… Ⅲ. ①电机—试验—高等学校—教学参考资料②电力电子技术—实验—高等学校—教学参考资料 Ⅳ. ①TM306②TM1-33

中国版本图书馆 CIP 数据核字（2012）第 109772 号

中国电力出版社出版、发行
（北京市东城区北京站西街 19 号 100005 http://www.cepp.sgcc.com.cn）
汇鑫印务有限公司印刷
各地新华书店经售
*
2012 年 7 月第一版 2017 年 2 月北京第三次印刷
787 毫米×1092 毫米 16 开本 15.5 印张 371 千字
定价 28.00 元

前　言

本书是与牛维扬、李祖明主编的《电机学（第二版）》和李先允主编的《电力电子技术》配套的实验实训辅助教材。

本书分上、下两篇。上篇为电机与电力电子实验，共有五章，包括电机学实验、异步电动机拖动控制实验、异步电动机调速实验、电力电子技术实验和电力电子技术课程设计等内容。下篇为电机与电力电子仿真，共有七章，包括 MATLAB 概述、SIMULINK 基础、变压器仿真、三相异步电动机仿真、三相同步发电机仿真、直流电动机仿真和电力电子电路仿真等内容。

本书由李朝生、廖德利、林琳和范冬萍编写。其中，第 3、4、5 章由廖德利编写，第 9 章第 4 节由林琳编写，第 1、2、10、12 章和第 9 章其他部分由李朝生编写，第 6、7、8、11 章由范冬萍编写。全书由李朝生统稿。

本书承蒙东南大学程明教授主审，提出了许多中肯的宝贵意见，在此表示诚挚的谢意。本书的出版也得到施耐德电气公司和浙江求是科教设备有限公司的大力支持，在编写本书的过程中参考和使用了部分兄弟院校的教材及国内外文献资料，对原作者也一并表示诚挚的谢意。在本书的编写过程中，还得到房淑华博士、郭健博士、颜建虎博士、金平博士、王坚博士的指导，分别对第 8～12 章提出了不少宝贵意见和建议，编者受益匪浅，此外，还得到南京工程学院电力工程学院其他老师的指点、帮助，在此，谨致谢意。

由于编者水平所限，加之编写时间比较仓促，书中疏漏之处在所难免，尚希广大读者和同行专家不吝指正。

编　者

2012 年 2 月于南京方山

目　录

下篇 电机与电力电子仿真

上篇 电机与电力电子实验

第1章 电 机 学 实 验

1.1 认 识 实 验

一 电机实验基本要求

为确保电机实验时人身设备的安全，顺利完成电机实验，学生必须首先了解 BMEL-Ⅱ电机系统教学实验台，同时满足以下要求。

（1）学生应认真预习并撰写预习报告。在进入实验室前，应带齐预习报告、实验指导书、理论课教材，以及必要的文具。

（2）进入实验室后，首先应抄录试验台编号、实验机组铭牌和编号、机组电源和负载的规格和编号、各种仪表的量程和编号。

（3）实验开始前，学生应认真听取指导老师对实验所作的讲解；教师在讲解结束后应回答学生在预习和听讲中遇到的问题，待没有问题后方可宣布实验开始。

（4）实验时女生应将发辫及长发挽起，注意衣服及所用导线等不要卷入电机的转动部分，更不允许用身体去接触电机转动部分。

（5）学生完成接线或改接线路后，必须经指导教师检查，经允许后，方可合上电源。

（6）实验过程中，如需要较长时间讨论问题，应将电源切除。

（7）在线路有电时，尽可能单手操作。

（8）实验过程中发现不正常现象，如设备冒烟、有焦味、声音异常，应立即断开电源并迅速离开实验台，同时请指导老师到现场检查处理。

（9）正常情况下需要停机，应先将负载减小，然后再拉开开关。

（10）实验完成后，在将设备摆放整齐后方可离开实验室。

（一）实验前的准备

实验前应复习教科书有关章节，认真研读实验指导书，了解实验目的、项目、方法与步骤，明确实验过程中应注意的问题（有些内容可到实验室对照实验预习，如熟悉组件的编号、使用及其规定值等），并按照实验项目准备记录抄表等。

实验前应写好预习报告，经指导老师检查认为确实做好了实验前的准备，方可开始做实验。

认真做好实验前的准备工作，对于培养学生的独立工作能力，保证实验安全、顺利进行，提高实验质量和保护实验设备都是很重要的。

（二）实验的进行

1. 建立小组，合理分工

每次实验都以小组为单位进行，一般每组由 2～4 人组成。实验过程中，接线、调节负载、保持电压或电流、记录数据等工作每人应有明确的分工，以保证实验操作协调，记录数据准确可靠。

2. 选择组件和仪表

实验前认真读图，熟悉该次实验所用的仪表、组件，记录电机铭牌和选择仪表量程，然后依次排列组件和仪表以便测取数据。

3. 按图接线

根据实验线路图对所选组件、仪表进行接线，线路力求简单明了，接线原则一般是先接串联主回路、再接并联支路。为查找线路方便，同一回路可用相同颜色的导线。

4. 起动电机并观察仪表

在正式实验开始之前，先熟悉仪表刻度，并记下倍率，然后按一定规范起动电机，观察所有仪表是否正常（如指针正、反向是否超满量程等）。如果出现异常，应立即切断电源，并排除故障；如果一切正常，即可正式开始实验。

5. 测取数据

预习时，对电机的实验方法及所测数据的大小做到心中有数。正式实验时，根据实验步骤逐次测取数据。

6. 指导教师审阅实验数据

实验完毕，须将数据交指导教师审阅。经指导教师认可后，才允许拆线并把实验所用的组件、导线及仪器等物品整理好。经指导教师允许后方可离开实验室。

（三）实验报告

实验报告是根据实测数据和在实验中观察、发现的问题，经过自己分析研究或分析讨论后写出的心得体会。

实验报告要写在一定规格的报告纸上，且应简明扼要、字迹清楚、图表整洁、结论明确。

实验报告包括以下内容。

（1）实验名称、专业班级、学号、姓名、实验日期、室温。

（2）列出实验中所用组件的名称及编号、电机主要铭牌数据等。

（3）绘出实验时所用组件的线路图，并注明仪表量程、电阻器阻值、电源端编号等。

（4）数据的整理、计算和分析。

（5）根据记录及计算的数据用坐标纸画出曲线，曲线要用曲线尺或曲线板连成光滑曲线，不在曲线上的点仍按实际数据标出。

（6）根据数据和曲线进行计算和分析，说明实验结果与理论是否符合，可对某些问题提出一些自己的见解并最后写出结论。

（7）每次实验后，要求每人独立完成一份报告，按时送交指导教师批阅。

二 实验安全操作规程

为了顺利完成大功率电机实验，确保实验时人身安全与设备安全，要牢固树立“安全第一”的思想，严格遵守如下安全操作规程。

（1）实验时，必须熟悉和掌握切断电源的方法，人体不可接触带电线路。接线或拆线都必须在切断电源的情况下进行。接线前和拆线前要检查实验装置上各开关、旋钮，使其置于关断或初始位置，合理设置各仪表的挡位。学生独立完成接线或改接线路后，首先进行自检和小组内学生互检，然后必须经指导教师检查和允许，方可进行通电实验。

（2）每次接通电源时，操作者要提醒组内其他同学引起注意后方可进行。实验中如发生事故，应立即切断电源，经查清问题和妥善处理故障后，才能继续进行实验。

（3）电机的起动和停止要按正确的步骤进行。异步电动机如直接起动，则应先检查功率表及电流表的电流量程是否符合要求、有否短路回路存在，以免损坏仪表或电源。直流电动机不允许直接起动，不允许在励磁电流过小时起动及运行。

（4）总电源或实验台控制屏上的电源接通应由实验指导人员来控制，其他人只能在指导人员允许后才可操作，不得自行合闸。

三 综合实验装置的认识

（一）主要设备

1. 主要设备选用

变压器选用 DJ12A 型三相心式变压器，额定容量为 S_N=2kVA，U_N=380/220V，I_N=3.04/5.25A，Yy 接法。三相异步电动机/直流发电机机组：异步电动机选用 Y100L1-4 型三相笼型异步电动机，其额定值为 P_N=2.2kW，U_N=380V，I_N=5A，n_N=1430r/min，Y 接法（若采用△接法，额定电压则为 220V）。直流发电机 G：P_N=1.5kW，U_N=230V，I_N=6.52A，n_N=1500r/min，U_f=220V，I_f=0.47A。

直流电动机/直流发电机机组：被测直流电动机选用 Z2-32 型他励直流电动机，P_N=2.75kW，U_N=220V，I_N=12.5A，n_N=1500r/min，U_f=220V，I_{fN}=0.61A；直流发电机的额定值为 P_N=1.5kW，U_N=230V，I_N=6.52A，n_N=1500r/min，U_f=220V，I_f=0.47A。

直流电动机/三相同步发电机：直流电动机 M 的额定值为 P_N=3.85kW，U_N=220V，I_N=17.5A，n_N=1500r/min，U_f=220V，I_f=0.505A；三相同步发电机 G 的额定值为 P_N=2.75kW，U_N=400V，I_N=3.96A，n_N=1500r/min，U_f=220V，I_f=2.4A。

BT2-120 型三相可调电阻箱，每相最大电阻为 265Ω、最大电流为 6.5A，可作为纯阻性负载使用，也可在一些实验线路（如串电阻降压起动线路）中作为可调电阻使用。实验导线包括电流线、电压线和调速实验专用导线等几种。电流线较粗，串联在主回路中。电压线较细，并联在电压回路中，也用在部分实验的控制回路中。

2. 主控屏

主控屏位于面板的左上方和下部，包括以下模块。

左上方有 3 个模块，按左到右排列分别是：①BMEL-001A 电源控制，转速显示，扭矩仪；②BMEL-006C 三相心式变压器；③BMEL-010 可调电阻：三相可调电阻和单相可调电阻。

下部有 6 个模块，按左到右排列分别是：①BMEL-004B 异步电机—直流电机机组；②BMEL-003B 直流电机机组；③BMEL-007B 直流电机电枢电源；④BMEL-008B 直流电机励磁电源；⑤BMEL-005B 同步电机—直流电机机组；⑥MCL-001 扩展板。

3. 仪表挂箱

（1）BMEL-31B 交流电压表；

（2）BMEL-32B 交流电流表；

（3）BMEL-33B 功率—功率因数表；

（4）BMEL-34C 直流电压—电流表；

（5）BMEL-35B 旋转指示—并车开关；

（6）BMEL-30B 开关箱。

（二）开启及关闭电源的方法和注意事项

实验中，开启及关闭电源都在控制屏上操作。

1. 电源总开关的操作

（1）将电源控制屏的电源线接入对应的三相电源，开启电源前要检查控制屏下面“双路直流电源”的“电枢电源”开关及“励磁电源”开关，还有“同步电机励磁电源”的开关都须在关断的位置。控制屏桌面左端安装的调压器旋钮必须在零位，即必须将它向逆时针方向旋转到底。

（2）检查无误后，合上控制屏左侧端面上的三相带漏电保护的空气开关（电源总开关），此时控制屏的控制部分（所有仪表都将有显示，定时器兼报警记录仪工作）、屏上的电源插座及照明都将得电。“停止”按钮指示灯亮，表示实验装置的进线接到电源，但还不能输出电压。此时在电源输出端进行实验电路接线操作是安全的。

当发生漏电、过载、短路等故障时，电源总开关有可能自动断开。

2. 三相交流电源的操作

（1）按上述步骤合上电源总开关，按下“起动”按钮，“起动”按钮指示灯亮，表示三相交流调压电源输出插孔 A、B、C 上已通电。

（2）适当旋转调压器旋钮，在 0～450V 范围内调节输出线电压。电压大小由控制屏左上方的三只交流电压表指示。

（3）实验中如果需要改接线路，必须按下“停止”按钮切断交流电源，以保证实验操作的安全。实验完毕，还需关断“电源总开关”，并将控制屏桌面左端安装的调压器旋钮调回到零位。将直流电动机的“电枢电源”开关以及“同步电机励磁电源”开关拨回到最小位置。

当发生漏电、过载、短路等故障时，交流电源有可能自动断开。

3. 直流电动机电源的操作

直流电源由交流电源变换而来，开启直流电源，必须先完成开启交流电源，即开启“电源总开关”并按下“起动”按钮。在此之后，将分为以下几种情况进行使用。

（1）按常规起动直流他励电动机的步骤：打开“励磁电源”开关，可获得 0～250V、最大电流为 3A 的可调的直流电源输出，调节电位器和负载回路的电阻使得励磁回路的电流达到额定值；将电枢电压的调节电位器逆时针旋到底，再打开“电枢电源”开关，可获得 0～250V、最大电流为 20A 的可调的直流电源输出，调节电位器至电枢电压达到额定值使得电机正常运转（注：“励磁电源”在刚打开时会发出“欠励”告警声光指示，随着励磁电流的增大将消失）。停机时，必须先关电枢电源，后关励磁电源。

（2）单独使用“励磁电源”的步骤：因为本套装置的“双路直流电源”专为直流他励电动机设计了“欠励”保护功能，所以在打开“直流励磁电源”开关后若回路电流没有达到“欠励”限定值（约 0.15A），以上装置都将发出告警指示。

（3）单独使用“电枢电源”的步骤：先打开“电枢电源”开关，“欠励”告警，且无电压输出，按下“电源选择切换”按钮告警消失，再打开“励磁电源”开关，此时电枢电源才能正常输出。

励磁电源电压及电枢电源电压都可以由同一只直流电压表指示。当该电压表下方的“电压指示切换”开关拨向“电枢电压”时，指示电枢电源电压；当将它拨向“励磁电压”时，指示励磁电源电压。

4. 同步电机励磁电源的操作

同步电机的直流励磁电源也是由交流转换而来的，所以在开启“同步励磁电源”之前，必须先开启“电源总开关”并按下“起动”按钮。

在此之后，将控制屏左侧端面上的单相调压器旋钮逆时针旋到底，然后打开同步电机励磁开关，通过调节控制屏左侧端面上的单相调压器旋钮来调节“同步励磁电源”的输出电压，并可通过一只交流电压指示表指示。

1.2 三相变压器空载、短路实验

一 实验目的

（1）通过空载和短路实验，测定三相变压器的变比和参数。

（2）通过负载实验，测取三相变压器的运行特性。

二 预习要点

（1）如何用“双表法”测三相功率，空载和短路实验应如何合理布置仪表？

（2）三相心式变压器的三相空载电流是否对称，为什么？

（3）如何测定三相变压器的铁损耗和铜损耗？

（4）变压器空载和短路实验应注意哪些问题？电源应加在哪一方较合适？

三 实验项目

（1）测定变比。

（2）空载实验：测取空载特性 $U_0=f(I_0)$，$P_0=f(U_0)$，$\cos\varphi_0=f(U_0)$。

（3）短路实验：测取短路特性 $U_k=f(I_k)$，$P_k=f(I_k)$，$\cos\varphi_k=f(I_k)$。

（4）纯电阻负载实验：保持 $U_1=U_{1N}$，$\cos\varphi_2=1$ 的条件下，测取 $U_2=f(I_2)$。

四 实验设备及仪器

（1）BMEL 系列电机系统教学实验台。

（2）交流电压表、电流表、功率、功率因数表。

（3）三相变压器，三相可调电阻器，开关板。

五 实验方法

1. 测定变比

实验线路如图 1-1 所示，变压器选用三相心式变压器，将调压器旋钮逆时针方向旋转到底，并合理选择各仪表量程。合上交流电源总开关，即按下绿色“闭合”开关，顺时针调节调压器旋钮，使变压器空载电压 $U_0=0.5U_N$，测取高、低压线圈的线电压 U_{AB}、U_{BC}、U_{CA}、U_{ab}、U_{bc}、U_{ca}，记录于表 1-1 中。

表 1-1　变比测量数据

U（V）		K_{AB}	U（V）		K_{BC}	U（V）		K_{CA}	$K=1/3(K_{AB}+K_{BC}+K_{CA})$
U_{AB}	U_{ab}		U_{BC}	U_{bc}		U_{CA}	U_{ca}		

注　表中，$K_{AB}=U_{AB}/U_{ab}$，$K_{BC}=U_{BC}/U_{bc}$，$K_{CA}=U_{CA}/U_{ca}$。

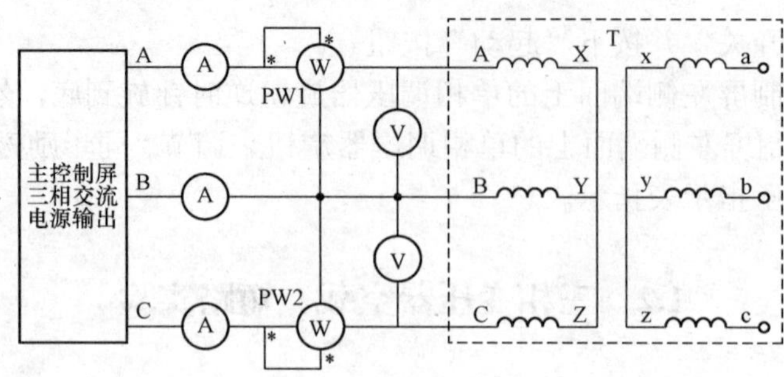

图 1-1 三相变压器开路实验接线图

2. 空载实验

一般来说，变压器的空载试验是在低压侧进行的，但由于实验室变压器电压等级低，容量小，变比不大，为了方便，变压器空载实验也可以在高压侧进行。实验线路如图 1-1 所示，A、V、W 分别为交流电流表、交流电压表、功率表，实验数据记录于表 1-2 中。功率表接线时，需注意电压线圈和电流线圈的同名端，避免接错线。

表 1-2　　三相变压器空载实验数据

序号	实验数据								计算数据			
	U_0（V）			I_0（A）			P_0（W）		U_0（V）	I_0（A）	P_0（W）	$\cos\varphi_0$
	U_{AB}	U_{BC}	U_{CA}	I_{A0}	I_{B0}	I_{C0}	P_{01}	P_{02}				
1												
2												
3												
4												
5												
6												
7												
8												
9												
10												

3. 短路实验

实验线路如图 1-2 所示，变压器高压线圈接电源，低压线圈 a、b、c 之间用两根线直接短路。

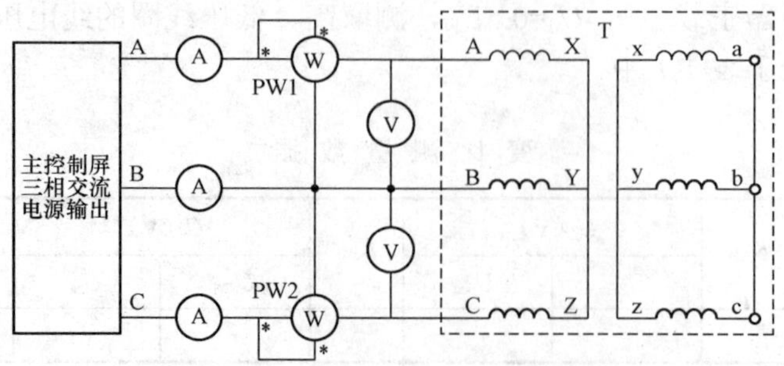

图 1-2 三相变压器短路实验接线图

接通电源前，将交流电压调到输出电压为零的位置，接通电源后，逐渐增大电源电压，达到20V左右，使变压器的短路电流$I_k=1.1I_N$。然后逐次降低电源电压，在（1.1～0.5）I_N的范围内，测取变压器的三相输入电压、电流及功率，共取几组数据，记录于表1-3中，其中$I_k=I_N$点必测。实验时，记下周围环境温度（℃），作为线圈的实际温度。

表1-3　三相变压器短路实验数据（T=　℃）

序号	实验数据								计算数据			
	U_k（V）			I_k（A）			P_k（W）		U_k（V）	I_k（A）	P_k（W）	$\cos\varphi_k$
	U_{AB}	U_{BC}	U_{CA}	I_A	I_B	I_C	P_{k1}	P_{k2}				
1												
2												
3												
4												
5												

4. 纯电阻负载实验

由于变压器高压侧额定电压为380V，低压侧电压只有220V左右，所以负载实验在高压侧进行。实验线路如图1-3所示，变压器一次侧接电源，电源电压为380V，二次侧经开关S接三相负载电阻R_L。

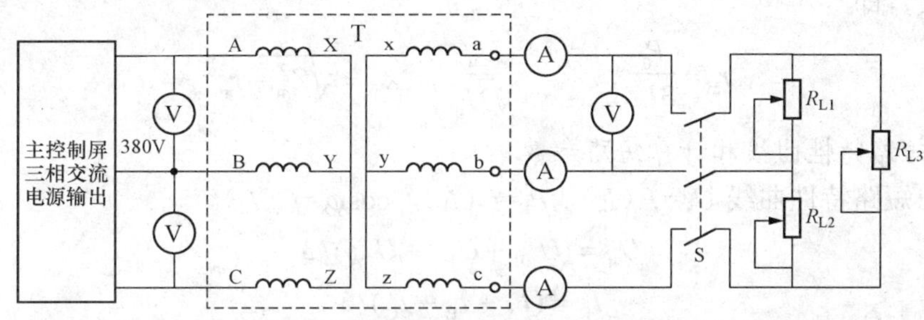

图1-3　三相变压器负载实验接线图

（1）将负载电阻R_L调至最大，合上开关S接通电源，调节交流电压，使变压器的输入电压$U_1=U_{1N}$。

（2）在保持$U_1=U_{1N}$的条件下，逐次增加负载电流，从空载到额定负载范围内，测取变压器三相输出线电压和相电流，共取几组数据，记录于表1-4中，其中$I_2=0$和$I_2=I_{2N}$两点必测。

表1-4　$U_{AB}=U_{1N}=380V$；$\cos\varphi_2=1$时的测量数据

序号	U（V）				I（A）			
	U_{AB}	U_{BC}	U_{CA}	U_2	I_1	I_a	I_b	I_c
1								
2								
3								
4								
5								

注　表中，$I_1=(I_a+I_b+I_c)/(3K)$。

六 注意事项

在三相变压器实验中，应注意电压表、电流表和功率表的合理布置。做短路实验时操作要快，否则线圈发热会引起电阻变化。

七 实验报告

1. 计算变压器的变比

根据实验数据，计算出各项的变比，然后取其平均值作为变压器的变比，即

$$K_{AB}=U_{AB}/U_{ab}，K_{BC}=U_{BC}/U_{bc}，K_{CA}=U_{CA}/U_{ca} \tag{1-1}$$

2. 根据空载实验数据作空载特性曲线并计算励磁参数

（1）绘出空载特性曲线 $U_0=f（I_0）$，$P_0=f（U_0）$，$\cos\varphi_0=f（U_0）$。

式中

$$U_0=(U_{AB}+U_{BC}+U_{CA})/3 \tag{1-2}$$

$$I_0=(I_{A0}+I_{B0}+I_{C0})/3 \tag{1-3}$$

$$P_0=P_{01}+P_{02} \tag{1-4}$$

$$\cos\varphi_0=\frac{P_0}{\sqrt{3}U_0I_0} \tag{1-5}$$

（2）计算励磁参数。从空载特性曲线查出对应于 $U_0=U_N$ 时的 I_0 和 P_0 值，并由式（1-6）求取励磁参数，即

$$r_m=\frac{P_0}{3I_0^2}，\ Z_m=\frac{U_0}{\sqrt{3}I_0}，\ X_m=\sqrt{Z_m^2-r_m^2} \tag{1-6}$$

3. 绘出短路特性曲线和计算短路参数

（1）绘出短路特性曲线 $U_k=f（I_k）$，$P_k=f（I_k）$，$\cos\varphi_k=f（I_k）$。

式中

$$U_k=(U_{AB}+U_{BC}+U_{CA})/3 \tag{1-7}$$

$$I_k=(I_A+I_B+I_C)/3 \tag{1-8}$$

$$P_k=P_{k1}+P_{k2} \tag{1-9}$$

$$\cos\varphi_k=\frac{P_k}{\sqrt{3}U_kI_k} \tag{1-10}$$

（2）计算短路参数。从短路特性曲线查出对应于 $I_k=I_N$ 时的 U_k 和 P_k 值，并由下式算出实验环境温度 θ℃时的短路参数

$$r_k'=\frac{P_k}{3I_N^2},Z_k=\frac{U_k}{\sqrt{3}I_N},X_k'=\sqrt{Z_k'^2-r_k'^2} \tag{1-11}$$

折算到低压方

$$Z_k=\frac{Z_k'}{K^2},r_k=\frac{r_k'}{K^2},X_k=\frac{X_k'}{K^2} \tag{1-12}$$

换算到基准工作温度的短路参数为 $r_{k75℃}$ 和 $Z_{k75℃}$，计算出阻抗电压。

$$U_k=\frac{\sqrt{3}I_NZ_{k75℃}}{U_N}\times100\% \tag{1-13}$$

$$U_{kr}=\frac{\sqrt{3}I_N r_{k75℃}}{U_N}\times 100\% \quad (1\text{-}14)$$

$$U_{kX}=\frac{\sqrt{3}I_N X_k}{U_N}\times 100\% \quad (1\text{-}15)$$

$I_k=I_N$ 时的短路损耗 $P_{kN}=3I_N^2 r_{k75℃}$。

4. 画等效电路

利用由空载和短路实验测定的参数，画出被试变压器的“Γ”型等效电路。

5. 变压器的电压变化率 ΔU

（1）根据实验数据绘出 $\cos\varphi_2=1$ 时的特性曲线 $U_2=f(I_2)$，由特性曲线计算出 $I_2=I_{2N}$ 时的电压变化率 ΔU，即

$$\Delta U=\frac{U_{20}-U_2}{U_{20}}\times 100\% \quad (1\text{-}16)$$

（2）根据实验求出的参数，算出 $I_2=I_N$，$\cos\varphi_2=1$ 时的电压变化率 ΔU，即

$$\Delta U=\beta(U_{kr}\cos\varphi_2+U_{kX}\sin\varphi_2) \quad (1\text{-}17)$$

6. 绘出被试变压器的效率特性曲线

（1）用间接法算出在 $\cos\varphi_2=0.8$ 时，不同负载电流时的变压器效率

$$\eta=\left(1-\frac{P_0+I_{2*}^2P_{kN}}{I_2^*P_N\cos\varphi_2+P_0+I_{2*}^2P_{kN}}\right)\times 100\% \quad (1\text{-}18)$$

式中：$I_{2*}P_N\cos\varphi_2=P_2$，$P_N$ 为变压器的额定容量；P_{kN} 为变压器 $I_k=I_N$ 时的短路损耗；P_0 为变压器的 $U_0=U_N$ 时的空载损耗。

变压器效率记录于表 1-5 中。

表 1-5　　测量数据（$\cos\varphi_2=0.8$，P_0=　W，P_{kN}=　W）

I_2	P_2（W）	η
0.2		
0.4		
0.6		
0.8		
1.0		

（2）计算被试变压器 $\eta=\eta_{max}$ 时的负载系数 $\beta_m=\sqrt{\dfrac{P_0}{P_{kN}}}$。

1.3　变压器同名端测定实验

一　实验目的

（1）掌握实验设计的原理与方法。

（2）掌握用实验方法测定三相变压器绕组极性。

（3）掌握用实验方法判别变压器的连接组。

二 预习要点

（1）什么是同名端？为什么要研究同名端？

（2）按照实验项目要求，设计出各项实验方案。方案在实验前 2 周交任课教师审阅，并且在实验前实验方案必须得到教师同意。

（3）设计实验方案时间由老师安排，班长或课代表首先将全班同学按 2 人一组分组，最多分成 24 组，每组同学共同完成方案设计和实验。设计实验方案时，可以与老师联系到实验室了解熟悉实验设备及仪器仪表；各小组间可以相互讨论，同时必须认真学习、查阅和研究相关理论，做到理论依据充分。初始方案作为评定本实验以及全部课程实验成绩的主要依据，各实验小组提交方案不得完全相同。

（4）对连接组验证实验，操作步骤首先按不同组别分别拟订，待各组别实验方案全部完成后须进行优化，以保证在 2h 的时间内完成全部实验项目；实验数据记录表格按不同组别分别准备。

三 实验设备及仪器

（1）BMEL-Ⅱ系列电机系统教学实验台。

（2）交流电压表，三相变压器。

四 实验项目及要求

（一）标记绕组端头

1. 实验任务

一台三相双绕组心式变压器，其高、低压各绕组的 12 个端头已经引到 BMEL-Ⅱ系列电机系统教学实验台主控制屏上的接线板，但绕组接线端没有标记，如图 1-4 所示。试利用该实验台配备的设备和仪表，设计简单的实验方案，判断出这些端头所属的相并标出首、尾端字母，如图 1-5 所示。

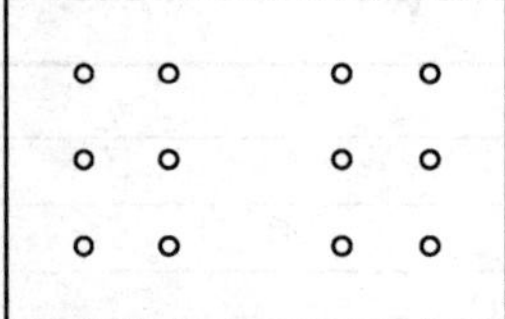

图 1-4 接线端无标记的变压器接线板

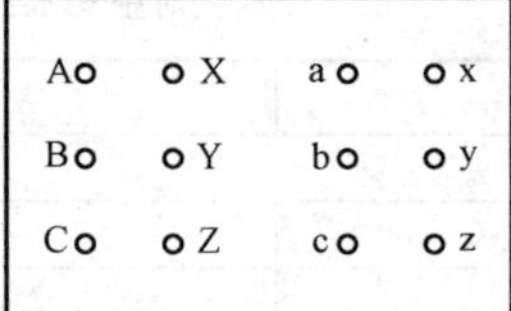

图 1-5 接线端有标记的变压器接线板

2. 实验要求

（1）运用通电检查法，按照 BMEL-Ⅱ系列电机系统教学实验台画出实验接线图，并选择测量仪表的量程。

（2）拟订实验操作步骤以及注意事项。

（3）拟订实验记录表格。

（4）按照拟订方案进行实验。

（5）根据实验结果，将事先准备好的写有各相绕组首、尾端名称的标签贴在接线板上，供测定极性时使用。

（6）绕组端头标注。为了表述方便，特别规定：①三相绕组按照 A、B、C 标注；②三相高、低压绕组的首、尾端按照图 1-5 方法标注。

3. 实验原理

（1）万用表检查法。这是最简单的方法，就是利用万用表电阻档测量各端头间的电阻。能够测量到特定电阻值的两个端头属于一个绕组，12 个端头分别属于 6 个绕组。其中，阻值大的三个绕组为高压绕组；阻值小的三个绕组为低压绕组。

（2）通电检查法。在任意两个绕组端头间施加大小不超过 120V 的交流电压，逐一测量其他任两个端头间的电压。测量结果可能有两种情况。

如果加电压的两个端头不属于某个绕组，则其他任两个端头间都不可能测量到电压。因此无法判断出属于一个绕组的端头，但可以判断出加电压的两个端头不属于一个绕组，此时需要保留其中的一个而另外取一个端头再次加电压进行实验，依此方法直到找到属于同一个绕组的两个端头。这种方法称为排除法。

如果加电压的两个端头属于某个绕组，则该绕组所属相的铁心柱中便将产生主磁通Φ，而Φ必须通过磁轭与其他两相铁心柱形成闭合回路，这就在另两相铁心柱中分别产生主磁通Φ_1和Φ_2，三个磁通之间满足$\Phi = \Phi_1 + \Phi_2$关系。因此，依据主电动势表达式$E = 4.44fN\Phi_m \approx U$可知，变压器各绕组上都将产生电压，凡是能够测量到电压的两个端头属于一个绕组；测得的 6 个绕组电压大小两两符合变比关系，并且加电压的那相高、低压绕组的电压分别大约等于另外两相的高、低压绕组的电压之和。据此，可以判断出各相高、低压绕组，同时可以测量出变压器的变比。

（二）测定极性

1. 实验任务

在完成实验项目（一）的基础上，设计判断各相绕组同极性端，以及三相绕组相间相对极性相同端头的实验方案。

2. 实验要求

（1）按照 BMEL-II 系列电机系统教学实验台，画出实验接线图，并选择测量仪表的量程。

（2）拟订实验操作步骤以及注意事项。

（3）拟订实验记录表格。

（4）按照拟订方案进行，分别完成同极性端实验和相间相对极性实验。

（5）根据实验测量结果，判断出绕组同极性端和相间相对极性相同的端头，把标签改贴成首、尾端具有相同的极性和相对极性，供实验验证连接组时使用。

3. 实验原理

（1）测定一相绕组同极性端的原理。假定一相绕组端头按照图 1-6 标记，现将 X、x 端连接起来，在高压绕组端头 A、X 间加低电压 U_1，分别测量出低压绕组端头 a、x 间电压 U_2 和 A、a 间电压 U。如果$U = U_1 - U_2$，则 A、a 为同极性端，X、x 也为同极性端；如果$U = U_1 + U_2$，则 A、x 和 X、a 分别为同极性端。依此方法重复实验，可判断出另外两相绕组的同极性端。

（2）测定三相绕组相间相对极性相同端头的原理。假定三相高压绕组端头按照图 1-7 标记，先进行 A、B 相相间极性实验，即将图 1-7 中 X、Y 端连接在一起，在 A、B 端头间加电压 U_1，测量出 C、Z 端头间的电压 U_2。如果$U_1 = U_2$，则 A、B 端头的相对极性相反；如果$U_2 \approx 0$，则 A、B 端头的相对极性相同。交换一相重复实验一次，就可以判断出三相的相间相对极性。

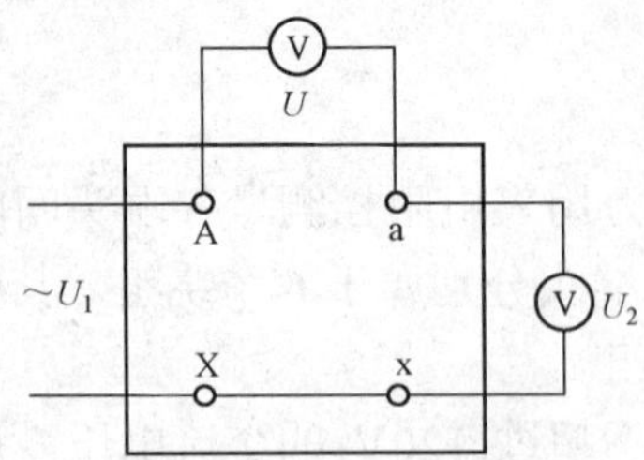

图 1-6　测定一相绕组同极性端原理

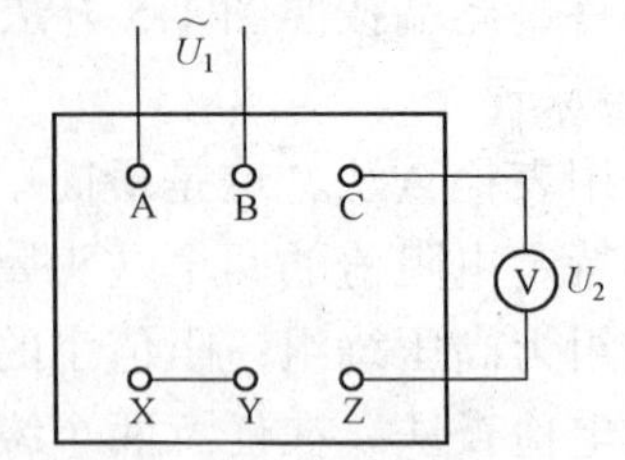

图 1-7　测定相间相对极性端原理

五 设备使用要点

（1）实验变压器为三相心式，额定容量 2kVA，额定电压 $U_{1N}/U_{2N}=380/220=\sqrt{3}$，高、低压绕组的额定相电压分别为 220V 和 127V。为了安全，实验电压不得超过绕组额定电压，全部实验电压都通过调压器施加，要求每项实验开始前必须检查调压器输出是否在“0”位，每项实验完成后必须将调压器输出调到“0”。

（2）同名端测定实验要求绕组相间相对极性必须正确，实验电压可以低于额定电压，但不要低于 40%额定电压或高于额定电压。

（3）要求每项实验必须经过指导老师检查同意后方可进行。

六 实验报告

（1）在预习报告部分列出实验方案的原理接线图、实验步骤和注意事项，并将测量数据填写在表中。

（2）画出通电检查法标记绕组端头的原理图，写出适当的表达式证明所测量的 6 个绕组电压大小两两符合变比关系，并且加电压的那相高、低压绕组的电压分别大约等于另外两相的高、低压绕组的电压之和。

（3）回答第七条所提出的问题，写出各项实验的基本结论。

（4）总结实验的收获和体会。

七 思考题

（1）采用通电检查法标记绕组端头时，施加电压的绕组位于中间铁心柱和边上铁心柱时，分析测量得的电压大小有何区别？

（2）判断绕组同极性端可能还有什么方法？试指出其原理。

1.4　三相变压器的连接组和不对称短路实验

一 实验目的

（1）掌握用实验方法测定三相变压器的极性。

（2）掌握用实验方法判别变压器的连接组。

（3）研究三相变压器不对称短路。

二 预习要点

（1）连接组的定义。为什么要研究连接组？国家规定的标准连接组有哪几种？

（2）如何把 Yy0 连接组改成 Yy6 连接组以及把 Yd11 改为 Yd5 连接组？

（3）在不对称短路情况下，哪种连接的三相变压器电压中点偏移较大？

三 实验项目

（1）测定极性。

（2）连接并判定连接组：①Yy0；②Yy6；③Yd11；④Yd5。

（3）不对称短路：①Yyn0 单相短路；②Yy0 两相短路。

四 实验设备及仪器

（1）BMEL-II 系列电机系统教学实验台主控制屏。

（2）交流电压表、电流表、功率、功率因数表。

（3）三相变压器。

（4）三相可调电阻器，开关板。

五 实验方法

1. 测定一、二次侧极性

测定步骤如下：

（1）暂时标出三相低压绕组的标记 a、b、c、A、B、C，然后按照图 1-8 接线。一、二次侧中点用导线相连。

（2）高压三相绕组施加约 50%的额定电压，测出电压 U_{AX}、U_{BY}、U_{CZ}、U_{ax}、U_{by}、U_{cz}、U_{Aa}、U_{Bb}、U_{Cc}，若 $U_{Aa}=U_{AX}-U_{ax}$，则 A 相高、低压绕组同柱，并且首端 A 与 a 点为同极性；$U_{Aa}=U_{AX}+U_{ax}$，则 A 与 a 端点为异极性。

（3）用同样的方法判别出 B、C 两相一、二次侧的极性。高低压三相绕组的极性确定后，根据要求连接出不同的连接组。

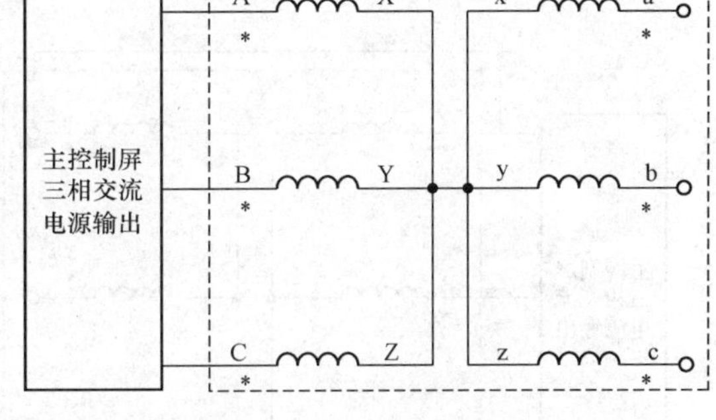

图 1-8　变压器高低压侧极性测定

2. 检验连接组

（1）Yy0。按照图 1-9 接线。A、a 两端点用导线连接，在高压方施加三相对称的额定电压，测出 U_{AB}、U_{ab}、U_{Bb}、U_{Cc} 及 U_{Bc}，将数据记录于表 1-6 中。

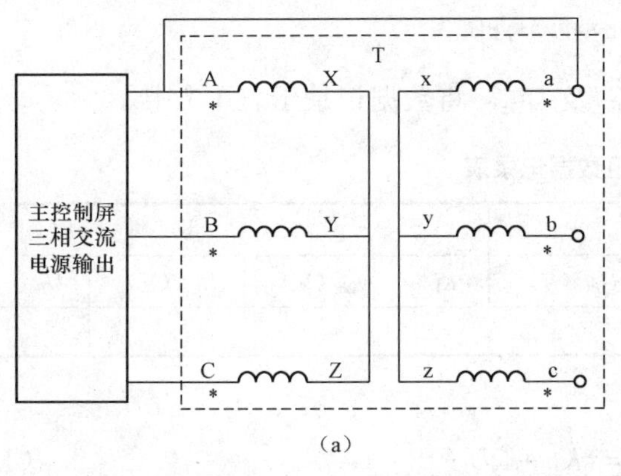

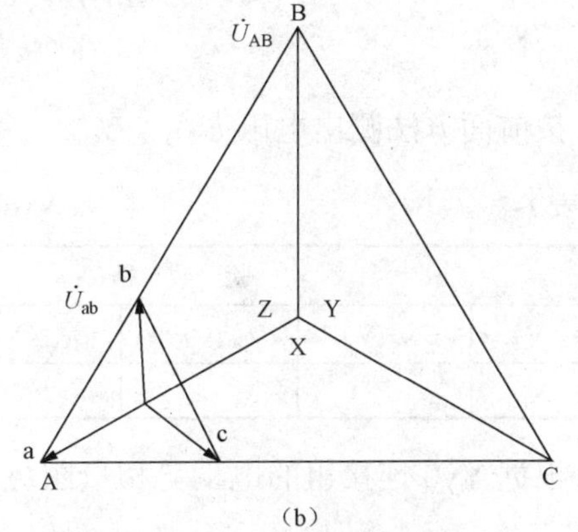

图 1-9　Yy0 连接组及电动势相量图

（a）接线图；（b）电动势相量图

表 1-6 **Yy0 连接组数据记录表**

实验数据					计算数据			
U_{AB}（V）	U_{ab}（V）	U_{Bb}（V）	U_{Cc}（V）	U_{Bc}（V）	K_L	U_{Bb}（V）	U_{Cc}（V）	U_{Bc}（V）

根据 Yy0 连接组的电动势相量图可知

$$U_{Bb}=U_{Cc}=(K_L-1)U_{ab} \tag{1-19}$$

$$U_{Bc}=U_{ab}\sqrt{K_L^2-K_L+1} \tag{1-20}$$

$$K_L=\frac{U_{AB}}{U_{ab}} \tag{1-21}$$

若用公式计算出的电压 U_{Bb}，U_{Cc}，U_{Bc} 的数值与实验测取的数值相同，则表示线圈连接正常，属 Yy0 连接组。

（2）Yy6。将 Yy0 连接组的二次侧绕组首、末端标记对调，A、a 两点用导线相连，如图 1-10 所示。

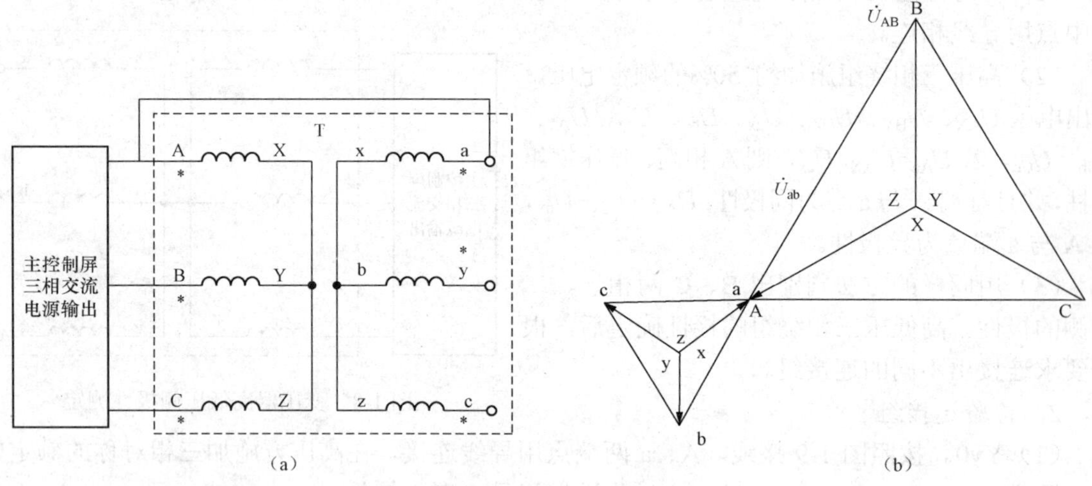

图 1-10 Yy6 连接组及电动势相量图

（a）接线图；（b）电动势相量图

按前面方法测出电压 U_{AB}、U_{ab}、U_{Bb}、U_{Cc} 及 U_{Bc}，将数据记录于表 1-7 中。

表 1-7 **Yy6 连接组数据记录表**

实验数据					计算数据			
U_{AB}（V）	U_{ab}（V）	U_{Bb}（V）	U_{Cc}（V）	U_{Bc}（V）	K_L	U_{Bb}（V）	U_{Cc}（V）	U_{Bc}（V）

根据 Yy0 连接组的电动势相量图可得

$$U_{Bb}=U_{Cc}=(K_L+1)U_{ab} \tag{1-22}$$

$$U_{Bc}=U_{ab}\sqrt{K_L^2+K_L+1} \tag{1-23}$$

若由式（1-22）和式（1-23）计算出的电压 U_{Bb}、U_{Cc} 及 U_{Bc} 的数值与实测相同，则表示线圈连接正确，属于 Yy6 连接组。

（3）Yd11。按图 1-11 接线。A、a 两端点用导线相连，高压方施加对称额定电压，测取 U_{AB}、U_{ab}、U_{Bb}、U_{Cc} 及 U_{Bc}，将数据记录于表 1-8 中。

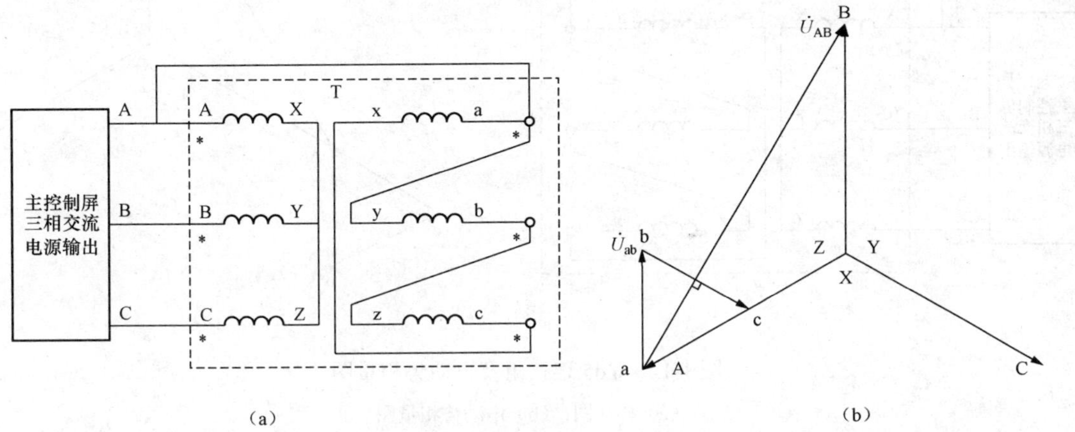

图 1-11　Yd11 连接组及电动势相量图

（a）接线图；（b）电动势相量图

表 1-8　　Yd11 连接组数据的记录表

实 验 数 据					计 算 数 据			
U_{AB}（V）	U_{ab}（V）	U_{Bb}（V）	U_{Cc}（V）	U_{Bc}（V）	K_L	U_{Bb}（V）	U_{Cc}（V）	U_{Bc}（V）

根据 Yd11 连接组的电动势相量可得

$$U_{Bb} = U_{Cc} = U_{Bc} = U_{ab}\sqrt{K_L^2 - \sqrt{3}K_L + 1} \qquad (1\text{-}24)$$

若由式（1-24）计算出的电压 U_{Bb}、U_{Cc} 及 U_{Bc} 的数值与实测值相同，则表示线圈连接正确，属 Yd11 连接组。

（4）Yd5。将 Yd11 连接组的二次侧线圈首、末端的标记对调，如图 1-12 所示。实验方法同前，测取 U_{AB}、U_{ab}、U_{Bb}、U_{Cc} 及 U_{Bc}，将数据记录于表 1-9 中。

表 1-9　　Yd5 连接组数据记录表

实 验 数 据					计 算 数 据			
U_{AB}（V）	U_{ab}（V）	U_{Bb}（V）	U_{Cc}（V）	U_{Bc}（V）	K_L	U_{Bb}（V）	U_{Cc}（V）	U_{Bc}（V）

根据 Yd5 连接组的电动势相量图可得

$$U_{Bb} = U_{Cc} = U_{Bc} = U_{ab}\sqrt{K_L^2 + \sqrt{3}K_L + 1} \qquad (1\text{-}25)$$

若由式（1-25）计算出的电压 U_{Bb}、U_{Cc} 及 U_{Bc} 的数值与实测值相同，则表示线圈连接正确，属于 Yd5 连接组。

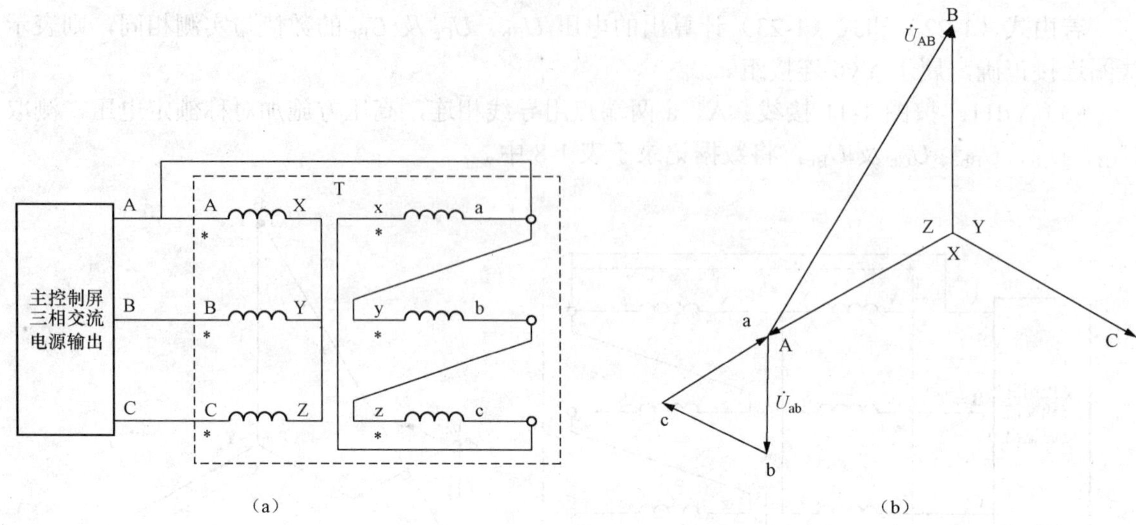

图 1-12 Yd5 连接组及电动势相量图

（a）接线图；（b）电动势相量图

3. 不对称短路

（1）Yyn 连接单相短路。实验线路如图 1-13 所示。试验变压器选用三相组式变压器。接通电源前，先将交流电压调到输出电压为零的位置，然后接通电源，逐渐增加外施电压，直至二次侧短路电流 $I_{2k} \approx I_{2N}$ 为止，测取二次侧短路电流 I_{2k} 和相电压 U_a、U_b、U_c，以及一次侧电流和电压 I_A、I_B、I_C、U_A、U_B、U_C、U_{AB}、U_{BC}、U_{CA}，将数据记录于表 1-10 中。

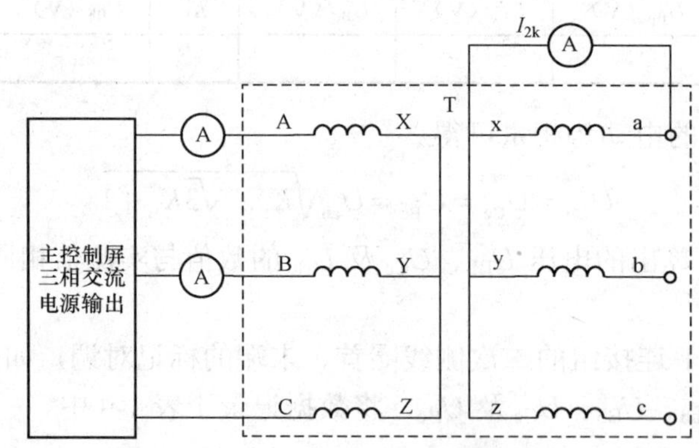

图 1-13 Yyn 连接单相短路接线图

表 1-10 Yyn 连接单相短路实验数据

I_{2k}（A）	U_a（V）	U_b（V）	U_c（V）	I_A（V）	I_B（V）	I_C（A）
U_A（V）	U_B（V）	U_C（V）	U_{AB}（V）	U_{BC}（V）	U_{CA}（V）	

（2）Yy 连接两相短路。实验线路如图 1-14 所示。接通三相变压器电源前，先将电压调至零，然后接通电源，逐渐增加外施电压，直至 $I_{2k} \approx I_{2N}$ 为止，测取变压器一、二次侧电流和

相电压 I_{2k}、U_a、U_b、U_c、I_A、I_B、I_C、U_A、U_B、U_C，将数据记录于表 1-11 中。

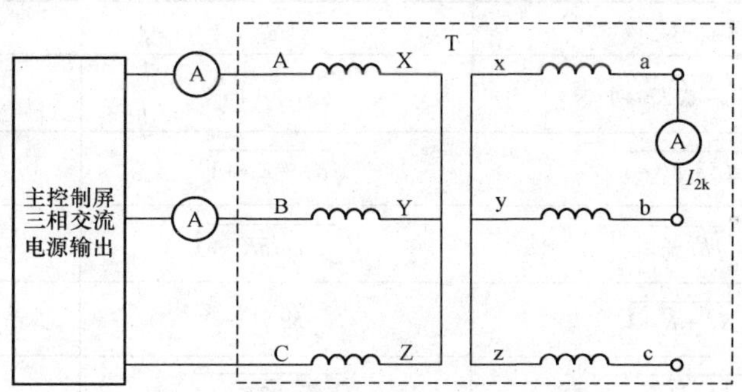

图 1-14 Yy 连接两相短路接线图

表 1-11 **Yy 连接两相短路实验数据**

I_{2k}（A）	U_a（V）	U_b（V）	U_c（V）	I_A（A）	I_B（A）	I_C（A）	U_A（V）	U_B（V）	U_C（V）

六 实验报告

（1）计算出不同连接组时的 U_{Bb}、U_{Cc}、U_{Bc} 的数值与实测值进行比较，判别绕组连接是否正确。

（2）计算短路情况下的一次侧电流。

1）Yyn 连接单相短路。

二次侧电流 $\dot{I}_a=\dot{I}_{2k}$，$\dot{I}_b=\dot{I}_c=0$，一次侧电流，设略去励磁电流不计，则

$$\dot{I}_A=-\frac{2\dot{I}_{2k}}{3K},\quad \dot{I}_B=\dot{I}_C=\frac{\dot{I}_{2k}}{3K}$$

式中：K 为变压器的变比。

将 I_A、I_B、I_C 计算值与实测值进行比较，分析产生误差的原因，并讨论 Yyn 三相组式变压器带单相负载的能力以及中点移动的原因。

2）Yy 连接两相短路。

二次侧电流 $\dot{I}_a=-\dot{I}_b=\dot{I}_{2k}$，$\dot{I}_c=0$，一次侧电流 $\dot{I}_A=-\dot{I}_B=-\dfrac{\dot{I}_{2k}}{K}$，$\dot{I}_C=0$。

将 I_A、I_B、I_C 计算值与实测值进行比较，分析产生误差的原因，并讨论 Yd 连接带单相负载是否有中点移动的现象？为什么？

（3）分析不同连接法和不同铁心结构对三相变压器空载电流和电动势波形的影响。

（4）由实验数据算出 Yy 和 Yd 接法时的一次侧 U_{AB}/U_A 比值，分析产生差别的原因。

（5）根据实验观察，说明三相组式变压器不宜采用 Yyn 和 Yy 连接方法的原因。

七 变压器连接组校核公式（见表 1-12）

表 1-12 **变压器连接组校核公式（设 $U_{ab}=1$，$U_{AB}=K_LU_{ab}=K_L$）**

组别	$U_{BB}=U_{Cc}$	U_{Bc}	U_{Bc}/U_{Bb}
0	K_L-1	$\sqrt{K_L^2-K_L+1}$	>1

续表

组别	$U_{BB}=U_{Cc}$	U_{Bc}	U_{Bc}/U_{Bb}
1	$\sqrt{K_L^2-\sqrt{3}K_L+1}$	$\sqrt{K_L^2+1}$	>1
2	$\sqrt{K_L^2-K_L+1}$	$\sqrt{K_L^2+K_L+1}$	>1
3	$\sqrt{K_L^2+1}$	$\sqrt{K_L^2+\sqrt{3}K_L+1}$	>1
4	$\sqrt{K_L^2+K+1}$	K_L+1	>1
5	$\sqrt{K_L^2+\sqrt{3}K_L+1}$	$\sqrt{K_L^2+\sqrt{3}K_L+1}$	=1
6	K_L+1	$\sqrt{K_L^2+K_L+1}$	<1
7	$\sqrt{K_L^2-\sqrt{3}K_L+1}$	$\sqrt{K_L^2+1}$	<1
8	$\sqrt{K_L^2+K_L+1}$	$\sqrt{K_L^2-K_L+1}$	<1
9	$\sqrt{K_L^2+1}$	$\sqrt{K_L^2-\sqrt{3}K_L+1}$	<1
10	$\sqrt{K_L^2-K_L+1}$	K_L-1	<1
11	$\sqrt{K_L^2-\sqrt{3}K_L+1}$	$\sqrt{K_L^2-\sqrt{3}K_L+1}$	=1

八 思考题

（1）推导出变压器各种连接组中的U_{Bb}、U_{Bc}、U_{Cc}与K_L和U_{ab}的计算关系。

（2）按照推导出的计算公式，把变压器连接组测定计算结果填写在实验记录数据表中，比较测量值与计算值的误差，分析产生误差的主要原因。

1.5　单相变压器并联运行实验

一 实验目的

（1）学习变压器投入并联运行的方法；

（2）观察并验证变比及短路阻抗对并联的影响。

二 预习要点

（1）如何验证两台变压器具有相同的连接组？若连接组不同，并联会产生什么后果？

（2）如何验证两台变压器具有相同的变比？若变比不同，并联后会产生什么后果？

（3）短路电压不相同的变压器并联运行时对负载分配有何影响？

三 实验项目

（1）将两台条件相同的变压器投入并列运行。

（2）短路电压不等的两台变压器并列运行和负载分配。

（3）变比不等时出现的环流。

四 实验设备及仪器

（1）BMEL 系列电机系统教学实验台主控制屏。

（2）交流电压表、电流表、功率、功率因数表。

（3）三相可调电阻器。

（4）三相变压器，开关板。

五 实验方法

1. 按图 1-15 接成实验电路，将两台条件相同的变压器空载投入并联

（1）检查变比。S2，S3 打开，S1 合上，调节变压器电压升到（0.5～1）U_{N}，测量两台变压器的二次电压，若 $U_{\mathrm{a\,I\,x\,I}}=U_{\mathrm{a\,II\,x\,II}}$，则变比相同；若 $U_{\mathrm{a\,I\,x\,I}}\neq U_{\mathrm{a\,II\,x\,II}}$，则变比不等。

（2）检查连接组。若 $U_{\mathrm{a\,I\,a\,II}}=0$，则表示连接组相同。若 $U_{\mathrm{a\,I\,a\,II}}=U_{\mathrm{a\,I\,x\,I}}+U_{\mathrm{a\,II\,x\,II}}$，则表示两台变压器极性相反，不能并列，将任一台变压器二次绕组两端对调即可。

（3）在肯定极性正确后，合上开关 S2，在负载电阻为最大值时合上开关 S3，逐步调节负载电阻到变压额定负载为止，分几次测量并记录 I_{I}、I_{II}及 I 于表 1-13 中。

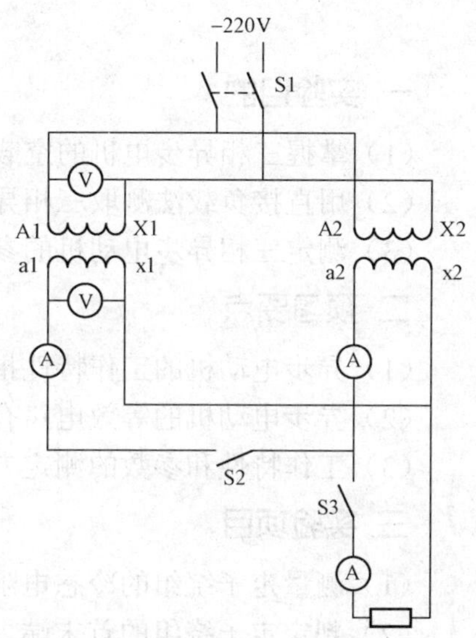

图 1-15 单相变压器的并联运行电路图

表 1-13 单相变压器并联运行实验数据记录表

条件						
$K_{\mathrm{I}}=K_{\mathrm{II}}$ $Z_{\mathrm{kI}}^{*}>Z_{\mathrm{kII}}^{*}$ $I_{\mathrm{I}}<I_{\mathrm{II}}$	I_{I}					
	I_{II}					
	I					
$K_{\mathrm{I}}=K_{\mathrm{II}}$ $Z_{\mathrm{kI}}^{*}=Z_{\mathrm{kII}}^{*}$ $I_{\mathrm{I}}=I_{\mathrm{II}}$	I_{I}					
	I_{II}					
	I					
$K_{\mathrm{I}}>K_{\mathrm{II}}$ $Z_{\mathrm{kI}}^{*}=Z_{\mathrm{kII}}^{*}$ $I_{\mathrm{I}}<I_{\mathrm{II}}$	I_{I}					
	I_{II}					
	I					

2. 短路电压不相同的两台单相变压器并联运行

拉开电源开关，在变压器Ⅰ一、二次绕组间插入硅钢片，使 $U_{\mathrm{d1\,I}}>U_{\mathrm{d1\,II}}$，重复步骤（3）。

3. 变比不等的变压器并联运行

拉开电源开关，抽出变压器Ⅰ一、二次绕组间的硅钢片，改变变压器Ⅱ的一次侧分接头，重复步骤（3）。

六 实验报告

（1）作短路电压不相同的负载分配曲线 $I_{\mathrm{I}}=f$（I）、$I_{\mathrm{II}}=f$（I）。

（2）作变比不等时的负载分配曲线 $I_{\mathrm{I}}=f(I)$、$I_{\mathrm{II}}=f(I)$。

（3）由实验数据分析短路电压不等或变比不等对并联运行的影响。

1.6 三相异步电动机的工作特性测定

一 实验目的

（1）掌握三相异步电机的空载和负载实验的方法。

（2）用直接负载法测取三相异步电动机的工作特性。

（3）测定三相异步电动机的参数。

二 预习要点

（1）异步电动机的工作特性指哪些特性？

（2）异步电动机的等效电路有哪些参数？它们的物理意义是什么？

（3）工作特性和参数的测定方法。

三 实验项目

（1）测量定子绕组的冷态电阻。

（2）判定定子绕组的首末端。

（3）空载试验。

（4）负载试验。

四 实验设备及仪器

（1）BMEL 系列电机系统教学实验台主控制屏。

（2）异步电动机—直流发电机组（BMEL-004B）。

（3）交流电压表（BMEL-31B）、电流表（BMEL-32B）、功率、功率因数表（BMEL-33B）。

（4）转速显示，扭矩仪（BMEL-001A）。

（5）三相可调电阻器；开关板。

五 实验方法及步骤

1. 测量定子绕组的冷态直流电阻

方法主要有两种。

（1）方法一（电桥法）：用单臂电桥或双臂电桥（定子绕组的冷态直流电阻小于 1Ω 的必须用此仪表）测。最好使用这种方法，一方面，该方法准确，另一方面，该方法测量安全可行。

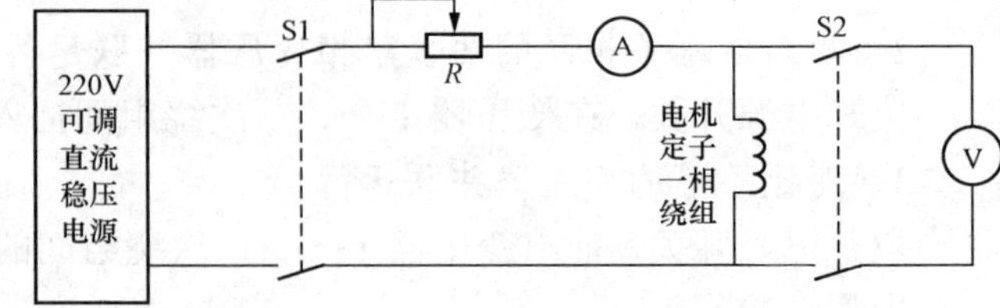

图 1-16 定子绕组的冷态直流电阻测量接线

（2）方法二（伏安法）：如图 1-16 所示，将电机在室内放置一段时间，用温度计测量电机绕组端部或铁心的温度。当所测温度与冷态介质温度之差不超过 2℃时，即为实际冷态。记录此时的温度和测量定子绕组的直流电阻，此阻值即为冷态直流电阻。

图 1-16 中，S1、S2 为双刀双掷开关；R 为单相可调电阻器；A、V 为直流安培表和直流电压表。

测量时，通过的测量电流约为电机额定电流的 10%，即为 5.5A，因而直流安培表用 30A。三相异步电动机定子一相绕组的电阻约为 1.2Ω，因而当流过的电流为 5.5A 时三端电压约为 6.6V，实验开始前，合上开关 S1，断开开关 S2，将直流可调电枢电压调至最小。

合上电源控制闭合按钮，调节直流稳压电源及可调电阻 R，使试验电机电流不超过电机额定电流的 10%，以防止因试验电流过大而引起绕组的温度上升，读取电流值，再接通开关 S2 读取电压值。读完后，先将直流可调电枢电压调至最小，然后断开开关 S2，再断开开关 S1。

调节 R 使 A 表分别为 5.5A，4A，3A 测取三次，取其平均值，测量定子三相绕组的电阻值，记录于表 1-14 中。

表 1-14　　测量定子绕组的冷态直流电阻数据记录（室温__________℃）

数据	绕组Ⅰ			绕组Ⅱ			绕组Ⅲ		
I（mA）									
U（V）									
R（Ω）									

注意：①在测量时，电动机的转子须静止不动；②测量通电时间不应超过 1min。

2. 判定定子绕组的首末端

先用万用表测出各相绕组的两个线端，将其中的任意二相绕组串联，如图 1-17 所示。将调压器调压旋钮退至零位，合上电源控制闭合按钮，接通交流电源，调节交流电源，在绕组端施以单相低电压 U=80～100V，注意电流不应超过额定值，测出第三相绕组的电压，如测得的电压有一定读数，表示两相绕组的末端与首端相连；反之，如测得电压近似为零，则二相绕组的末端与末端（或首端与首端）相连。用同样方法测出第三相绕组的首末端。

3. 空载试验

空载试验测量电路如图 1-18 所示。电机绕组为Ｙ接法（U_N=380V）。

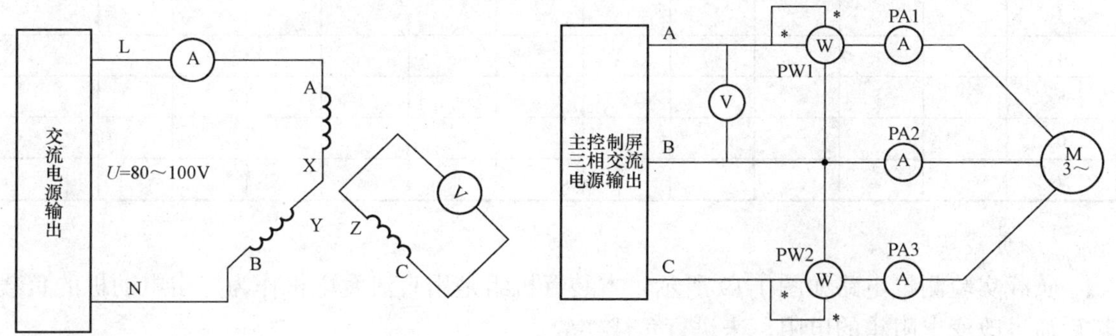

图 1-17　三相交流绕组首末端的测定　　　图 1-18　异步电动机空载实验接线图

（1）起动电机前，把交流电压调节旋钮退至零位，然后接通电源，逐渐升高电压，使电机起动旋转，观察电机旋转方向，并使电机旋转方向符合要求。

（2）保持电动机在额定电压下空载运行数分钟，使机械损耗达到稳定后再进行实验。

（3）调节电压由 1.2 倍额定电压开始逐渐降低电压，直至电流或功率显著增大为止。在此范围内读取空载电压、空载电流、空载功率。

（4）在测取空载实验数据时，在额定电压附近多测几点，共取数据几组记录于表 1-15 中。

表 1-15 异步电动机空载实验数据记录

序号	U_{0C}（V）				I_{0L}（A）				P_0（W）			$\cos\varphi$
	U_{AB}	U_{BC}	U_{CA}	U_{0L}	I_A	I_B	I_C	I_{0L}	P_I	P_{II}	P_0	
1												
2												
3												
4												
5												
6												
7												

4. 短路实验

（1）短路实验测量接线图同图 1-18。用制动工具把三相电机堵住。制动工具可用 DD05 上的圆盘固定在电机轴上，螺杆装在圆盘上。

（2）将调压器退至零位，合上交流电源，调节调压器使之逐渐升压，使短路电流到 1.2 倍额定电流，再逐渐降压至 0.5 倍额定电流为止。

（3）在测取空载实验数据时，在额定电压附近多测几点，共取数据几组记录于表 1-16 中。

表 1-16 异步电动机短路实验数据记录

序号	U_k（V）				I_k（A）				P_k（W）			$\cos\varphi$
	U_{AB}	U_{BC}	U_{CA}	U_{0L}	I_A	I_B	I_C	I_{0L}	P_I	P_{II}	P_k	
1												
2												
3												
4												
5												
6												
7												

5. 负载实验

负载实验测量电路如图 1-19 所示。本装置机组是用直流发电机作为异步电动机的负载，然后通过改变电阻箱的电阻，来进行负载实验。

（1）合上交流电源，调节调压器使之逐渐升压至额定电压，并在试验中保持此额定电压不变，调直流发电机的励磁电流到 0.45A 左右。

（2）调节三相电阻器使之加载，使异步电动机的定子电流逐渐上升，直至电流上升到 1.1 倍额定电流。

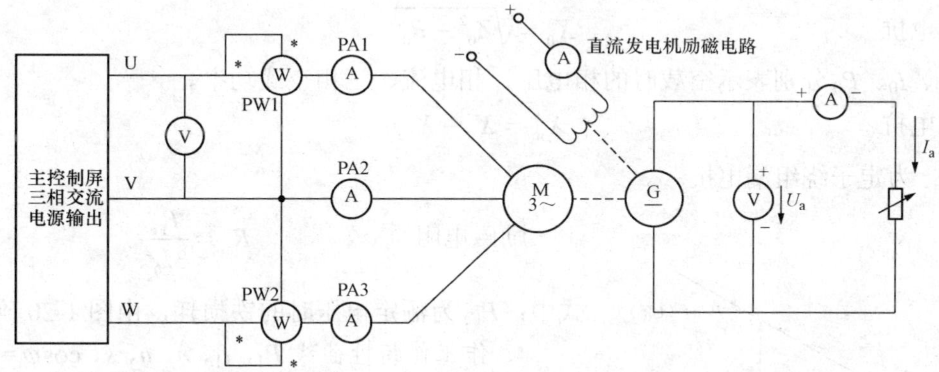

图 1-19 异步电动机负载实验接线图

（3）从此负载开始，逐渐减小负载直至空载，在此范围内读取异步电动机的定子电流、输入功率、转速、转矩等数据，共读取几组数据，记录于表 1-17 中。

表 1-17 **异步电动机负载实验表（U_N=380V）**

序号	I_1（A）				P_1（W）			T_2（N·m）	n（r/min）	P_2（W）
	I_A	I_B	I_C	I_1	P_I	P_{II}	P_1			
1										
2										
3										
4										
5										
6										

六 实验报告

1. 计算基准工作温度时的相电阻

由实验直接测得每相电阻值，此值为实际冷态电阻值。冷态温度为室温，将其换算到基准工作温度时的定子绕组相电阻，换算公式为

$$r_{lef} = r_{lc}\frac{235+\theta_{ref}}{235+\theta_c}$$

式中：r_{lef} 为换算到基准工作温度时定子绕组的相电阻，Ω；r_{1c} 为定子绕组的实际冷态相电阻，Ω；θ_{ref} 为基准工作温度，对于 E 级绝缘为 75℃；θ_c 为实际冷态时定子绕组的温度，℃。

2. 作空载特性曲线 I_0、P_0、$\cos\varphi_0=f(U_0)$

3. 用空载实验的数据求异步电机等效电路的参数

由空载实验数据求励磁回路参数。

空载阻抗 $$Z_0=\frac{U_0}{I_0}$$

空载电阻 $$R_0=\frac{P_0}{3I_0^{\ 2}}$$

空载电抗 $$X_0=\sqrt{Z_0^{\ 2}-R_0^{\ 2}}$$

式中：U_0、I_0、P_0分别表示空载时的相电压、相电流、三相空载功率。

励磁电抗 $$X_m=X_0-X_{1\sigma}$$

式中：$X_{1\sigma}$为定子绕组漏电抗。

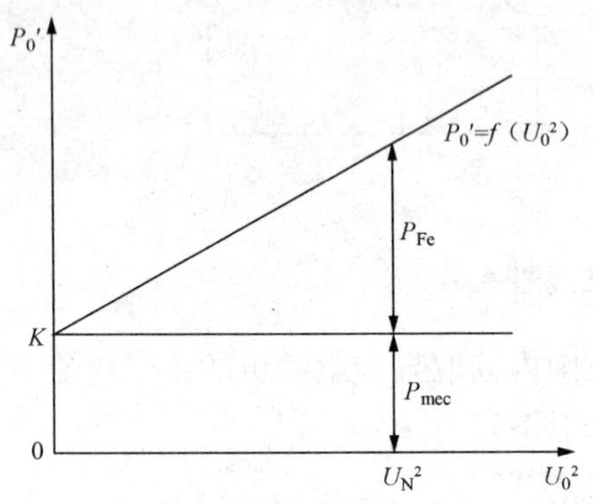

图 1-20 异步电动机的铁损耗和机械损耗

励磁电阻 $$R_m=\frac{P_{Fe}}{3I_0^{\ 2}}$$

式中：P_{Fe}为额定电压时的铁损耗，由图 1-20 确定。

4. 作工作特性曲线 P_1、I_1、n、η、s、$\cos\varphi_1=f(P_2)$

由负载试验数据计算工作特性，填入表 1-18 中。计算公式为

$$I_1=\frac{I_A+I_B+I_C}{3}，\quad s=\frac{1500-n}{1500}\times100\%，\quad \cos\varphi_1=\frac{P_1}{3U_1I_1}$$

$$P_2=0.105nT_2，\quad \eta=\frac{P_2}{P_1}\times100\%$$

式中：I_1为定子绕组相电流，A；U_1为定子绕组相电压，V；s为转差率；η为效率。

表 1-18　　测量数据（U_1=380V，I_f= A）

序号	电动机输入		电动机输出		计算值			
	I_1（A）	P_1（W）	T_2（N·m）	n（r/min）	P_2（W）	s（%）	η（%）	$\cos\varphi_1$
1								
2								
3								
4								
5								
6								
7								
8								
9								
10								

5. 由损耗分析法求额定负载时的效率

电动机的损耗包括：铁损耗 P_{Fe}、机械损耗 P_{mec}、定子铜损耗（$P_{Cu1}=3I_1^2r_1$）、转子铜损耗 $\left(P_{Cu2}=\frac{sP_{em}}{100}\right)$、杂散损耗 P_{ad}（取为额定负载时输入功率的 0.5%）。其中，P_{em}为电磁功率，单位为 W，其计算成为

$$P_{em}=P_1-P_{Cu1}-P_{Fe}$$

铁损耗和机械损耗之和为 $P_0' = P_{Fe} + P_{mec} = P_0 - 3I_0^2 r_1$

为了分离铁损耗和机械损耗，作曲线 $P_0' = f(U_0^2)$，如图 1-20 所示。

延长曲线的直线部分与纵轴相交于 K 点，K 点的纵坐标即为电动机的机械损耗 P_{mec}，过 K 点作平行于横轴的直线，可得不同电压的铁损耗 P_{Fe}。

电机的总损耗为 $\Sigma P = P_{Fe} + P_{cu1} + P_{cu2} + P_{ad}$

于是求得额定负载时的效率为

$$\eta = \frac{P_1 - \Sigma P}{P_1} \times 100\%$$

式中：P_1、s、I_1 由工作特性曲线上对应于 P_2 为额定功率 P_N 时查得。

七 思考题

（1）由空载实验数据中求取异步电机的等效电路参数时，有哪些因素会引起误差？

（2）由直接负载法测得的电机效率和用损耗分析法求得的电机效率，各有哪些因素会引起误差？

1.7 三相异步电动机的降压起动实验

一 实验目的

（1）通过实验掌握异步电动机的起动与调速的方法。

（2）了解异步电动机不同起动方法的优缺点。

二 预习要点

（1）表征异步电动机起动性能的技术指标是什么？

（2）异步电动机的起动方法及其提高起动性能的原理。

（3）异步电动机的调速方法及调速原理。

三 实验设备

（1）BMEL—Ⅱ系列电机系统教学实验台主电源控制屏（含交流电压表）。

（2）指针式交流电流表。

（3）功率、功率因数表（BMEL-33B），转速显示仪，扭矩仪（BMEL-001A）。

（4）三相笼型异步电动机（M04）、三相绕线式异步电动机（M09）。

（5）电机起动箱（BMEL-30B）。

四 实验原理

1. 三相笼型异步电动机的起动

在起动瞬间降低施加在异步电动机定子上的电压是降低笼型电动机起动电流的主要方法。

（1）星形/三角形（Y/△）换接起动。此种方法适用于正常运行时定子为三角形接法的电动机。起动瞬间，在电源电压不变的情况下，通过改变定子绕组为星形接法使加在定子每相上的电压降级为直接起动（△接法）时的 $1/\sqrt{3}$。

（2）自耦变压器起动。起动瞬间，在电源与电动机之间接入自耦变压器，使电动机定子每相电压为电源相电压的$1/K_a$，K_a为自耦变压器的变比。

2. 三相绕线式异步电动机的起动

降低起动瞬间的电源电压虽然可以降低起动电流，但同时起动转矩也被降低。绕线式异步电动机的转子回路可以外接电阻，通过起动时在转子回路串接电阻可减小转子电流，则此时定子中的起动电流随之减小，同时起动转矩因转子电阻的增大也得以提高。

3. 三相绕线式异步电动机的调速

改变运行中的绕线式异步电动机的转子电阻可以改变其转差率，从而达到调速的目的。

五 实验内容

1. 三相笼型异步电动机直接起动

（1）按图 1-21 接线。电动机绕组△接法。

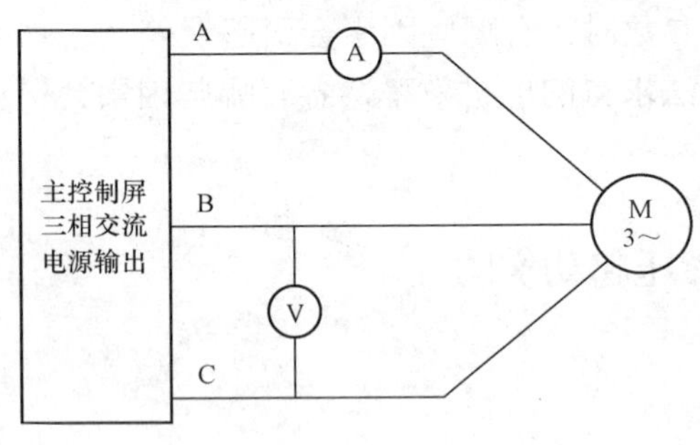

图 1-21　三相笼型异步电动机直接起动实验接线图

（2）起动前，把转矩转速测量实验箱（BMEL-13）中“转矩设定”电位器旋转钮逆时针调到底，“转速控制”、“转矩控制”选择开关扳向“转矩控制”，检查 BMEL-13 的连接是否良好。

（3）把三相交流电源调节旋钮逆时针调到底，合上绿色“闭合”按钮开关。调节调压器，使输出电压达电动机额定电压 220V，使电动机起动旋转（电动机起动后，观察 BMEL-13 中的转速表，如出现电动机转向不符合要求，则须切断电源，调整次序，再重新起动电机）。

（4）断开三相交流电源，待电动机完全停止旋转后，接通三相交流电源，使电动机全压起动，观察并记录电动机起动瞬间电流值。

2. 三相笼型异步电动机星形/三角形（Y/△）起动

（1）按图 1-22 接线。电压表、电流表的选择同前。开关 S 选用 BMEL-05。

（2）起动前，把三相调压器退到零位，三刀双掷开关合向右边（Y接法）。合上电源开关，逐渐调节调压器，使输出电压升高至电机额定电压 U_N=220V，断开电源开关，待电动机停转。

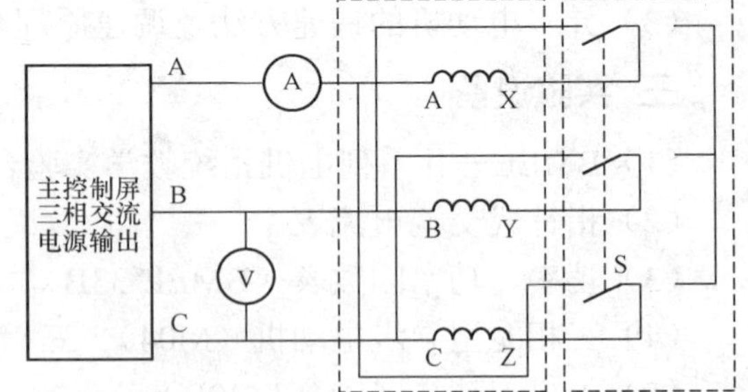

图 1-22　三相笼型异步电动机Y/△启动实验接线图

（3）待电动机完全停转后，合上电源开关，观察起动瞬间的电流，然后把 S 合向左边（△接法），电动机进入正常运行，整个起动过程结束。观察并记录起动瞬间电流表的显示值以与其他起动方法作定性比较。

3. 三相笼型异步电动机自耦变压器降压起动

（1）按图 1-23 接线。电动机绕组为△接法。把调压器退到零位。

（2）合上电源开关 S1，调节调压器旋钮，使输出电压达到 110V，断开电源开关 S1，电动机停转。

（3）待电动机完全停转后，再合上电源开关 S2 和 S3，使电动机就自耦变压器降压起动，观察并记录电流表的瞬间读数值。经一定时间后，调节调压器使电动机输出电压达到额定电压 U_N=220V，整个起动过程结束。

将上述三相笼型异步电动机起动的两种方法对应的起动电流记于表 1-19 中。

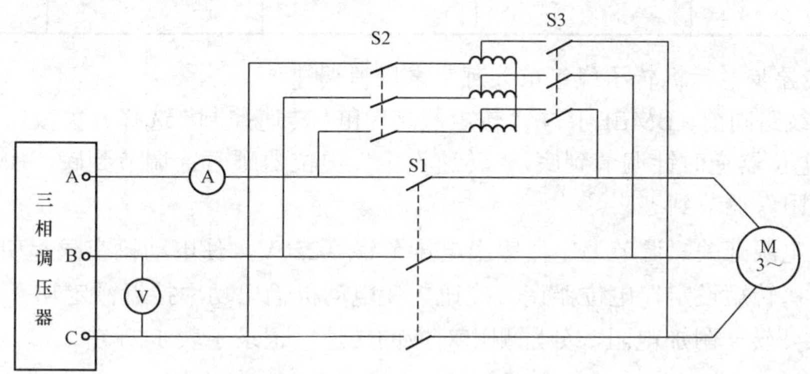

图 1-23 三相笼型异步电动机自耦变压器降压起动接线图

表 1-19 三相笼型异步电动机启动电流数据

起动方式	直接起动	Y/△起动	自耦变压器降压起动
I_{st}(A)			

4. 绕线式异步电动机转子绕组串入可变电阻器起动

（1）实验线路如图 1-24 所示。电机定子绕组Y形接法。转子串入的电阻由刷形开关来调节，调节电阻采用 BMEL-09 的绕线电机起动电阻（分 0，2，5，15，∞五挡）。BMEL-13 中“转矩控制”和“转速控制”开关扳向“转速控制”，“转速设定”电位器旋钮顺时针调节到底。

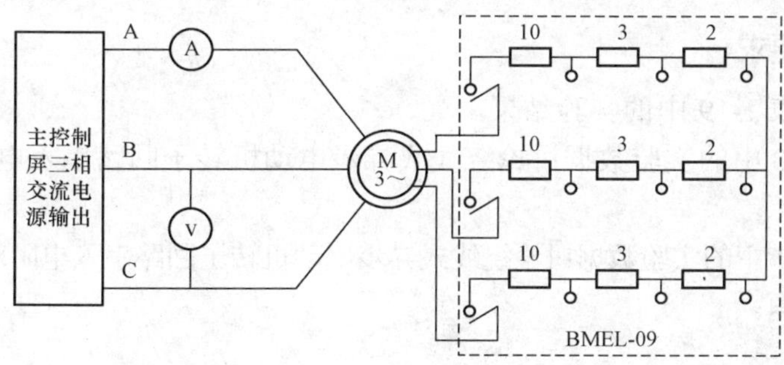

图 1-24 绕线式异步电动机转子绕组串电阻起动实验接线图

（2）起动电源前，把调压器退至零位，起动电阻调节为零。

（3）合上交流电源，调节交流电源使电动机起动。注意电动机转向是否符合要求。

（4）在定子电压为 180V 时，逆时针调节“转速设定”电位器到底，绕线式电动机转动缓慢（每分钟只有几十转），读取此时的转矩值 T_{st} 和电流表的值 I_{st}。

（5）用刷形开关切换起动电阻，分别读出起动电阻为 2、5、15Ω 时的起动转矩 T_{st} 和起动电流 I_{st}，填入表 1-20 中。

表 1-20 转子回路串电阻起动实验数据

$R_{st}(\Omega)$	0	2	5	15
T_{st}(N•m)				
I_{st}(A)				

5. 绕线式异步电动机转子绕组串入可变电阻器调速

（1）实验线路同前。BMEL-II 中“转矩控制”和“转速控制”选择开关扳向“转矩控制”，“转矩设定”电位器逆时针调节到底，“转速设定”电位器顺时针调节到底。BMEL-II“绕线电动机起动电阻”调节到零。

（2）合上电源开关，调节调压器输出电压至 U_N=220V，使电动机空载起动。

（3）调节“转矩设定”电位器调节旋钮，使电动机输出功率接近额定功率并保持输出转矩 T_2 不变，改变转子附加电阻，分别测出对应的转速，记录于表 1-21 中。

表 1-21 改变转子电阻调速数据（**U=220V，T_2= N • m**）

$R_{st}(\Omega)$	0	2	5	15
n(r / min)				

六 实验注意事项

（1）交流电压变为数字式或指针式均可，交流电流表则为指针式。测量起动电流时按指针式电流表偏转的最大位置所对应的读数值计量。电流表受起动电流冲击，电流表显示的最大值虽不能完全代表起动电流的读数，但利用它可将几种起动方法的起动电流作定性的比较。

（2）进行实验内容 4 时，通电时间不应超过 20s，以免电动机绕组过热。

七 实验报告要求

（1）分析讨论表 1-19 中的实验结果。

（2）根据表 1-20 中的实验数据讨论绕线式异步电动机转子回路串入电阻对起动电流和起动转矩的影响。

（3）根据表 1-21 中的实验数据讨论绕线式异步电动机转子回路串入电阻对电机转速的影响。

（4）回答思考题。

八 思考题

（1）说明异步电动机本身固有的起动性能及其原因。

（2）对比异步电动机不同起动方法的优缺点。

1.8 双速异步电动机实验

一 实验目的

（1）熟悉异步电动机工作特性的实验测定方法。

（2）加深对异步电动机变极调速原理的理解。

二 实验设备

（1）BMEL 系列电机系统教学实验台主控制屏。

（2）交流功率表、功率因数表（BMEL-20 或 BMEL-24 或含在实验台主控制屏上）。

（3）功率表，转矩转速测量仪（BMEL-13、BMEL-14）。

（4）双速异步电动机（M11），开关板（BMEL-30B）。

三 预习要点

（1）异步电动机变极调速的原理；

（2）异步电动机工作特性的测试方法。

四 实验原理

影响异步电动机转速的因素有三个方面，分别是电源频率、转差率和定子绕组的极对数。在恒定的频率下，改变电动机定子绕组的极对数，就可以改变旋转磁场和转子的转速。单绕组双速电机是利用改变电子绕组接法，使每相绕组的两组线圈中有一组电流反向流通，从而使一套定子绕组具备两种极对数而得到两个同步转速。

五 实验内容

1. 四极异步电动机的工作特性测试

（1）按图 1-25 接线。被测电动机为三相双速异步电动机 M11。

（2）把电流表短接，功率表电流线圈短接。

（3）把开关 S 合向右边，使电动机为△接法（四极电动机）。

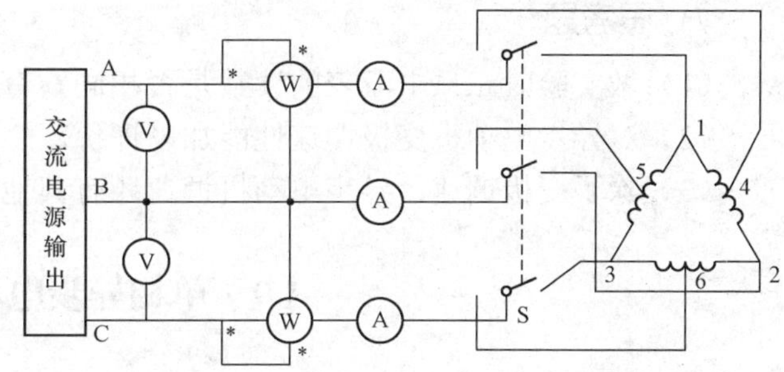

图 1-25 双速异步电动机实验接线图

（4）调节调压器，使输出电压为电动机额定电压 220V，并保持恒定。把电流表、功率表的短接线拆掉，给电机施加负载，使异步电动机定子电流逐渐上升到 1.25 倍额定电流。从此负载开始，逐渐减小负载直至空载，在此范围内读取异步电动机的定子电流、输入功率、转速和转矩数据共 8～9 组数据，记录于表 1-22 中。

表 1-22 四极异步电动机工作特性实验数据

序号	1	2	3	4	5	6	7	8	9
I（V）									
P_1（W）									
T_2（N·m）									
n（r/min）									

2. 二极异步电动机的工作特性测试

仍把电流表短接，功率表电流线圈短接，把开关 S 合向左边并把右边三端点用导线短接，使电动机空载起动，保持输入电压为额定电压，此时把电流表、功率表的短接线拆掉。给电动机施加负载，步骤与实验内容 1 中第（4）项相同，测取电动机工作特性，实验数据记录于表 1-23 中。

表 1-23　　二极异步电动机工作特性实验数据

序号	1	2	3	4	5	6	7	8	9
I（V）									
P_1（W）									
T_2（N·m）									
n（r/min）									

六 实验注意事项

（1）起动前先将电流表及功率表电流线圈短接，起动后再将短接线拆掉。

（2）测取工作特性数据时应保持输入电压为额定值。

七 实验报告要求

（1）利用实验数据分别作出异步电动机二极和四极运行时的工作特性曲线。

（2）对比两种情况下的工作特性曲线，讨论通过改变磁极对数是否实现了调速的目的。

八 思考题

（1）做实验时三只电流表的读数是否相同？有差别时是什么原因造成的？

（2）对异步电动机变极调速性能加以评价。

（3）除了变极调速，异步电动机调速还有其他什么方法？

1.9　单相异步电动机实验

一 实验目的

（1）了解单相异步电动机的起动方法。

（2）用实验方法测定单相电容起动异步电动机的技术指标和参数。

二 预习要点

（1）单相电容起动异步电动机的起动原理。

（2）单相电容起动异步电动机有哪些技术指标和参数？

（3）这些技术指标怎样测定？参数怎样测定？

三 实验设备

（1）BMEL 系列电机系统教学实验台主电源控制屏。

（2）功率表、转矩转速测量仪（BMEL-13、BMEL-14）、功率因数表（BMEL-33B）。

（3）三相可调电阻器 900Ω（BMEL-03）、单相电容起动异步电动机（M05）、电机起动电容（35μF）。

四 实验原理

1. 电容电动机

单相异步电动机没有起动转矩，必须采用一些特殊方法来帮助起动，电容起动就是其中之一。电容起动的单相异步电动机在定子上增加了一个二次绕组，与一次绕组并联接到同一电源。副绕组通过串联适当电容使其电流超前于一次绕组电流约 90°相角，从而在空间产生一近于圆形的旋转磁场，该磁场能产生较大的起动转矩，使电动机旋转起来。待转子转速达到 $0.75n_N$ 时，通过离心开关将二次绕组开断，使电动机进入单相运行。

2. 空载及堵转（短路）实验

单相异步电动机的等值电路不同于三相异步电动机，但是在空载与堵转运行状态下的模型与变压器在空载与短路状态下的模型类似，因此同样可应用空载及堵转（短路）实验确定电动机模型中的参数。

五 实验内容

1. 定子一、二次绕组实际冷态电阻的测量

被试电机为单相电容起动异步电动机（M05），其定子一、二次绕组的实际冷态电阻测量方法见本章 1.6 节。记录当时室温和相关数据于表 1-24 中。

表 1-24　　单相异步电动机一、二次绕组冷态电阻实验数据（室温　℃）

绕组	一次绕组			二次绕组		
I（mA）						
U（V）						
R（Ω）						

2. 空载实验、短路实验、负载实验

（1）按图 1-26 接线。起动电容为 35μF，电动机不与测功机同轴连接，不带测功机。

（2）起动电动机前，把交流电压调节旋钮退至零位，然后接通电源，逐步升高电压，并使电动机旋转方向符合要求。

（3）保持电动机在额定电压下空载运行 15min，使机械损耗达到稳定后再进行实验。调节调压器让电动机降压空载起动，在额定电压下空载运行使机械损耗达到稳定。

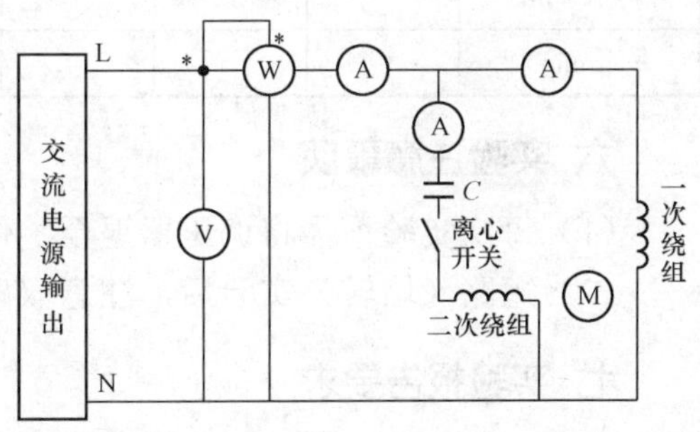

图 1-26　单相电容起动异步电动机实验接线图

（4）从 1.1 倍额定电压开始逐步降低直至可能达到的最低电压值，即功率和电流出现回升时为止，其间测取 8～9 组数据，记录每组的电压 U_0、电流 I_0、功率 P_0 于表 1-25 中。

表 1-25　　单相异步电动机空载实验数据

序号	1	2	3	4	5	6	7	8	9	10
U_0（V）										
I_0（A）										
P_0（W）										

（5）将测功机和电动机同轴连接。将起子插入测功机堵转孔中，使测功机定转子堵住。将三相调压器退至零位。

（6）合上交流电源，调节调压器使之逐渐升压，使短路电流到 1.2 倍额定电流，再逐渐降压至 0.3 倍额定电流为止。

（7）在此范围内读取短路电压、短路电流及短路功率等数据 8～9 组记录于表 1-26 中。

表 1-26 单相异步电动机短路（堵转）实验数据

序号	1	2	3	4	5	6	7	8	9	10
U_k（V）										
I_k（A）										
P_k（W）										

（8）将 BMEL-13 中的“转速控制”和“转矩控制”选择开关扳向“转矩控制”，“转矩设定”旋钮逆时针调节到底。

（9）合上交流电源，调节调压器使之逐渐升压至额定电压，并在实验中保持此额定电压不变。

（10）调节测功机“转矩设定”旋钮使之加载，使电动机在 1.1～0.25 倍额定功率范围内，测取 8～9 组数据，记录定子电流 I_1、输入功率 P_1、转矩 T_2、转速 n 于表 1-27 中。

表 1-27 单相异步电动机负载实验数据

序号	1	2	3	4	5	6	7	8	9
I_1（V）									
P_1（W）									
T_2（N·m）									
n（r/min）									

六 实验注意事项

（1）每次实验前需将调压器退至零位。

（2）短路（堵转）实验后，注意取出测功机堵转孔的起子并断开电源。

七 实验报告要求

（1）由空载及短路（堵转）实验数据计算出电动机参数。

（2）由负载实验数据计算并作出电动机工作特性（T_2、I_1、η、$\cos\varphi$、s 与 P_2 的关系曲线）。

（3）算出电动机的起动技术数据。

（4）回答思考题。

八 思考题

（1）单相异步电动机还可以有哪些起动方法？

（2）电容参数该怎么确定？

（3）如何改变单相异步电动机的转向？

1.10 同步发电机特性测定实验

一 实验目的

（1）用实验方法测量同步发电机在对称负载下的运行特性。

（2）由实验数据计算同步发电机在对称运行时的稳态参数。

二 预习要点

（1）同步发电机在对称负载下有哪些基本特性？

（2）这些基本特性各在什么情况下测得？

（3）怎样用实验数据计算对称运行时的稳态参数？

三 实验项目

（1）测定电枢绕组实际冷态直流电阻。

（2）空载试验：在 $n=n_N$、$I=0$ 的条件下，测取空载特性曲线 $U_0=f（I_f）$。

（3）三相短路实验：在 $n=n_N$、$U=0$ 的条件下，测取三相短路特性曲线 $I_k=f（I_f）$。

（4）外特性：在 $n=n_N$、I_f=常数、$\cos\varphi=1$ 和 $\cos\varphi=0.8$（滞后）的条件下，测取外特性曲线 $U=f（I）$。

（5）调节特性：在 $n=n_N$、$U=U_N$、$\cos\varphi=1$ 的条件下，测取调节特性曲线 $I_f=f（I）$。

四 实验设备及仪器

（1）BMEL 系列电机系统教学实验台主控制屏。

（2）交流电压表、电流表、功率、功率因数表。

（3）三相可调电阻器，单相可调电阻器，开关箱。

（4）直流电动机—同步发电机组：

直流电动机 M，P_N=3kW，U_N=220V，I_N=12.5A，n_N=1500r/min，U_f=220V，I_f=0.505A；

三相同步发电机 G，P_N=2.75kW，U_N=380V，I_N=3.96A，n_N=1500r/min，U_f=220V，I_f=2.4A。

五 实验方法及步骤

1. 空载试验

按图 1-27 接线，直流电动机 M 按他励方式连接，拖动三相同步发电机 G 旋转。

实验步骤如下。

（1）未接上电源前，同步发电机励磁电源调节旋钮逆时针调节到底，直流电动机励磁电压和直流电动机电枢电压调至零位，开关 S 扳向“中间”位置（断开位置）。

（2）按下电源控制“闭合”按钮开关，调节直流电动机励磁电流至 0.505A 后，调节电枢电压，起动直流电动机使其转速达到 1500r/min 并保持恒定。

（3）调节同步发电机励磁电流 I_f（注意必须单方向调节），使 I_f 单方向递增至发电机输出电压 $U_0 \approx 1.1U_N$ 为止。在此范围内，读取同步发电机励磁电流 I_f 和相应的空载电压 U_0，测取几组数据填入表 1-28 中。

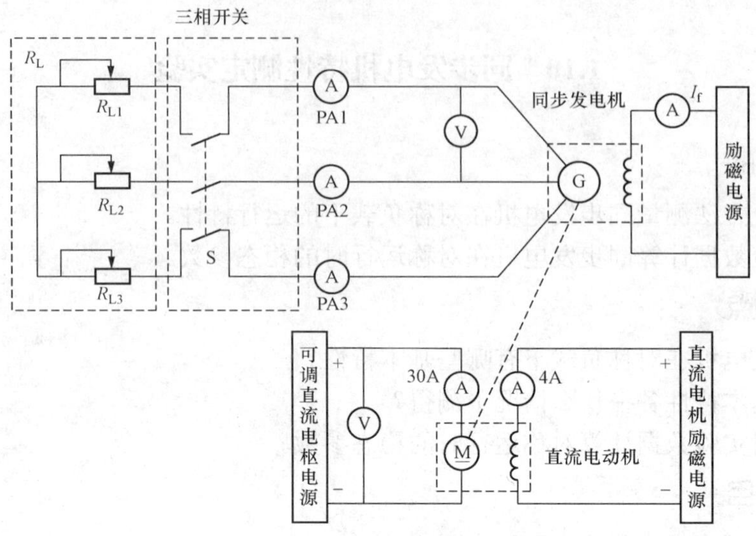

图 1-27 三相同步发电机实验接线图

表 1-28 **$n=n_N$=1500r/min，I=0**

序　号	1	2	3	4	5	6	7	8
U_0（V）								
I_f（A）								

（4）减小电机励磁电流，使 I_f 单方向减至零值为止。读取励磁电流 I_f 和相应的空载电压 U_0，填入表 1-29 中。

表 1-29 **$n=n_N$=1500r/min，I=0**

序号	1	2	3	4	5	6	7	8
U_0（V）								
I_f（A）								

实验注意事项：

（1）转速保持 $n= n_N$ =1500r/min 恒定；

（2）在额定电压附近读数相应多些。

空载特性是在同步发电机的转速保持为同步转速（$n=n_1$）、电枢开路（$I=0$）的情况下，空载电压（$U_0=E_0$）与励磁电流 I_f 的关系曲线 $U_0=f(I_f)$。

空载曲线本质上就是电机的磁化曲线，它可以用实验方法测取，也可以用空载磁路计算的方法算出。实际测定的方法与直流发电机相同。实验时电枢绕组开路，用原动机把发电机拖动至同步转速，然后逐渐增加励磁电流 I_f，并记录不同励磁电流下对应的电枢端电压，直到 U_0=1.1U_N 左右，再逐渐减小励磁电流，并记录对应的 U_0 和 I_f 值。由于铁磁材料中的磁滞现象，将得到上升的和下降的两条不同曲线，如图 1-28 所示。图中 I_f=0 时的电动势 E_{01} 和 E_{02} 分别表示两种情况下由剩磁所感应的电动势，称为剩磁电动势。如果剩磁电动势较大，可延长下降曲线直线部分使其与横轴相交，则交点的横坐标绝对值应作为校正量，再在所有实验测得的励磁电流数据上加上此值，即得通过原点之校正曲线，如图 1-29 所示。

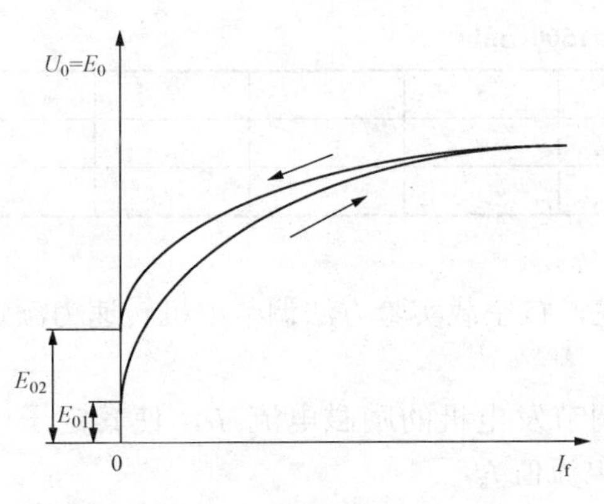

图 1-28 不同剩磁下的空载特性

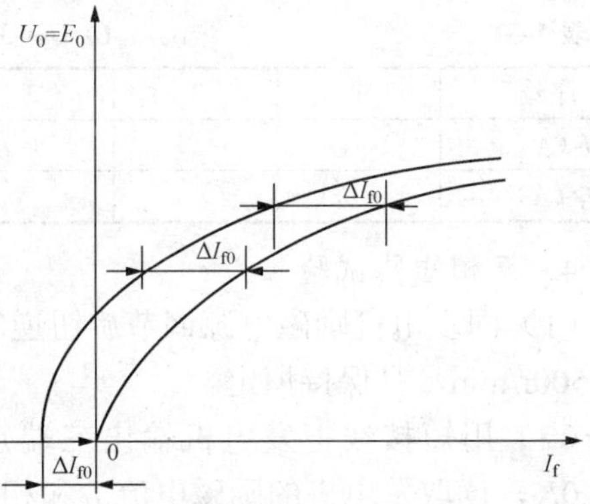

图 1-29 空载特性曲线的校正

实验说明，用实验方法测定同步发电机的空载特性时，由于转子磁路中剩磁情况的不同，当单方向改变励磁电流 I_f 从零到某一最大值，再反过来由此最大值减小到零时将得到上升和下降的两条不同曲线，如图 1-28 所示。两条曲线的出现，反映了铁磁材料中的磁滞现象。测定参数时使用下降曲线，其最高点取 $U_0 \approx 1.1U_N$，如剩磁电压较高，可延伸曲线的直线部分使之与横轴相交，则交点的横坐标绝对值 Δi_{f0} 应作为校正量，在所有试验测得的励磁电流数据上加上此值，即得通过原点之校正曲线，如图 1-29 所示。

空载特性是发电机的基本特性之一，它一方面表征了电机磁路的饱和情况，另一方面它和短路特性，零功率因数负载特性配合在一起，可以确定电机的基本参数、额定励磁电流和电压调整率等。

2. 测同步发电机在纯电阻负载时的外特性

（1）把三相可变电阻器 R_L 调至最大，按空载试验的方法起动直流电动机，并调节其转速达同步发电机额定转速 1500r/min，且转速保持恒定。

（2）开关 S 合向“1”端，发电机带三相纯电阻负载运行。

（3）调节发电机励磁电流 I_f 使同步发电机的端电压达额定值 380V。

（4）保持这时的同步发电机励磁电流 I_f 恒定不变，调节负载电阻 R_L，测同步发电机端电压和相应的平衡负载电流，直至负载电流增大到额定电流 3.95A，测出整条外特性。记录几组数据于表 1-30 中。

表 1-30 $n=n_N$=1500r/min，I_f=A，$\cos\varphi$=1

序号	1	2	3	4	5	6	7	8
U（V）								
I（A）								

3. 测同步发电机在纯电阻负载时的调整特性

（1）发电机接入三相负载电阻 R_L（S 合向“1”），并调节 R_L 至最大，按前述方法起动电动机，并调节电机转速 1500r/min，且保持恒定。

（2）调节同步电机励磁电流 I_f，使发电机端电压达额定值 U_N=380V，且保持恒定。

（3）调节负载电阻 R_L 以改变负载电流，同时保持电机端电压不变。读取相应的励磁电流 I_f 和负载电流 I，测出整条调整特性。测出几组数据记录于表 1-31 中。

表 1-31 $U=U_N$=380V，$n=n_N$=1500r/min

序号	1	2	3	4	5	6	7	8
I（A）								
I_f（A）								

4. 三相短路试验

（1）同步电机励磁电源调节旋钮逆时针旋到底，按空载实验方法调节电机转速为额定转速 1500r/min，且保持恒定。

（2）用短接线把发电机输出三端点短接，调节发电机的励磁电流 I_f，使其定子电流 $I_k=1.0I_N$，读取发电机的励磁电流 I_f 和相应的定子电流值 I_k。

（3）减小发电机的励磁电流 I_f 使定子电流减小，直至励磁电流为零，读取励磁电流 I_f 和相应的定子电流 I_k，共取数据几组并记录于表 1-32 中。

表 1-32 U=0V，$n=n_N$=1500r/min

序号	1	2	3	4	5	6	7	8
I_s（A）								
I_f（A）								

5. 直流电机/三相同步发电机停机步骤

（1）首先，要将同步发电机励磁电流减小到零。

（2）将直流电机电枢电源电压减小到零。

（3）最后，将直流电机励磁绕组电流减小到零。

注意，停机顺序一定不能错。

六 实验报告

（1）根据实验数据绘出同步发电机的空载特性。

（2）根据实验数据绘出同步发电机短路特性。

（3）根据实验数据绘出同步发电机的外特性。

（4）根据实验数据绘出同步发电机的调整特性。

（5）由空载特性和短路特性求取电机定子漏抗 X_σ 和特性三角形。

（6）利用空载特性和短路特性确定同步电机的直轴同步电抗 X_d（不饱和值）。

（7）利用空载特性和纯电感负载特性确定同步电机的直轴同步电抗 X_d（饱和值）。

（8）求短路比。

（9）由外特性试验数据求取电压调整率 $\Delta U\%$。

七 思考题

由空载特性和特性三角形用作图法求得的零功率因数的负载特性和实测特性是否有差别？造成此差别的因素是什么？

1.11 同步发电机并网及功率调节实验

一 实验目的

（1）掌握三相同步发电机投入电网并联运行的条件与操作方法。

（2）掌握三相同步发电机并联运行时有功功率与无功功率的调节。

（3）观察同步电动机的运行。

二 预习要点

（1）三相同步发电机投入电网并联运行有哪些条件？不满足这些条件将产生什么后果？如何满足这些条件？

（2）三相同步发电机投入电网并联运行时怎样调节有功功率和无功功率？调节过程又是怎样的？

三 实验项目

（1）用准确同步法将三相同步发电机投入电网并联运行。

（2）三相同步发电机与电网并联运行时有功功率的调节。

（3）三相同步发电机与电网并联运行时无功功率调节。

1）测取当输出功率等于零时三相同步发电机的V形曲线：

2）测取当输出功率等于0.5倍额定功率时三相同步发电机的V形曲线。

四 实验设备及仪器

（1）BMEL系列电机系统教学实验台主控制屏。

（2）交流电压表、电流表、功率表、功率因数表。

（3）三相可调电阻器和单相可调电阻器。

（4）直流电动机—同步发电机组，直流电动机，同步发电机，开关板，旋转指示灯。

五 实验方法及步骤

1. 用准同步法将三相同步发电机投入电网并联运行

三相同步发电机与电网并联运行必须满足以下三个条件。

（1）发电机的频率和电网频率要相同，即f_{II}=f_I。

（2）发电机和电网电压大小、相位要相同，即E_{0II}=U_I。

（3）发电机和电网的相序要相同。

三相同步发电机并网实验接线图如图1-30所示。

为了检查这些条件是否满足，可用交流电压表检测电压，用灯光旋转明暗法检查相序和频率，实验步骤如下。

（1）三相调压器旋钮逆时针调节到底，确定“可调直流电枢电源”和“直流电机励磁电源”电压均在零位，闭合电源控制绿色按钮开关，调节调压器旋钮，使交流输出电压达到同步发电机额定电压U_N=380V。

（2）先给直流电动机加励磁电流至0.505A左右，缓慢增加直流电动机电枢电压，起动直流电动机，使电机转速为1500r/min。

（3）调节同步发电机励磁电流I_f，使同步发电机发出额定电压380V。

（4）观察三组相灯，若依次明灭形成旋转灯光，则表示发电机和电网相序相同，若三组灯同时发亮，同时熄灭，则表示发电机和电网相序不同。当发电机和电网相序不同则应先停机，调换发电机或三相电源任意两根端线以改变相序后，按前述方法重新起动电动机；若用明暗法就需要把旋转指示灯的B和C短接线互换，三组相灯形成同时明灭状态，表示发电机和电网相序相同。

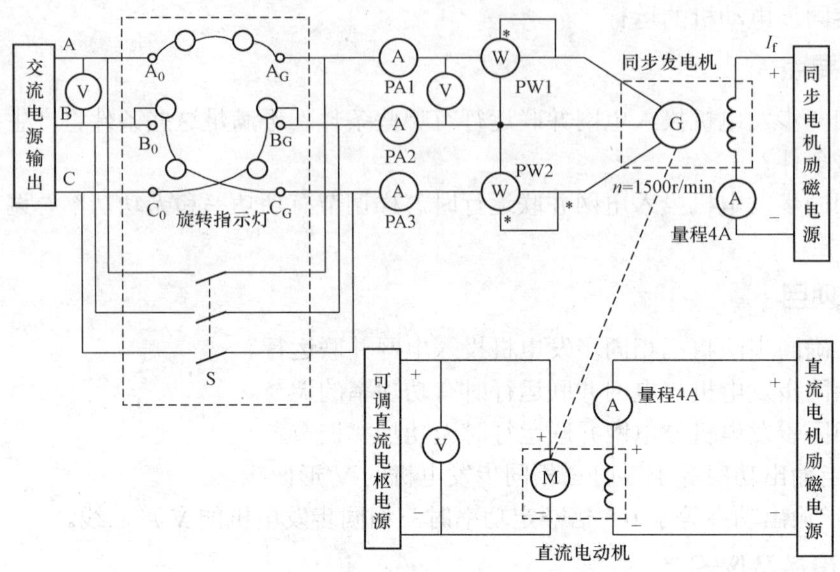

图 1-30 三相同步发电机并网实验接线图

（5）当发电机和电网相序相同时，调节同步发电机励磁电流 I_f 使同步发电机电压和电网电压相同。再细调直流电动机转速，使各相灯光缓慢地轮流旋转发亮。

（6）待 A 相灯熄灭时合上并网开关 S，把同步发电机投入电网并联运行；若用明暗法，则在三相灯同时熄灭时，把同步发电机投入电网并联运行。

（7）停机时应先断开并网开关 S，将电枢电压调至最小，三相调压器逆时针旋到零位，再将直流电机励磁电源调至零，最后断开电源控制按钮。

2. 三相同步发电机与电网并联运行时有功功率的调节

（1）按上述方法把同步发电机投入电网并联运行。

（2）并网以后，调节直流电动机的励磁电流，这时同步发电机输出功率 P_2 增加。

（3）调节同步发电机的励磁电流，使同步发电机定子电流达到最低点，这时相应的同步发电机励磁电流 $I_f=I_{fo}$。

（4）在同步电机定子电流最低点到额定电流的范围内读取三相电流、三相功率、功率因数，共取数据几组记录于表 1-33 中。

表 1-33　　测量数据（U=380V，$I_f=I_{fo}$=　A）

序号	测量值					计算值		
	输出电流 I（A）			输出功率 P（W）		I	P_2	$\cos\varphi$
	I_A	I_B	I_C	P_I	P_{II}			
1								
2								
3								
4								

续表

序号	测量值					计算值		
	输出电流 I（A）			输出功率 P（W）		I	P_2	$\cos\varphi$
	I_A	I_B	I_C	P_{I}	P_{II}			
5								
6								

注　表中 $I=\dfrac{I_A+I_B+I_C}{3}$，$P_2=P_{\text{I}}+P_{\text{II}}$，$\cos\varphi=\dfrac{P_2}{\sqrt{3}UI}$。

3. 三相同步发电机与电网并联运行时无功功率的调节

（1）测取三相同步发电机的 V 形曲线。

1）按上述方法把同步发电机投入电网并联运行。

2）保持同步发电机的输出功率最小 P_2=0。

3）先调节同步发电机励磁电流 I_f，使 I_f 上升，发电机定子电流随着 I_f 的增加上升到额定电流，并调节电动机励磁电流保持 P_2 不变。记录此点同步发电机励磁电流 I_f、定子电流 I_o。

4）减小同步电机励磁电流 I_f 使定子电流 I 减小到最小值，记录此点数据。

5）继续减小同步电机励磁电流，这时定子电流又将增加直至额定电流。

6）分别在过励和欠励情况下，读取数据几组记录于表 1-34 中。

表 1-34　　测量数据（n=1500r/min，U=380V，P_2 最小=0）

序号	三相电流 I（A）				励磁电流 I_f（A）
	I_A	I_B	I_C	I	
1					
2					
3					
4					
5					
6					
7					
8					
9					
10					

注　表中 $I=\dfrac{I_A+I_B+I_C}{3}$。

（2）测取当输出功率等于 0.2 倍额定功率时三相同步发电机的 V 形曲线。

1）按上述方法把同步发电机投入电网并联运行。

2）保持同步发电机的输出功率 P_2 等于 0.2 倍额定功率，约为 550W。

3）先调节同步发电机励磁电流 I_f，使 I_f 上升，发电机定子电流随着 I_f 的增加上升到额定电流，记录此点同步发电机励磁电流 I_f、定子电流 I_o。

4）减小同步电机励磁电流 I_f 使定子电流减小到最小值，记录此点数据。

5）继续减小同步电机励磁电流，这时定子电流又将增加直至额定电流。

6）分别在过励和欠励情况下，读取数据几组记录于表 1-35 中。

表 1-35 测量数据（n=1500r/min，U=380V，P_2≈0.2P_N）

序号	测量值				计算值	
	I_A	I_B	I_C	I_f	I	$\cos\varphi$
1						
2						
3						
4						
5						
6						
7						
8						
9						
10						

注 表中$I=\frac{I_A+I_B+I_C}{3}$，$\cos\varphi=\frac{P_2}{\sqrt{3}UI}$。

4. 观察同步电动机运行现象

（1）在并网运行状态下，首先切除直流电动机电枢电压（即拔掉电枢与电源的连线），观察没有原动力情况同步发电机是否停，说明此时同步电机和直流电机所处的运行状态。

（2）最后断开并网开关，实验机组便会停转。

六 实验报告

（1）评述准确同步法和明暗法的优缺点。

（2）试述并联运行条件不满足时并网将引起什么后果？

（3）试述三相同步发电机和电网并联运行时有功功率和无功功率的调节方法。

（4）画出 P_2 最小时和 P_2≈0.2 倍额定功率时同步发电机的 V 形曲线，并加以说明。

七 思考题

（1）叙述同步发电机投入电网并联运行的条件，为什么？

（2）同步发电机采用准确同步法并入电网的操作步骤有几步？顺序如何？

（3）并网后切除原动机时发电机可以继续转动，那么能否在原动机不动时将发电机直接并入电网？

1.12 三相同步发电机的参数测定实验

一 实验目的

掌握三相同步发电机参数的测定方法，并进行分析比较加深理论学习。

二 预习要点

（1）要预习同步电机的主要参数：①同步电抗 X_d、X_q；②直轴瞬变电抗 X'_d 和超瞬变电抗 X''_d；

③交轴瞬变电抗 X'_q 和超瞬变电抗 X''_q；④各序电抗，X_+、X_- 和 X_0 分别表示正序、负序和零序电抗等。

（2）要重点预习本次实验介绍同步发电机中最基本和常用的几个参数的测量方法。

三 实验项目

（1）用转差法测定同步发电机的同步电抗 X_d、X_q。

（2）用逆同步旋转法测定同步发电机的负序电抗 X_-。

（3）用单相电源测同步发电机的零序电抗 X_0。

（4）用静止法测超瞬变电抗 X''_d、X''_q 或瞬变电抗 X'_d、X'_q。

四 实验设备及仪器

（1）BMEL 系列电机系统教学实验台主控制屏。

（2）交流电压表、电流表、功率、功率因数表。

（3）三相可调电阻器，单相可调电阻器，开关板。

（4）直流电动机—同步发电机组，直流电动机，同步发电机。

五 实验方法及操作步骤

1. 实验方法及接线说明

实验线路如图 1-31 所示。图中 M 为直流电动机，作原动机用；被试电机为三相凸极式同步电机，其额定值为：$P_N = 2.75\,\text{kW}$，$U_N = 380\,\text{V}$，$I_N = 3.96\,\text{A}$，$n_N = 1500\,\text{r/min}$；TG 为涡流测功机。同步电机 M、TG 由联轴器直接相联（虚线所示）。电阻 R_1 选用 BMEL-Ⅱ挂箱上的阻值为 180Ω（接 A1、A2 端，即两只 90Ω 串联）、电流为 1.3A 的可调电阻，作为直流并励电动机的起动电阻。电阻 R_{f1} 选用 BMEL-II 挂箱上的阻值为 2000Ω、电流为 200mA 的可调电阻，作为直流并励电动机励磁回路串接电阻。直流电流表 PA1 选用励磁电源上的励磁电流表（mA），PA2 选用直流稳压电源上的电枢电流表（A）。同步发电机定子回路的电压表 PV、电流表 PA、功率表 PW 选用主控屏左侧的交流电压表、电流表、功率表。同步电机励磁回路电压表 V 选用 BMEL-Ⅱ挂箱上的直流电压表，量程为 200V。开关 S2 选用 BMEL-Ⅱ挂箱上的 S2。

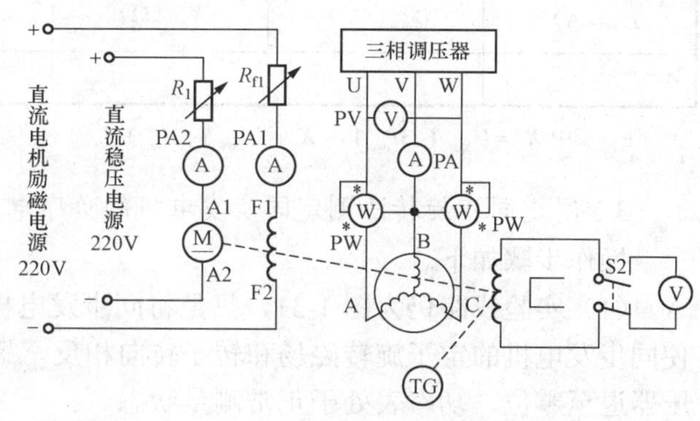

图 1-31 用转差法测同步发电机的同步电抗

2. 用转差法测定同步发电机的同步电抗 X_d、X_q

用转差法测定同步发电机的同步电抗 X_d、X_q 的操作步骤如下。

（1）按图 1-31 接线，同步机定子绕组为Y形接法。

（2）将 BMEL-Ⅱ挂箱上的红色开关至“ON”位置，“3A”开关合向下方，“转速控制/转矩控制”选择开关合向“转速控制”端。BMEL-Ⅱ挂箱上的红色开关至“ON”位置，电压表量程为 2V。起动电阻 R_1 调至阻值最大，励磁回路电阻 R_{f1} 调至阻值最小；三相调压器调至零位；用导线将定子回路电流表和功率表电流线圈短接；开关 S2 闭合到直流电压表端。

（3）合上电源开关（实验台左侧端面），主电源面板红色指示灯亮，再按下绿色按钮，绿灯亮，红灯灭，电源接通。

（4）合上直流电机励磁电源开关，再合上 220V 直流稳压电源（红色开关至“ON”位置），观察励磁电流表读数大小（若无读数，切不可起动电动机），按下直流稳压电源上的白色“复位”按钮，直流电动机起动。

（5）调节直流稳压电源上的“电压调节”旋钮，使电动机输入电压为 220V（看直流稳压电源上的电压表，内部已接好）。

（6）调节电阻 R_1 使电机升速到接近同步发电机的额定转速 1500r/min，保持 0.5%的转差率，即与同步速差 7r/min。

（7）调节三相调压器输出，观察同步发电机励磁绕组所接直流电压表。若它有缓慢的摆动（出现正、负显示），则表示同步发电机定子产生的旋转磁场和转子的转向相同，若它只有轻微振动（无负显示），而无摆动，则表示同步发电机定子产生的旋转磁场和转子的转向相反，这时需停机并调整相序。

（8）调节调压器使同步发电机电枢绕组端电压为 5%～15%的额定电压，调节电机转速使同步发电机电枢端所接交流电压表和交流电流表摆动很慢。

（9）在同一瞬间读取电枢电流周期性摆动的最小值 I_{min} 与相应的电压最大值 U_{max} 以及电流最大值 I_{max} 与电压最小值 U_{min}，数据记录于表 1-36 中。

表 1-36　　转差法测定同步电抗 X_d、X_q

I_{max}（A）	U_{min}（V）	X_q（Ω）	I_{min}（A）	U_{max}（V）	X_d（Ω）

注　表中 $X_q = U_{min}/(\sqrt{3}I_{max})$，$X_d = U_{max}/(\sqrt{3}I_{min})$。

3. 用逆同步旋转法测定同步发电机的负序电抗 X_-

操作步骤如下。

（1）实验线路仍为图 1-31，只是将同步发电机电枢绕组任意两相接线对换，以改变相序使同步发电机的定子旋转磁场和转子转向相反。把开关 S2 闭合在短接端（图示左端），将调压器退至零位，功率表处于正常测量状态。

（2）合上直流电源，起动直流电机（方法同上）并使电机升速到额定转速 1500r/min。

（3）调节调压器逐渐升压，直至同步发电机电枢电流达 30%～40%的额定电流，读取电枢绕组电压、电流和功率值，并记录于表 1-37 中。

表 1-37　　逆同步旋转法测定负序电抗 X_-

记　录　值					计　算　值		
I（A）	U（V）	P_1（W）	P_2（W）	P（W）	Z_-（Ω）	R_-（Ω）	X_-（Ω）

注　表中 $P = P_{\text{I}} + P_{\text{II}}$，$Z_- = U/(\sqrt{3}I)$，$R_- = P/(3I^2)$，$X_- = \sqrt{Z_-^2 - R_-^2}$。

4. 用单相电源测同步发电机的零序电抗 X_0

（1）按图 1-32 接线，同步机定子绕组按顺序串联起来通以单相电源。

（2）把调压器退至零位，同步发电机励磁绕组短接。

（3）起动直流电机并使电机升速至额定转速 1500r/min。

（4）调节调压器使电枢绕组中电流上升至额定电流值，测取此时的电压、电流和功率值，并记录于表 1-38 中。

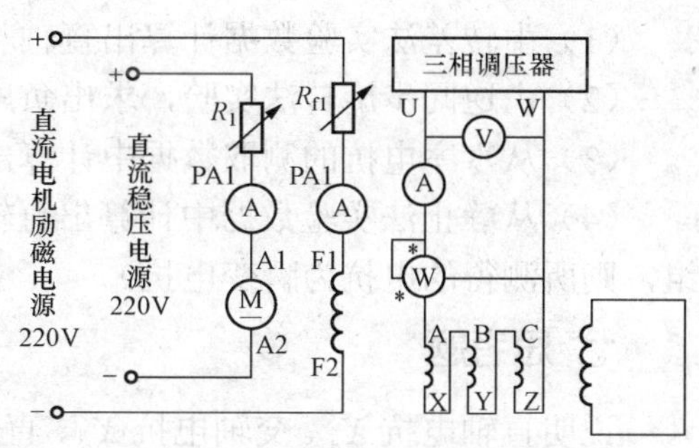

图 1-32 用单相电源测同步发电机的零序电抗

表 1-38　　单相电源测零序电抗 X_0

记录值			计算值		
U（V）	I（A）	P（W）	Z_0（Ω）	R_0（Ω）	X_0（Ω）

注　表中 $Z_0=U/(\sqrt{3}I)$；$R_0=P/(3I^2)$，$X_0=\sqrt{Z_0^2-R_0^2}$。

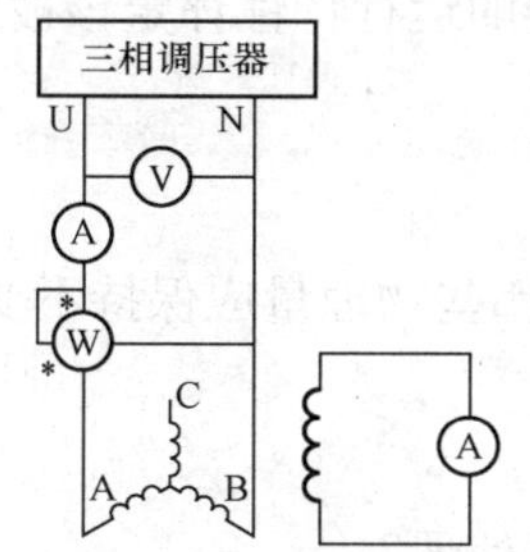

图 1-33 静止法测定同步发电机瞬变电抗接线图

5. 用静止法测超瞬变电抗 X_d''、X_q'' 或瞬变电抗 X_d'、X_q'

（1）按图 1-33 接线。

（2）将调压器退到零位，发电机处于静止状态，调节调压器逐渐升高输出电压，直至同步发电机电枢电流达 30%～40%的额定电流。

（3）用手慢慢转动同步发电机转子，观察两只电流表读数的变化，仔细调整同步发电机转子的位置，使两只电流表读数最大。

（4）读取此位置时的电压、电流、功率值并记录于表 1-39 中。

表 1-39　　用静止法测直轴超瞬变电抗

记录值			计算值		
U（V）	I（A）	P（W）	Z_d'（Z_d''）Ω	R_d'（R_d''）Ω	X_d'（X_d''）Ω

注　表中 $Z_d''=U/(2I)$，$R_d''=P/(2I^2)$，$X_d''=\sqrt{Z_d''^2-R_d''^2}$。

（5）把同步发电机转子转过 45°角，在这附近仔细调整同步发电机转子的位置，使两只电流表读数最小，读取此位置时的电压、电流、功率值并记录于表 1-40 中。

表 1-40　　用静止法测交轴超瞬变电抗

记录值			计算值		
U（V）	I（A）	P（W）	Z_q'（Z_q''）Ω	R_q'（R_q''）Ω	X_q'（X_q''）Ω

注　表中 $Z_q''=U/(2I)$，$R_q''=P/(2I^2)$，$X_q''=\sqrt{Z_q''^2-R_q''^2}$。

六 实验报告

（1）由转差法实验数据计算出直轴与交轴同步电抗的标幺值。

（2）由逆同步旋转法实验，求出负序电抗标幺值。

（3）从零序电抗的测取数据中计算出零序电抗标幺值。

（4）从静止法实验数据中计算出直轴与交轴超瞬变电抗的标幺值（若同步电机无阻尼绕组，则所测得的电抗为瞬变电抗）。

七 思考题

说明直轴电抗 X_d、交轴电抗 X_q、直轴瞬变电抗 X_d'、超瞬变电抗 X_d''、交轴瞬变电抗 X_q' 和超瞬变电抗 X_q''，X_+、X_- 和 X_0 各序电抗，并能理解各电抗的物理意义。

1.13 直流发电机实验

一 实验目的

（1）通过实验观察并励发电机的自励过程和自励条件。

（2）掌握用实验方法测定直流发电机的运行特性，并根据所测得的运行特性评定该被测试电机的有关性能。

二 预习要点

（1）什么是发电机的运行特性？对于不同的特性曲线，在实验中哪些物理量应保持不变，而哪些物理量应测取？

（2）做空载实验时，励磁电流为什么必须单方向调节？

（3）并励发电机的自励条件有哪些？当发电机不能自励时应如何处理？

三 实验项目

（1）他励直流发电机空载特性：保持 $n=n_N$，使 $I=0$，测取 $U_0=f$（I_f）。

（2）他励直流发电机外特性：保持 $n=n_N$，使 $I_f=I_{fN}$，测取 $U=f$（I）。

（3）他励直流发电机调节特性：保持 $n=n_N$，使 $U=U_N$，测取 $I_f=f$（I）。

四 实验设备及仪器

（1）BMEL 系列电机系统教学实验台主控制屏。

（2）直流电动机—发电机机组。

（3）直流励磁电源、直流电枢电源、单相可调电阻器等。

（4）直流电压、电流表（BMEL-34C）。

五 实验说明及操作步骤

他励发电机按图 1-34 接线。其中：

直流发电机 G，P_N=1.5kW，U_N=230V，I_N=6.52A，n_N=1500r/min，U_f=220V，I_f=0.49A。

直流电动机 M，P_N =2.2kW，U_N =220V，I_N =12.5A，n_N =1500r/min，U_f =220V，I_f=0.61A。

双刀双掷开关 S1，位于 BMEL-30。

U_1—直流电机电枢电源；U_2、U_3—直流电机励磁电源；PA、PV—直流电流、电压表（BMEL-34C）。

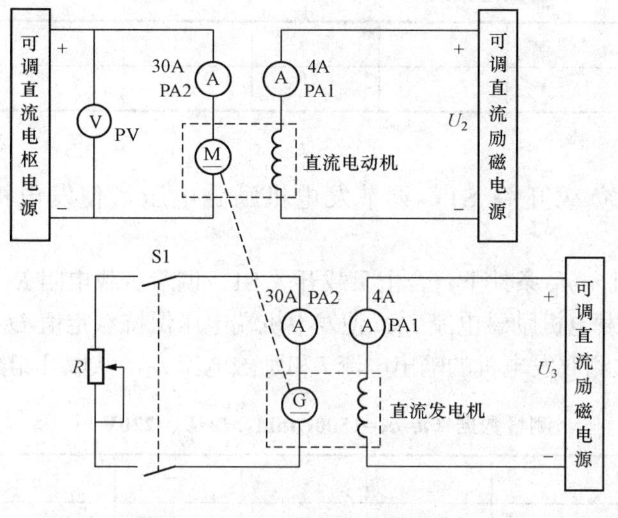

图 1-34 直流他励发电机接线图

1. 空载特性

（1）打开发电机负载开关 S1 并把负载调至最大，励磁电源和电枢电源的电压都调至零位（注意选择各仪表的量程）。

（2）缓慢调节直流电机电枢电源使电动机旋转。

（3）从数字转速表上观察电机旋转方向，若电机反转，可先停机，将电枢或励磁两端接线对调，重新起动，则电机转向应符合正向旋转的要求。

（4）调节直流电机励磁电流至 0.61A，再调节直流电动机电枢电压，使电动机转速达到 1500r/min（额定值），并在以后整个实验过程中始终保持此额定转速。

（5）调节发电机励磁电源，使发电机空载电压达 $U_0=1.2U_N$（264V）为止。

（6）在保持电机额定转速（1500r/min）条件下，从 $U_0=1.2U_N$ 开始，单方向调节，使发电机励磁电流逐次减小，直至 $I_{f2}=0$。

每次测取发电机的空载电压 U_0 和励磁电流 I_{f2}，只取几组数据，填入表 1-41 中，其中 $U_0=U_N$ 和 $I_{f2}=0$ 两点必测，并在 $U_0=U_N$ 附近测点应较密。

表 1-41　　　　测量数据（n_N=1500r/min）

U_0（V）								
I_{f2}（A）								

2. 外特性

（1）在空载实验后，把发电机负载电阻 R 调到最大值，合上负载开关 S1。

（2）同时调节直流电动机励磁电压、发电机励磁电压和负载电阻 R，使发电机的 $n=n_N$，$U=U_N$（220V），$I=I_N$（6.52A），该点为发电机的额定运行点，其励磁电流称为额定励磁电流 I_{f2N}=0.49A。

（3）在保持 $n=n_N$ 和 $I_{f2}=I_{f2N}$ 不变的条件下，逐渐增加负载电阻，即减少发电机负载电流，在额定负载到空载运行点范围内，每次测取发电机的电压 U 和电流 I，直到空载（断开开关

S1)，共取几组数据填入表 1-42 中。其中额定和空载两点必测。

表 1-42 测量数据（$n=n_N$=1500r/min，$I_{f2}=I_{f2N}$）

U（V）								
I（A）								

3. 调整特性

（1）断开发电机负载开关 S1，调节发电机励磁电压，使发电机空载电压达额定值（U_N=220V）。

（2）在保持发电机 $n=n_N$ 条件下，合上负载开关 S1，调节负载电阻 R，逐次增加发电机输出电流 I，同时相应调节发电机励磁电流 I_{f2}，使发电机端电压保持额定值 $U=U_N$，从发电机的空载至额定负载范围内每次测取发电机的输出电流 I 和励磁电流 I_{f2}，共取几组数据填入表 1-43 中。

表 1-43 测量数据（$n=n_N$=1500r/min，$U=U_N$=220V）

I（A）								
I_{f2}（A）								

六 注意事项

（1）起动直流电动机时，先加励磁电压，再加电枢电压。

（2）做实验过程中，励磁电流和电枢电流都不能超过额定值 1.2 倍以上。

七 实验报告

（1）根据空载实验数据，作出空载特性曲线，由曲线计算出被试电机的饱和系数和剩磁电压的百分数。

（2）绘出他励的外特性曲线，算出电压变化率 $\Delta U=\dfrac{U_0-U_N}{U_N}\times100\%$，并分析差异的原因。

（3）绘出他励发电机调整特性曲线，分析在发电机转速不变的条件下，为什么负载增加时，要保持端电压不变，必须增加励磁电流的原因。

八 思考题

（1）在发电机—电动机组成的机组中，当发电机负载增加时，为什么机组的转速会变低？为了保持发电机的转速 $n=n_N$，应如何调节？

（2）并励发电机的自励条件有哪些？当发电机不能自励时应如何处理？

（3）做空载实验时，励磁电流为什么必须单方向调节？

1.14 直流电动机调速实验

一 实验目的

（1）通过实验观察他励电动机的调压调速特性、弱磁通调速特性和串电阻调速特性。

（2）掌握用实验方法测定直流发电机的运行特性，并根据所测得的运行特性评定该被测试电机的有关性能。

二 预习要点

（1）什么是电动机的运行特性？对于不同的特性曲线，在实验中哪些物理量应保持不变，而哪些物理量应测取？

（2）做他励电动机弱磁通调速特性实验时，要注意什么问题？

（3）做他励电动机的串电阻调速特性实验时，要注意什么问题？

三 实验项目

（1）调压调速特性：保持 $\Phi=\Phi_N$、$R_j=0$，在不同的电压 U 下，测取 $n=f(T_L)$。

（2）弱磁通调速特性：保持 $U=U_N$、$R_j=0$，在不同的励磁电流或磁通下，测取 $n=f(T_L)$。

（3）串电阻调速特性：保持 $U=U_N$、$\Phi=\Phi_N$，在电枢绕组中，串联不同的电阻 R_j，测取 $n=f(T_L)$。

四 实验设备及仪器

（1）BMEL 系列电机系统教学实验台主控制屏。

（2）直流电动机—发电机机组。

（3）直流励磁电源，直流电枢电源，单相可调电阻器等。

（4）直流电压、电流表（BMEL-34C）。

五 实验说明及操作步骤

他励发电机按图 1-35 接线。

直流发电机 G，P_N=1.5kW，U_N=230V，I_N=6.52A，n_N=1500r/min，U_f=220V，I_f=0.49A。

直流电动机 M，P_N=2.2kW，U_N=220V，I_N=12.5A，n_N=1500r/min，U_f=220V，I_f=0.61A。

双刀双掷开关 S1，位于 BMEL-30。

U_1—直流电机电枢电源；U_2、U_3—直流电机励磁电源；PA、PV—直流电流、电压表（BMEL-34C）。

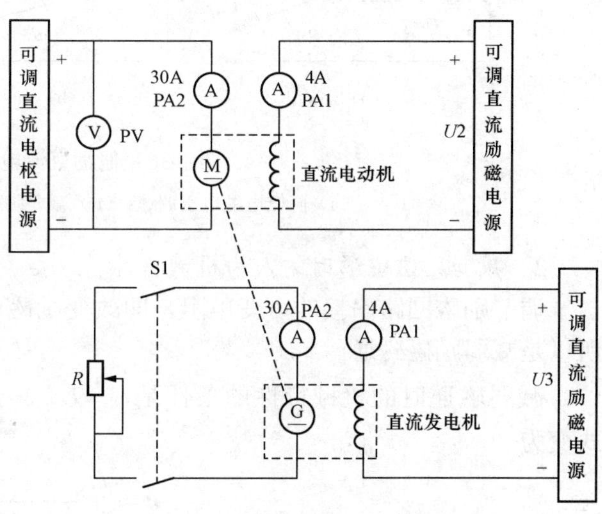

图 1-35 直流他励电动机调速接线图

1. 改变电源电压时的人为机械特性

这种情况机械特性的条件是 U 可变、$\Phi=\Phi_N$、$R_j=0$。这时机械特性方程式变为

$$n=\frac{U}{C_e\Phi}-\frac{R_a+R_j}{C_eC_T\Phi^2}T \tag{1-26}$$

改变电源电压时人为机械特性的特点是：

（1）直线斜率不变，各条特性相互平行；

（2）理想空载转速与电压 U 成正比变化。

一般他励电动机的电压向低于额定电压的方向改变。在电枢电压 U=220、198、176V 下，通过调节负载，改变电动机转矩，测取电动机的转矩与对应的转速，将所测数据记录在表 1-44

至表 1-46 中。将数据画成图，然后与对应的机械特性[如图 1-36（a）所示]进行比较。

表 1-44　　测量数据［$I_f=I_{fN}$=0.61A（即 $\Phi=\Phi_N$），$R_j=0$，U=220V］

n（r/min）									
T（N·m）									

表 1-45　　测量数据［$I_f=I_{fN}$=0.61A（即 $\Phi=\Phi_N$），$R_j=0$，U=198V］

n（r/min）									
T（N·m）									

表 1-46　　测量数据［$I_f=I_{fN}$=0.61A（即 $\Phi=\Phi_N$），$R_j=0$，U=176V］

n（r/min）									
T（N·m）									

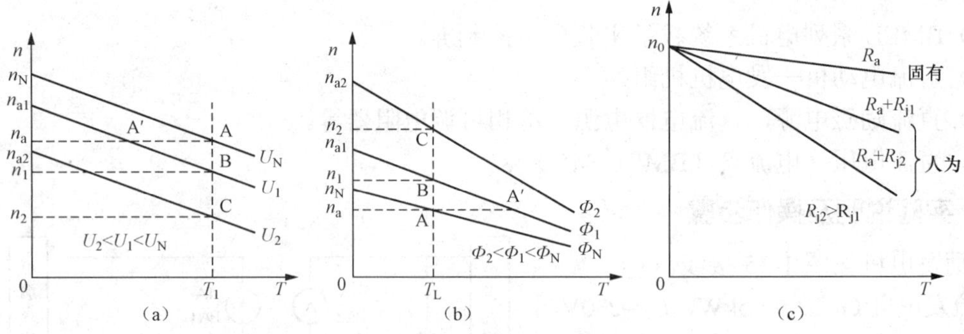

图 1-36　他励直流电动机调速特性

（a）降低电源电压调速；（b）减弱励磁磁通调速；（c）串电阻调速

2. 减弱励磁磁通时的人为机械特性

调节励磁回路串接的可变电阻，即改变励磁电流，改变磁通，使磁通比额定磁通少了，所以是减弱励磁磁通。

减弱磁通时的机械特性的条件是 $U=U_N$，$R_j=0$，Φ 可变且小于 Φ_N。这时特性方程式变为

$$n=\frac{U_N}{C_e\Phi}-\frac{R_a}{C_eC_T\Phi^2}T \tag{1-27}$$

对应的人为机械特性如图 1-36（b）所示，其特点如下。

（1）磁通减弱时会使 n_0 升高，n_0 与 Φ 成反比。

（2）磁通减弱会使直线斜率增大，斜率与 Φ^2 成反比。

（3）人为机械特性为一簇直线，它们既不平行又非放射性，特性上移且变软。

通过调节负载，改变电动机转矩，测取 $I_f=I_{fN}$=0.55A（即 $\Phi=0.9\Phi_N$）和 $I_f=I_{fN}$=0.488A（即 $\Phi=0.8\Phi_N$）时电动机的转矩与对应的转速，将所测数据记录在表 1-47 和表 1-48 中，并将数据画成图。

表 1-47 测量数据［$U=U_N$=220V、$R_j=0$，$I_f=I_{fN}$=0.55A（即 $\Phi=0.9\Phi_N$）］

n（r/min）								
T（N·m）								

表 1-48 测量数据［$U=U_N$=220V、$R_j=0$，$I_f=I_{fN}$=0.448A（即 $\Phi=0.8\Phi_N$）］

n（r/min）								
T（N·m）								

3. 电枢串电阻时的人为机械特性

这时机械特性的条件变成$U=U_N$、$\Phi=\Phi_N$（即$I_f=I_{fN}$），电枢回路总电阻为R_a+R_j。这时的机械特性方程式变为

$$n=\frac{U_N}{C_e\Phi_N}-\frac{R_a+R_j}{C_eC_T{\Phi_N}^2}T \tag{1-28}$$

对应的人为机械特性如图 1-36（c）所示，这一簇人为机械特性的特点是：

（1）理想空载转速 n_0 不变；

（2）直线斜率随 $R+R_j$ 成正比地增大，因而形成一簇放射性直线。

电枢串电阻的人为特性常用于电动机的起动和调速中。

通过调节负载，改变电动机转矩，测取电动机的转矩与对应的转速，将所测数据记录在表 1-49 和表 1-50 中，并将数据画成图。

表 1-49 测量数据（$U=U_N$，$\Phi=\Phi_N$，R_j=0.4Ω）

n（r/min）								
T（N·m）								

表 1-50 测量数据（$U=U_N$，$\Phi=\Phi_N$，R_j=4.4Ω）

n（r/min）								
T（N·m）								

六 注意事项

（1）起动直流电动机时，先加励磁电压，再加电枢电压。

（2）做实验过程中，励磁电流和电枢电流都不能超过额定值 1.2 倍以上。

七 实验报告

（1）根据调压调速实验数据，作出他励直流电动机的调压调速特性曲线。

（2）绘出他励直流电动机的弱磁调速特性曲线，分析电动机空载转速在不同磁通下出现差异的原因。

（3）绘出他励直流电动机串电阻调速特性曲线，分析在电动机空载转速不变的条件下，负载增加时端电压急剧下降的原因。

八 思考题

（1）在电动机—发电机组成的机组中，当发电机负载增加时，为什么机组的转速会变低？为了保持发电机的转速 $n=n_N$，应如何调节？

（2）什么叫固有机械特性？什么叫人为机械特性?他励直流电动机的固有机械特性各有什么特点？

（3）直流电动机三种调速方法各有何特点？适用范围又是什么？

第2章　异步电动机拖动控制实验

2.1　三相异步电动机的点动和自锁控制实验

一　实验目的

（1）通过对三相异步电动机点动控制和自锁控制线路的安装接线，掌握由读懂电气原理图到按图接线的知识要点。

（2）通过实际操作和观察体会按钮、接触器控制线路的原理，进一步加深理解点动控制和自锁控制的特点。

二　实验内容

（1）点动运行控制。

（2）自锁控制。

（3）既能点动又能连续运行控制。

三　实验准备

复习三相异步电动机点动控制相关知识、电气原理图、自锁控制电气原理图。准备实验要用的实验设备、仪器仪表。

四　实验设备、仪表

实验设备、仪表见表2-1。

表2-1　　实验设备、仪表列表

序号	名　　称	型　　号	数　　量
1	电源控制屏	BMEL-Ⅱ	1台
2	三相笼型异步电动机	Y100L1-4	1台
3	继电器	JC5-20	1个
4	接触器	CJ10-20	1个
5	按钮	MB2-10	3个
6	热继电器	JR2-50	1个

五　实验操作步骤及注意事项

三相调压器输出线电压为380V。主电路接380V（三相），控制电路接380V（三相）或220V（单相）。

1. 三相异步电动机点动控制实验

按图2-1接线，电机选用“机组一”的Y100L1-4型三相笼型异步电动机（Y形连接）。线接好经指导老师检查无误后，按下列步骤进行实验。

（1）断开 Q1，按下控制屏上“起动”按钮，升高交流调压器输出电压到线电压为 380V，然后闭合 Q1 接通电源。

（2）按下“起动”按钮 SB1，对电动机 M 进行点动操作，比较按下 SB1 和松开 SB1 时电动机 M 的运转情况。

（3）三相调压器回退到零位，按下控制屏上“停止”按钮。

2. 三相异步电动机自锁控制实验

按下控制屏上的“停止”按钮以切断三相交流电源，按图 2-2 接线。自锁控制实验步骤如下：

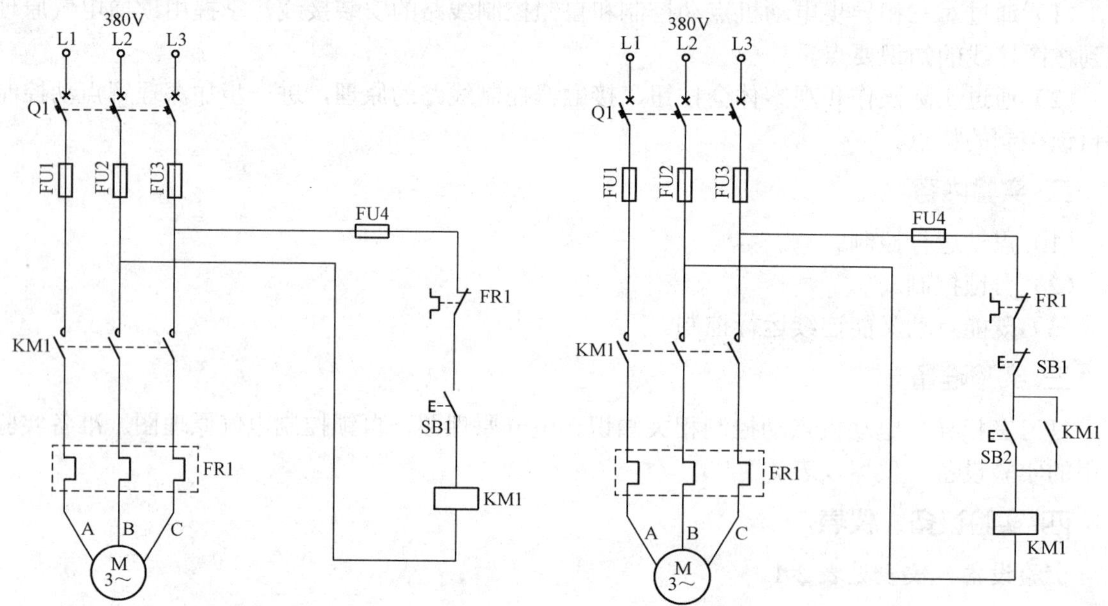

图 2-1 三相异步电动机点动控制原理图　　图 2-2 三相异步电动机自锁控制线路原理图

（1）断开 Q1，按下控制屏上的“起动”按钮，升高交流调压器输出电压到线电压为 380V，然后闭合 Q1 接通电源。

（2）按下起动按钮 SB2，松手后观察电动机 M 运转情况。

（3）按下停止按钮 SB1，松手后观察电动机 M 运转情况。

（4）三相调压器回退到零位，按下控制屏上“停止”按钮。

3. 三相异步电动机既可点动又可连续运行控制实验

按下控制屏上“停止”按钮切断三相交流电源后，按图 2-3 接线。实验步骤如下。

（1）断开 Q1，按下控制屏上“起动”按钮，升高交流调压器输出电压到线电压为 380V，然后闭合 Q1 接通电源。

（2）按下“起动”按钮 SB2，松手后观察电机 M 是否继续运转。

（3）运转 30s 后按下 SB3，然后松开，电机 M 是否停转；连续按下和松开 SB3，观察此时属于什么控制状态。

（4）按下停止按钮 SB1，松手后观察 M 是否停转。

（5）三相调压器回退到零位，按下控制屏上“停止”按钮。

六 实验报告

(1) 画出各电气原理图，分析既可点动又可自锁控制线路的工作原理。

(2) 写出实验过程和实验收获。

(3) 点动控制、自锁控制各应用在什么场合？

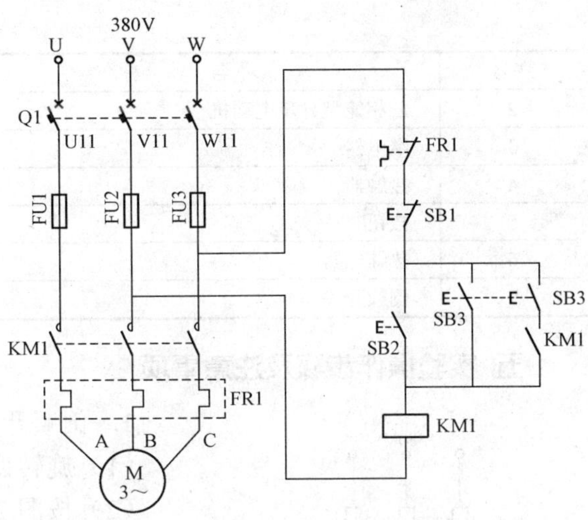

图 2-3 三相异步电动机点动与自锁控制线路

七 思考题

(1) 分析什么叫点动，什么叫自锁，并比较图 2-1 和图 2-2 的结构和功能有什么区别？

(2) 图 2-3 中，各个电器如 Q1、FU1、FU2、FU3、FU4、KM1、FR、SB1、SB2、SB3 各起什么作用？

(3) 已经使用了熔断器为何还要使用热继电器？已经有了开关 Q1 为何还要使用接触器 KM1？

(4) 图 2-2 所示电路能否对电动机实现过电流、短路、欠电压和失电压保护？

2.2 三相异步电动机的正、反转控制实验

一 实验目的

(1) 通过对三相异步电动机正反转控制线路的接线，掌握由电路原理图接成实际操作电路的方法。

(2) 体会“联锁”的意义和方法。

(3) 掌握接触器联锁正反转、按钮联锁正反转控制及按钮和接触器双重联锁正反转控制线路的不同接法，并熟悉在操作过程中有哪些不同之处。

二 实验内容

(1) 接触器联锁正反转控制。

(2) 按钮联锁正反转控制。

(3) 按钮和接触器双重联锁正反转控制。

三 实验准备

复习三相异步电动机正、反转控制相关知识、电气原理图，准备实验要用的实验设备、仪器仪表。

四 实验设备、仪表

实验设备、仪表见表 2-2。

表 2-2 实验设备、仪表列表

序号	名　　称	型号	数量
1	电源控制屏	BMEL-Ⅱ	1 台

续表

序号	名　　称	型号	数量
2	三相笼型异步电动机	Y100L1-4	1台
3	继电器	JC5-20	1个
4	接触器	CJ10-20	2个
5	按钮	MB2-10	3个
6	热继电器	JR2-50	1个
7	倒顺开关	KO3-15	1个

五 实验操作步骤及注意事项

1. 倒顺开关正反转控制线路实验

（1）旋转调压器旋钮将三相调压电源电压380V。

（2）按图2-4接线。图中Q1为倒顺开关。

（3）起动电源后，把开关Q1合向“左合”位置，观察电机转向。

（4）运转30s后，把开关Q1合向“断开”位置后，等电机转速很小或电机停下，再扳向“右合”位置，观察电机转向。

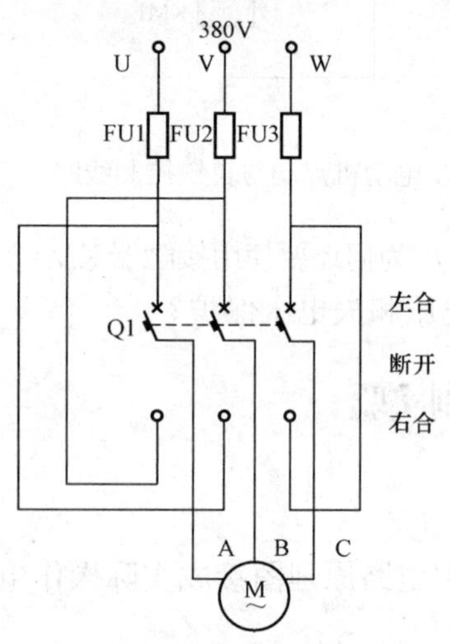

图2-4 倒顺开关正反转控制线路

2. 接触器联锁正反转控制线路

接线前按下控制屏上的“停止”按钮以切断三相交流电源。按图2-5接线。

（1）断开 Q1，按下控制屏上“起动”按钮，升高交流调压器输出电压到线电压为380V，然后闭合Q1接通电源。

（2）按下SB1，观察并记录电动机M的转向、接触器自锁和联锁接触点的吸断情况。

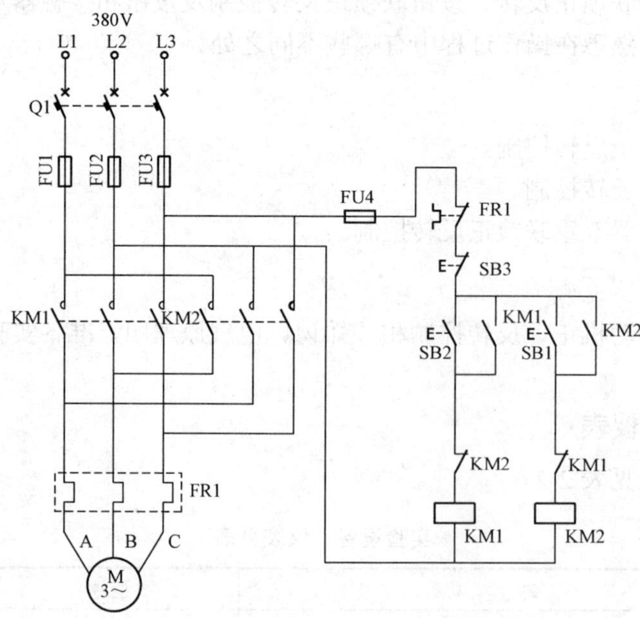

图2-5 接触器联锁正反转控制线路

（3）按下 SB3，观察并记录 M 运转状态、接触器各触点的吸断情况。

（4）按下 SB2，观察并记录 M 的转向、接触器自锁和联锁触点的吸断情况。

（5）按下 SB1，观察并记录电动机 M 的转向、接触器自锁和联锁触点的吸断情况。

（6）再次按下 SB3，观察并记录 M 运转状态、接触器各触点的吸断情况。

（7）三相调压器回退到零位，按下控制屏上“停止”按钮。

3. 按钮联锁正反转控制实验

（1）按下控制屏上的“停止”按钮以切断三相交流电源。按图 2-6 接线。

（2）断开 Q1，按下控制屏上“起动”按钮，升高交流调压器输出电压到线电压为 380V，然后闭合 Q1 接通电源。

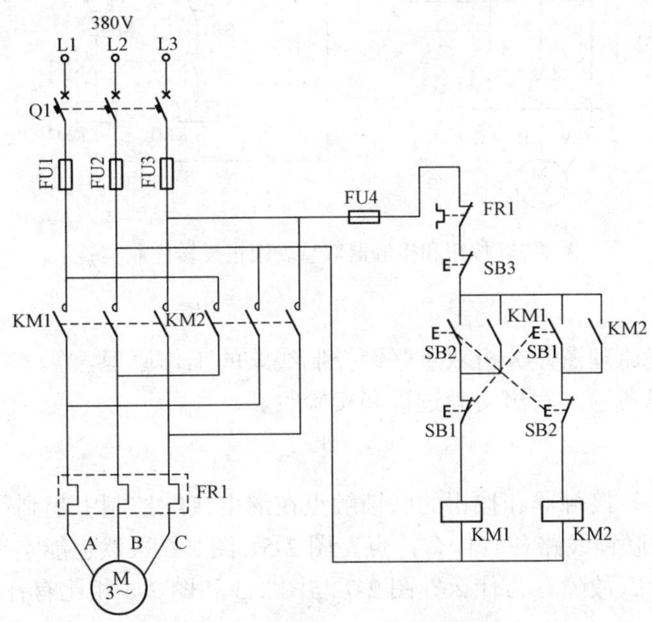

图 2-6　按钮联锁正反转控制线路

（3）按下 SB1，观察并记录电动机 M 的转向、各触点的吸断情况。

（4）按下 SB3，观察并记录电动机 M 的转向、各触点的吸断情况。

（5）按下 SB2，观察并记录电动机 M 的转向、各触点的吸断情况。

（6）再次按下 SB1，观察并记录电动机 M 的转向、各触点的吸断情况。

（7）按下 SB3，电机停转。三相调压器回退到零位，按下控制屏上“停止”按钮。

4. 按钮和接触器双重联锁正反转控制实验

（1）按下“停止”按钮切断三相交流电源，按图 2-7 接线。

（2）断开 Q1，按下控制屏上“起动”按钮，升高交流调压器输出电压到线电压为 380V，然后闭合 Q1 接通电源。

（3）按下 SB1，观察并记录电动机 M 的转向、各触点的吸断情况。

（4）按下 SB2，观察并记录电动机 M 的转向、各触电的吸断情况。

（5）按下 SB3，观察并记录电动机 M 的转向、各触点的吸断情况。

（6）三相调压器回退到零位，按下控制屏上“停止”按钮。

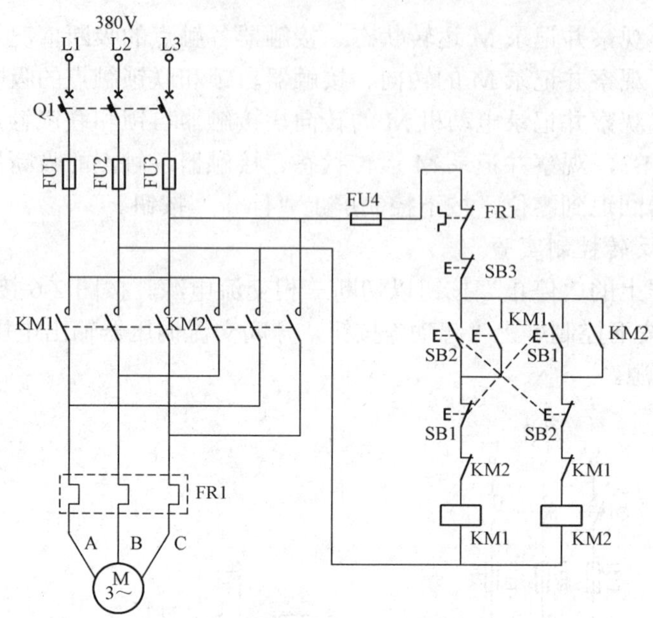

图 2-7 按钮和接触器双重联锁正反转控制实验

六 实验报告

（1）画出各电气原理图，分析双重联锁控制线路的工作原理。

（2）结合以上思考题，写出实验过程和实验收获。

七 思考题

（1）什么叫联锁？接触器和按钮的联锁触点在继电接触控制中起到什么作用？

（2）试分析三种联锁线路各有什么特点？图 2-5、图 2-6 虽然也能实现电动机正反转直接控制，但容易产生什么故障？为什么？图 2-7 与图 2-5 和图 2-6 相比有什么优点？

2.3 电动机的两地控制实验

一 实验目的

（1）通过对三相异步电动机两地控制线路的实际安装接线，掌握按电气原理图接成实际线路图的方法、要点。

（2）通过实验进一步加深理解两地控制的特点。

二 实验内容

（1）三相异步电动机两地控制。

（2）三相异步电动机两地控制、一地可点动运行控制。

三 实验准备

复习三相异步电动机两地控制相关知识、电气原理图。准备实验要用的实验设备、仪器仪表。

四 实验设备、仪表

实验设备、仪器仪表见表 2-3。

表 2-3 实验设备、仪表列表

序号	名　　称	型号	数量
1	电源控制屏	BMEL-Ⅱ	1 台
2	三相笼型异步电动机	Y100L1-4	1 台
3	继电器	JC5-20	1 个
4	接触器	CJ10-20	2 个
5	按钮	MB2-10	3 个
6	热继电器	JR2-50	1 个

五 实验步骤及注意事项

1. 三相异步电动机两地控制

（1）检查实验装置上各开关、旋钮，使其置于关断或初始位置。按图 2-8 接线。线接好经指导老师检查无误后，按下列步骤进行实验。

（2）断开 Q1，按下控制屏上“起动”按钮，升高交流调压器输出电压到线电压为 380V，然后闭合 Q1 接通电源；按下 SB1，观察电动机 M 状态、各触点的吸断情况。按下 SB2，观察电动机 M 状态、各触点的吸断情况。按下 SB3，观察电动机 M 状态、各触点的吸断情况。

（3）按下 SB4，观察电动机 M 状态、各触点的吸断情况。

（4）重复以上步骤。试分析各低压电器的作用，实际线路中以上按钮怎样分组布置在两地。

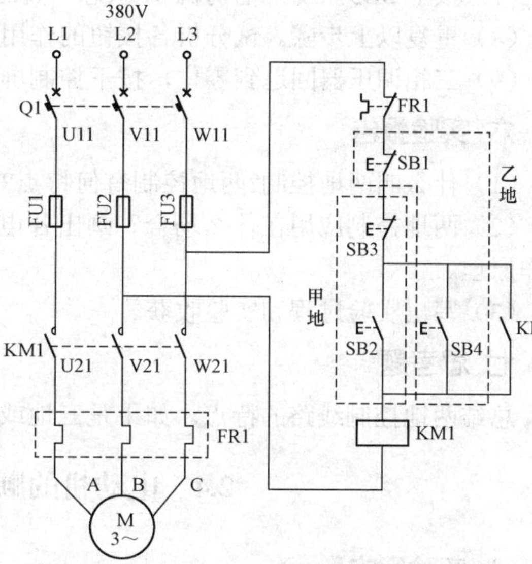

图 2-8 三相异步电动机两地控制线路

（5）三相调压器回退到零位，按下控制屏上“停止”按钮。

2. 三相异步电动机两地控制、一地可点动实验

（1）按下控制屏上的“停止”按钮以切断三相交流电源。按图 2-9 接线。

（2）断开 Q1，按下控制屏上“起动”按钮，升高交流调压器输出电压到线电压为 380V，然后闭合 Q1 接通电源。

（3）按下 SB1，观察电动机 M 状态、各触点的吸断情况。

（4）按下 SB3，观察电动机 M 状态、各触点的吸断情况。

（5）按下 SB2，观察电动机 M 状态、各触点的吸断情况，松手后观察电机 M 是否继续运转。

（6）按下 SB4，观察电动机 M 状态、各触点的吸断情况。

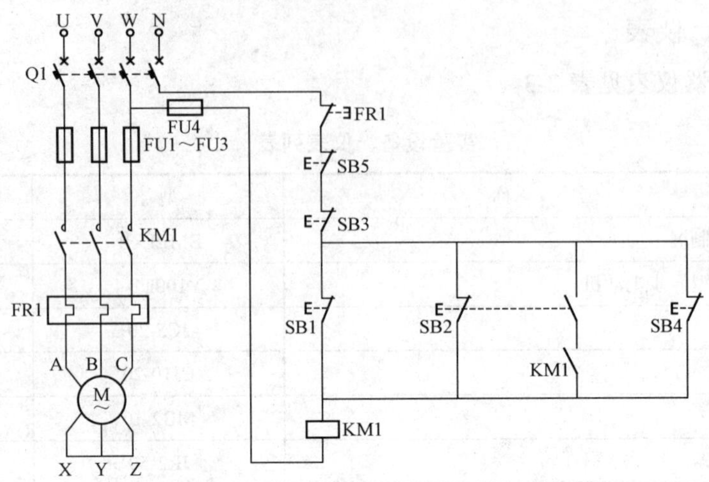

图 2-9 三相异步电动机两地控制、一地可点动实验线路

（7）按下 SB5，观察电动机 M 状态、各触点的吸断情况。

（8）重复以上步骤。试分析各按钮的作用。

（9）三相调压器回退到零位，按下控制屏上“停止”按钮。

六 实验报告

（1）什么叫两地控制?两地控制有何特点?两地控制的接线原则是什么？

（2）两地控制应用在什么场合？画出各电气原理图，分析两地控制、一地可点动线路的工作原理。

（3）写出实验过程和实验收获。

七 思考题

总结两地控制线路的特点。如果是三地或多地控制，应怎样接线？

2.4 电动机的顺序起动控制实验

一 实验目的

（1）通过对电动机顺序起动控制线路的实际安装接线，掌握按电气原理图接成实际线路的方法、要点。

（2）通过实验进一步加深理解顺序起动控制线路的特点。

二 实验内容

（1）顺序起动控制。

（2）顺序起动逆序停止控制。

三 实验准备

复习电动机顺序起动控制相关知识、电气原理图。准备要用的实验设备、仪器仪表。

四 实验设备、仪表

实验设备、仪表见表 2-4。

表 2-4　**实验设备、仪表列表**

序号	名　称	型号	数量
1	电源控制屏	BMEL-Ⅱ	1 台
2	三相笼型异步电动机	Y100L1-4	1 台
3	继电器	JC5-20	1 个
4	接触器	CJ10-20	2 个
5	按钮	MB2-10	3 个
6	热继电器	JR2-50	1 个
7	挂件箱	HDZ52-1	1 个

五 实验操作步骤及注意事项

本实验以挂件 HDZ52-1 上指示灯的亮和灭模拟电动机的运行和停止，实验说明、实验报告中直接表述为“电动机 M1”，所用“机组一”上的三相异步电动机为 M2。HDZ52-1 挂件内部线路已经接好，端子 A、B、C 一侧接外接电源。

1. 顺序起动控制实验

（1）检查实验装置上各开关、旋钮，使其置于关断或初始位置。按图 2-10 接线。HDZ52-1 挂件上 A、B、C 三端子通过 FR1 和 KM1 接电源，X、Y、Z 短接。线接好后经指导老师检查无误后，按下列步骤进行实验。

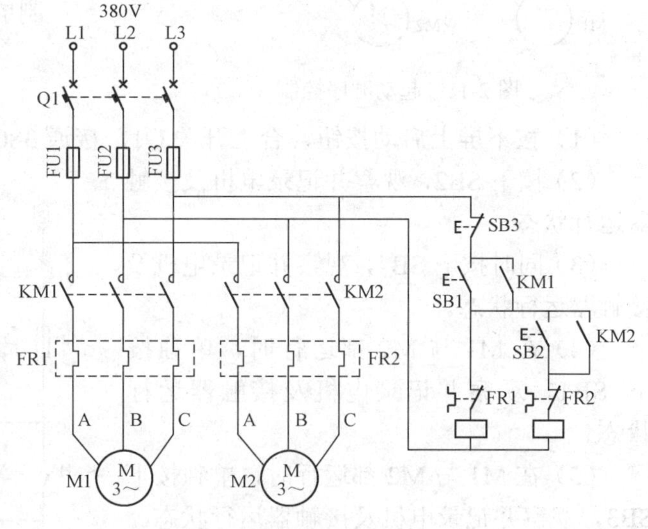

图 2-10　起动顺序控制（一）

（2）断开 Q1，按下控制屏上“起动”按钮，升高交流调压器输出电压到线电压为 380V，然后闭合 Q1 接通电源。

（3）按下 SB1，观察电动机 M1、M2 状态、各触点的吸断情况。

（4）按下 SB2，观察电动机 M1、M2 状态、各触点的吸断情况。

（5）按下 SB3，观察电动机 M1、M2 状态、各触点的吸断情况。

（6）单独按下 SB2，观察电动机 M1、M2 状态、各触点的吸断情况。

（7）重复以上步骤。试分析各低压电器的作用。

（8）三相调压器回退到零位，按下控制屏“停止”按钮。

2. 顺序起动逆序停止实验

（1）按下控制屏上的“停止”按钮以切断三相交流电源，按图 2-11 接线。

（2）断开 Q1，按下控制屏上“起动”按钮，升高交流调压器输出电压到线电压为 380V，然后闭合 Q1 接通电源。

（3）按下 SB1，观察电动机 M1、M2 状态、各触点的吸断情况。

（4）按下 SB2，观察电动机 M1、M2 状态、各触点的吸断情况。

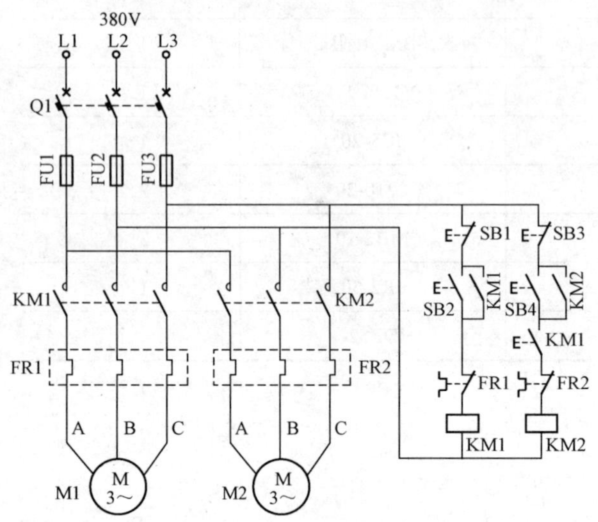

图 2-11　起动顺序控制（二）

（5）按下 SB3，观察电动机 M1、M2 状态、各触点的吸断情况。

（6）按下 SB4，观察电动机 M1、M2 状态、各触点的吸断情况。

（7）再次按下 SB3，观察电动机 M1、M2 状态、各触点的吸断情况。

（8）单独按下 SB2，观察电动机 M1、M2 状态、各触点的吸断情况。

（9）重复以上步骤。试分析各低压电器的作用。

（10）三相调压器回退到零位，按下控制屏“停止”按钮。

3. 三相异步电动机停止控制

确保断电后，按图 2-12 接线。

（1）按下屏上启动按钮，合上开关 Q1，接通 380V 三相交流电源。

（2）按下 SB2，观察并记录电机及接触器运行状态。

（3）同时按下 SB4，观察并记录电机及接触器运行状态。

（4）在 M1 与 M2 都运行时，单独按下 SB1，观察并记录电机及接触器运行状态。

（5）在 M1 与 M2 都运行时，单独按下 SB3，观察并记录电机及接触器运行状态。

（6）按下 SB3 使 M2 停止后再按 SB1，观察并记录电机及接触器运行状态。

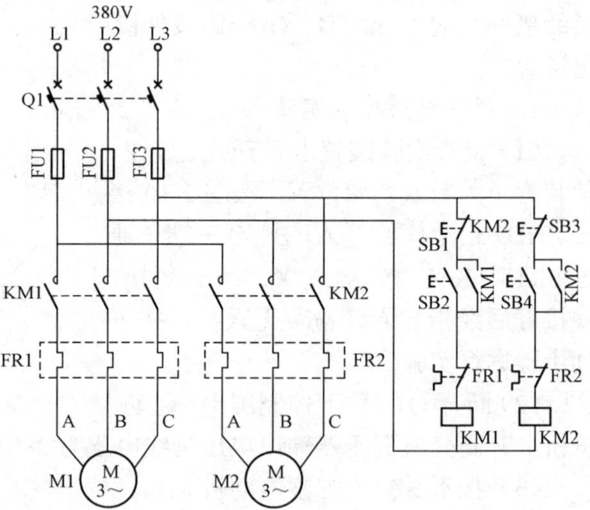

图 2-12　停止控制图

六 实验报告

（1）画出各电气原理图，分析顺序起动、逆序停止控制线路的工作原理。

（2）写出实验过程和实验收获。

（3）顺序起动、逆序停止控制线路应用在什么场合？

七 思考题

（1）顺序起动实验中，能否实现 M1 或 M2 的单独停车？

（2）顺序起动、逆序停止实验中，能否实验 M1 或 M2 的单独起动？能否实验 M1 或 M2 的单独停止？

（3）总结顺序起动、逆序停止控制线路的特点。如果要求三台电动机顺序起动、逆序停止，应怎样接线？

2.5　三相笼型异步电动机的降压起动控制实验

一 实验目的

（1）通过对电动机降压起动控制线路的实际安装接线，掌握由电气原理图变换成安装接线图的知识。

（2）通过实验进一步加深理解不同降压起动控制方式的差别。

（3）对比不同起动方法的特点，掌握在各种不同场合下应用何种起动方式。

二 实验内容

（1）接触器控制定子串电阻降压起动。

（2）接触器控制Y/△降压起动。

三 实验准备

复习三相异步电动机降压起动的方法、原理、特点及相应电气原理图。准备要用的实验设备、仪器仪表。

四 实验设备、仪表

实验设备、仪表见表 2-5。

表 2-5　　实验设备、仪表列表

序号	名　称	型号	数量
1	电源控制屏	BMEL-Ⅱ	1 台
2	三相笼型异步电动机	Y100L1-4	1 台
3	继电器	JC5-20	1 个
4	接触器	CJ10-20	2 个
5	按钮	MB2-10	3 个
6	热继电器	JR2-50	1 个
7	三相可调电阻箱	BT2-120	1 台

五 实验操作步骤及注意事项

1. 接触器控制定子串电阻降压起动实验

（1）检查实验装置上各开关、旋钮，使其置于关断或初始位置。按图 2-13 接线，*R* 用三相可调电阻负载箱上的电阻，交流电流表选 20A 模拟挡。线接好经指导老师检查无误后，按下列步骤进行实验。

（2）断开 Q1，按下控制屏上“起动”按钮，升高交流调压器输出电压到线电压为 380V，然后闭合 Q1 接通电源。

（3）按下 SB1，观察电动机串电阻起动运行情况、各触点的吸断情况，并记录起动时最大电流 I_C。

（4）按下 SB2，观察并记录电动机全压运行情况、各触点的吸断情况，并记录正常运行时的电流 I_Z。

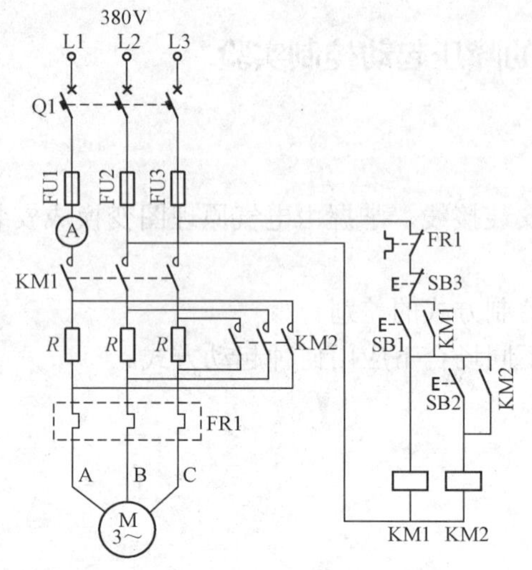

图 2-13　手动接触器控制串电阻降压起动控制线路

（5）按下 SB3 使电机停转后，按住 SB2 不放，再同时按 SB1，观察全压起动时电动机运行情况、各触点的吸断情况，并记录起动时最大电流 I_D。

（6）按下 SB3 使电机停转，三相调压器回退到零位，按下控制屏上“停止”按钮。

2．接触器控制Y/△降压起动实验

（1）按下控制屏上的“停止”按钮以切断三相交流电源。按图 2-14 接线。

（2）断开 Q1，按下控制屏上“起动”按钮，升高交流调压器输出电压到线电压为 220V，然后闭合 Q1 接通电源。

（3）按下 SB1，观察电动机作Y形连接起动运行情况、各触点的吸断情况，并记录起动时最大电流 I_{Yst}。

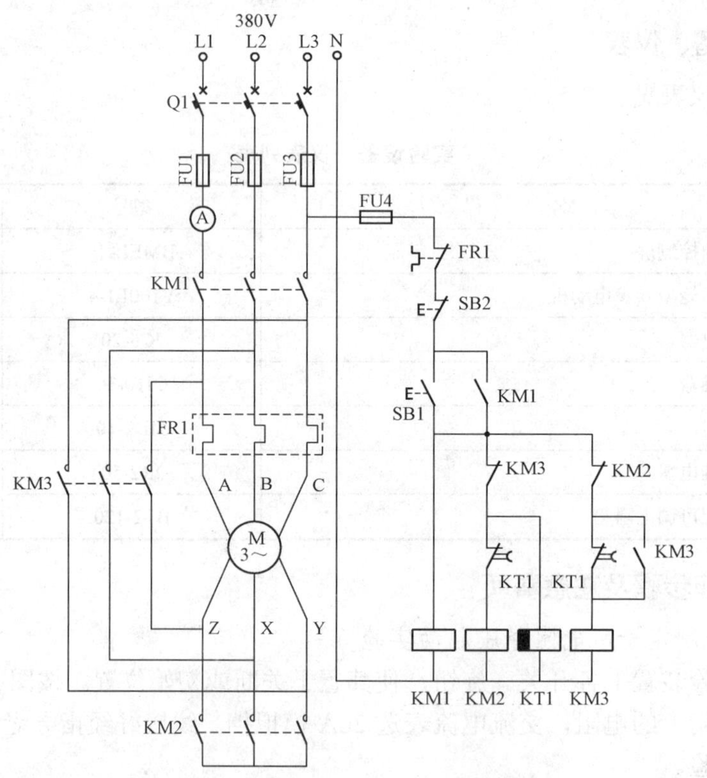

图 2-14　时间继电器控制的 Y/△降压起动线路

（4）按下 SB2，观察电动机△形连接运行情况、各触点的吸断情况，记录△接正常运行后，电流表读数 $I_{\triangle}$。

（5）按下 SB3 电机停转后，先按下 SB2 不放，再同时按下起动按钮 SB1，观察电动机

△形连接运行情况、各触点的吸断情况，记录电动机在△形连接法直接起动时电流表最大读数 $I_{\triangle st}$。

（6）按下 SB3 使电机停转，三相调压器回退到零位，按下控制屏上“停止”按钮。

六 实验报告

（1）整理实验数据，比较实验 1 的 I_C/I_D 和实验 2 的 $I_{Yst}/I_{\triangle st}$，分析差异原因。

（2）画出各电气原理图，分析接触器控制Y/△起动线路的工作原理。

（3）写出实验过程和实验收获。

（4）比较串电阻起动和Y/△起动的优缺点，各应用在什么场合？

七 思考题

（1）采用Y/△降压起动的方法时对电动机有何要求？

（2）降压起动的最终目的是控制什么物理量？

（3）还有哪些降压起动方式？

2.6　三相绕线式异步电动机起动控制实验

三相绕线式异步电动机由于其额定功率比较大，起动时电流是额定电流的 5～7 倍，为了限制起动电流，增加起动转矩，改善功率因数，所以在其转子回路串入分级电阻进行起动。

一 实验目的

（1）掌握三相绕线式异步电动机起动的原理、特点。

（2）通过对三相绕线式异步电动机起动控制线路的实际安装接线，掌握由电气原理图变换成安装接线图的方法。

（3）熟练掌握三相绕线式异步电动机的起动应用在何种场合，有何特点?

二 实验内容

（1）三相绕线式异步电动机的起动控制。

（2）反接制动。

三 实验准备

复习三相绕线式异步电动机起动原理、方法、特点及电气原理图。准备要用的实验设备、仪器仪表。

四 实验设备、仪表

实验设备、仪表见表 2-6。

表 2-6　　**实验设备、仪表列表**

序号	名　　称	型号	数量
1	电源控制屏	BMEL-Ⅱ	1 台
2	三相绕线式异步电动机	Y100L1-4	1 台
3	继电器	JC5-20	1 个
4	接触器	CJ10-20	2 个

续表

序号	名　　称	型号	数量
5	按钮	MB2-10	3 个
6	热继电器	JR2-50	1 个
7	三相可调电阻箱	BT2-120	1 台
8	交流电流表	10A	1 个

五 实验操作步骤及注意事项

将可调三相输出调至 380V 线电压输出，再按下“关”按钮切断电源后，按图 2-15 接线。经检查无误后，按下列步骤操作。

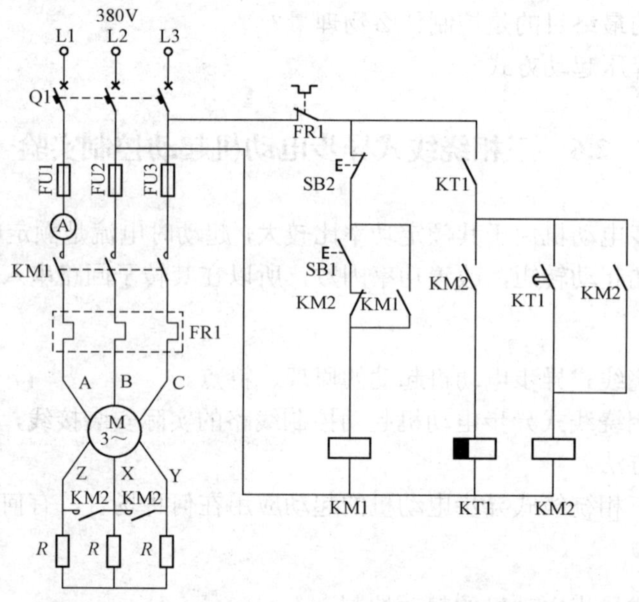

图 2-15　三相绕线式异步电动机起动控制线路

（1）按下“开”按钮，合上开关 Q1，接通 380V 三相交流电源。

（2）按 SB1，电动机转子回路串电阻，开始起动观察并记录电动机 M 的运转情况。读取电机起动时电流表的最大读数。

（3）经过一段时间延时，起动电阻被切除后，起动过程结束，再读取电流表的读数。

（4）按下 SB2，电机停转后，用导线把电动机转子短接。

（5）再按下 SB1，记录电机起动时电流表的最大读数。

六 实验报告

（1）整理实验数据，分析三相绕线式异步电动机转子串电阻起动的优点。

（2）结合实验思考题，写出实验过程和实验收获。

七 思考题

（1）三相绕线式异步电动机转子串电阻为什么可以减小起动电流、提高功率因数、增加起动转矩？

（2）三相绕线式电动机的起动方法有哪几种?什么叫频敏变阻器，有何特点?

2.7　三相异步电动机的制动控制实验

一 实验目的

（1）通过对电动机制动控制线路的实际安装接线，掌握由电气原理图变换成安装接线图的知识。

（2）掌握反接制动、能耗制动的原理、特点。

（3）对比反接制动和能耗制动，了解各自的使用范围。

二 实验内容

（1）单向起动反接制动控制。

（2）能耗制动。

三 实验准备

复习三相异步电动机常用制动方法、原理、特点及电气原理图。准备要用的实验设备、仪器仪表。

四 实验设备、仪表

实验设备、仪表见表 2-7。

表 2-7　　实验设备、仪表列表

序号	名　　称	型号	数量
1	电源控制屏	BMEL-Ⅱ	1 台
2	三相笼型异步电动机	Y100L1-4	1 台
3	继电器	JC5-20	1 个
4	接触器	CJ10-20	2 个
5	按钮	MB2-10	3 个
6	热继电器	JR2-50	1 个
7	三相可调电阻箱	BT2-120	1 台
8	交流电流表	10A	1 个

五 实验操作步骤及注意事项

1. 单向起动反接制动控制实验

（1）检查实验装置上各开关、旋钮，使其置于关断或初始位置。按图 2-16 接线。

（2）*R* 用三相可调电阻箱上的电阻，开始电阻值调至最大；手动控制按钮 SB3 模拟速度继电器的自动控制。线接好后经指导老师检查无误后，按下列步骤进行实验。

（3）按下“起动”按钮，接通交流电源，调节三相调压器使输出线电压为 380V。

（4）按下按钮 SB1，观察电动机起动运行情况、各触点的吸断情况。

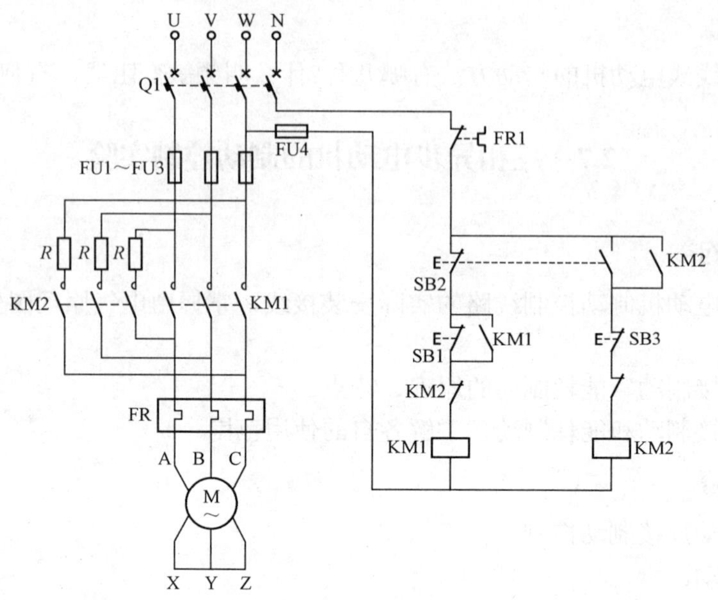

图 2-16　三相异步电动机单向起动反接制动控制线路

（5）电动机转速稳定后按下按钮 SB2，观察电动机反接制动情况、各触点的吸断情况。

（6）电动机转速约为 0 时按下停止按钮 SB3。

（7）观察反接制动过程并记录制动时间。

（8）重复步骤（2）～（3），并适当延长制动时间观察制动过程。

（9）三相调压器回退到零位，按下控制屏上“停止”按钮。

2. 能耗制动实验

（1）按下控制屏上的“停止”按钮以切断三相交流电源。按图 2-17 接线，图中直流电源选用“双路直流电源”中“电枢电源”，直流电流表 A，量程选用“5A”挡，*R* 选用三相可调电阻器的两只并联。经检查无误后，按以下步骤通电操作。

（2）断开 Q1，按下控制屏上的“起动”按钮，升高交流调压器输出电压到线电压为 380V，然后闭合 Q1 接通电源。

（3）在电机停机状态，将三相电阻器的阻值打至“最大”，打开“电枢电源”并将电压调至 100V，按下“制动”按钮 SB2，观察电流表 PA 将有电流显示，通过调节电阻器使电流接近 4A。按下 SB3“停止”按钮，观察电流表应显示零。

（4）按下 SB1“起动”，待电机运行稳定后，按下 Q1“停止”按钮，观察自由停机过程、各触点的吸断情况，记录停机时间。

（5）断开 Q1，按下控制屏上的“起动”按钮，升高交流调压器输出电压到线电压为 380V，然后闭合 Q1 接通电源。

（6）在电机停机状态，将三相电阻器的阻值打至“最大”，打开“电枢电源”并将电压调至 100V，按下“制动”按钮 SB2，观察电流表 PA 将有电流显示，通过调节电阻器使电流接近 4A。按下 SB3“停止”按钮，观察电流表应显示零。

（7）按下 SB1“起动”，待电机运行稳定后，按下 Q1“停止”按钮，观察自由停机过程、各触点的吸断情况，记录停机时间。

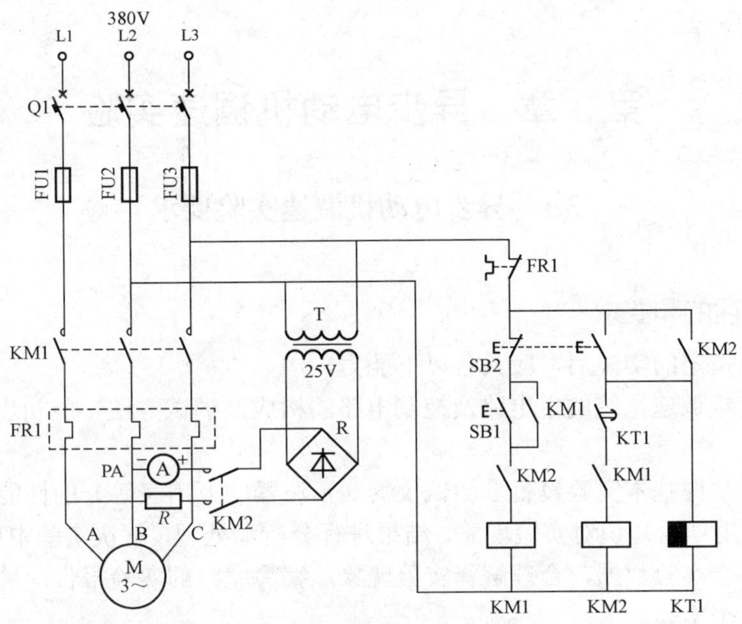

图 2-17　三相异步电动机能耗制动控制线路

（8）按下 SB1“起动”，待电机运行稳定后，按下 SB2“制动”按钮，观察能耗制动过程、各触点的吸断情况，记录制动时间。按下 Q1 停止制动。

（9）三相调压器回退到零位，按下控制屏上“停止”按钮。

六 实验报告

（1）整理实验数据，分析自由停车、反接制动、能耗制动的优缺点和应用场合。

（2）画出反接制动和能耗制动的电气原理图，分析能耗制动线路的工作原理。

（3）结合实验思考题，写出实验过程和实验收获。

七 思考题

（1）分析反接制动和能耗制动的制动原理各有什么特点？两者适用在哪些场合？

（2）速度继电器在反接制动中起什么作用？

（3）能耗制动使用在哪些场合？制动电源能否用交流？为什么？

第3章 异步电动机调速实验

3.1 异步电动机调速实验要求

一 实验的目的和要求

学生在完成指定的实验后，应具备以下能力。

（1）掌握变频调速系统的主电路及控制电路的构成及调试方法，能初步设计和应用这些电路。

（2）熟悉并掌握基本实验设备、测试仪器（示波器、万用表等）的性能和使用方法。

（3）能够运用理论知识对实验现象、结果进行分析和处理，解决实验中遇到的实际问题。

（4）能够综合实验数据，合理解释实验现象，编写完整的实验报告。

本章介绍七个实验。

二 实验准备

实验准备亦即实验的预习工作，是保证实验能否顺利进行的必要步骤。每次实验前都应先进行预习，从而提高实验的质量和效率，否则很有可能在实验时不知如何下手，浪费时间，完成不了实验的要求，甚至损坏实验装置，更严重的造成人身伤害。

因此，实验前要做到如下准备工作。

（1）复习教材中与实验有关的内容，熟悉与本次实验相关的理论知识。

（2）了解本次实验的目的和内容；掌握本次实验的工作原理和实验方法。

（3）根据（1）和（2）写出本次实验的预习报告，其中应该包括实验系统的详细接线图、实验步骤、数据记录的表格等，为实验的顺利进行做好充分的准备；预习报告占实验成绩的30%。

（4）熟悉本次实验所涉及的实验装置、测试仪器等。

（5）以班级为单位进行实验分组，2人一组。

三 实验内容

完成理论学习、实验预习等环节之后，即可进入实验室完成相关的实验实施。实验过程的表现占总成绩的30%。实验过程中要做到以下几点。

（1）实验开始前，指导老师要对学生的预习报告做检查，并给定预习报告成绩，没有预习报告的学生不得进入实验室参与实验，要求学生了解本次实验的目的、内容和方法，只有满足要求后方可进行实验。

（2）指导老师对实验装置做介绍，要求学生熟悉本次实验使用的实验设备、仪器，明确这些设备的功能、使用方法等。

（3）按实验小组进行实验，实验小组成员应进行明确的分工，各人的任务应在实验进行中实行轮换，以便实验参与者能全面掌握实验技术，提高动手能力。

（4）按预习报告上的实验系统详细接线图进行接线，通常先接主电路，再接控制电路；

先接串联电路，再接关联电路。

（5）接线完成后，必须先进行自查。自查完成后，经指导老师复查同意后，方可通电实验。

（6）实验时，要按实验指导书所提出的要求及步骤，逐项进行实验和操作。通常，在实验前，应使负载电阻值最大，给定的电位器处于零位置；测试点分布均匀；要改接线路时，必须先断电再进行。实验进行过程中，要观察实验现象是否正常，测得的数据是否在合理的范围内，实验结果是否与理论一致。

（7）完成本次实验全部内容之后，应请指导老师检查一下实验数据、记录的波形，经老师认可后方可拆线。整理好连接线、仪器、设备、工具等。

（8）按指定的要求在记录本上填写本次实验的相关记录。经老师同意后，离开实验室。

（9）按规定的时间按时将完整的实验报告收齐，交给老师。

四 实验报告要求

一次实验的最后阶段是撰写实验报告，即对实验过程中得到的数据进行整理、处理，绘制相应的波形，计算数据，填写相应的表格，分析实验现象等。实验报告占总成绩的 40%。

每个参与实验的学生都要独立完成一份实验报告。如果实验结果与理论有较大的出入时，不得随意改变实验数据和结果，也不得用凑数据的方式向理论数据靠拢，而应该应用理论知识来分析实验数据和结果，解释实验现象，找出引起较大实验误差的原因。

实验报告按空白纸质实验报告的要求认真完成。

3.2 变频器的认识实验

变频调速系统一般由变频器、电动机、控制器组成，其结构框图如图 3-1 所示。通常由变频器主电路给异步电动机提供调压调频电源。此电源输出的电压或电流及频率，由控制电路的控制指令进行控制。而控制指令则根据外部的运转指令进行运算获得。

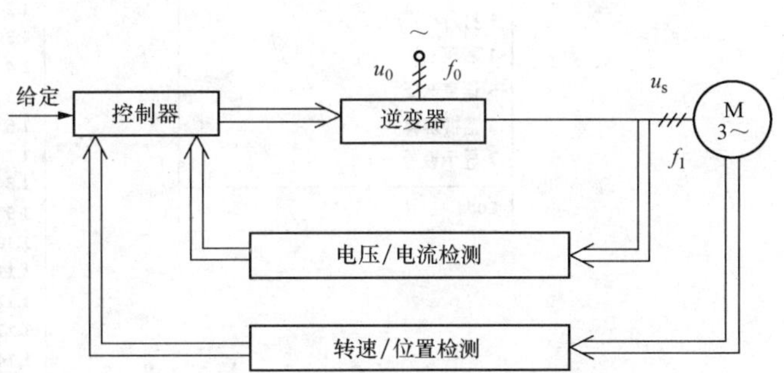

图 3-1　变频调速系统的原理框图

一 实验目的

（1）认识变频器的相关设备。

（2）掌握变频器的基本使用方法。

二 实验内容

（1）变频器的认识。

（2）变频器的基本操作。

三 实验步骤

1. 变频器的认识

（1）变频器终端，如图 3-2 所示。

（2）变频器主菜单，如图 3-3 所示。

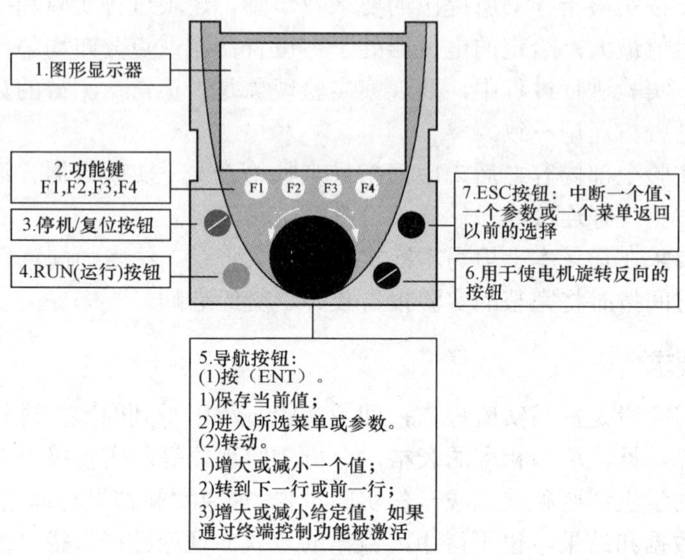

图 3-2　变频器终端图

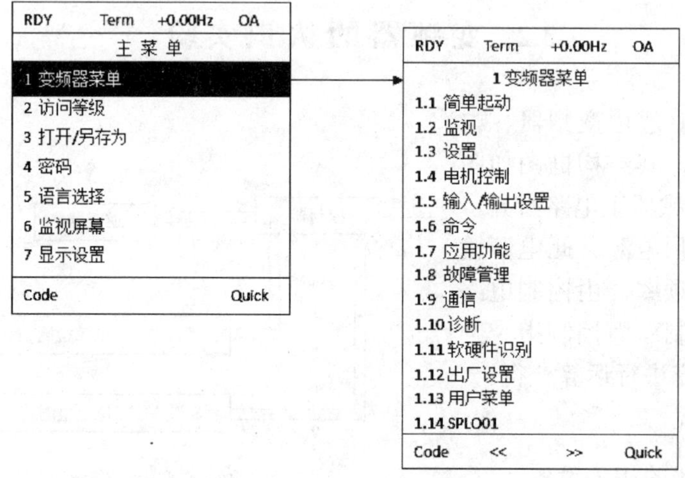

图 3-3　变频器主菜单

（3）变频器菜单内容。

[1.1 简单起动]：快速起动的简化菜单。

[1.2 监视]：显示电流、电机与输入/输出值。

[1.3 设置]：调整参数，在运行期间可修改。

[1.4 电机控制]：电机参数（电机铭牌，自整定，开关频率，控制算法等）。

[1.5 输入/输出设置]：I/O 设置（缩放比例，滤波，2 线控制，3 线控制等）。

[1.6 命令]：命令与给定通道的设置（图形显示终端，端子，总线等）。

[1.7 应用功能]：应用功能设置（例如：预置速度，PID，制动逻辑控制等）。

[1.8 故障管理]：故障管理设置。

[1.9 通信]：通信参数（现场总线）。

[1.10 诊断]：电机/变频器诊断。

[1.11 软硬件识别]：变频器与内部可选件的识别。

[1.12 出厂设置]：访问设置文件并返回出厂设置。

[1.13 用户菜单]：用户在[7.显示设置]菜单中创建的特定菜单。

[1.14 可编程卡]：内置控制器卡的设置。

（4）变频器出厂设置。

ATV 71 的出厂设置用于最常见的工作条件。

宏配置：起动/停车；

电机频率：50Hz；

带有异步电机和无传感器磁通矢量控制的恒转矩应用；

斜坡减速时的正常停车模式；

出现故障时的停车模式：自由停车；

线性，加速与减速斜坡：3s；

低速：0Hz；

高速：50Hz；

电机热电流=变频器额定电流；

静止注入制动电流=0.7×变频器额定电流，持续 0.5s；

出现故障后不自动起动；开关频率为 2.5kHz 或 4kHz，由变频器额定值决定。

逻辑输入：

LI1：正向；

LI2：正向（2 个运行方向），转换时 2 线控制；

LI3，LI4，LI5，LI6：未激活（未被赋值）。

模拟输入：

AI1：速度给定值 0～+10V；

AI2：0～20mA，未激活（未被赋值）。

继电器 R1：出现故障（或变频器断电）时触点打开；

继电器 R2：未激活（未被赋值）；

模拟输出 AO1：0～20mA，未激活 （未被赋值）。

如果上述值与应用情况一致，不需改变设置就能使用变频器。

2. 基本操作

（1）图形终端控制。

1）主电路的连接。将变频器（QSVVVF-02 模块）的 L1、L2、L3 接入“三相交流电源输出”的 U、V、W 端，其输出的 U、V、W 与三相异步电动机（QSVVVF-03 模块）的 U、V、W 相连。

2）闭合“交流电源开关”，进入变频器中文显示终端，按下导航按钮（ENT），进入变频器“主菜单”，选择“1 变频器菜单”，按下 ENT，进入“变频器菜单”，选择“1.4 电机控制”，按下 ENT，进入“1.4 电机控制”更改变频器显示终端的设定值（除“电机控制类型”外，以后的所有实验设定值均同），如下：

标准电机频率　50Hz；
电机额定功率　1.1kW；
电机额定电压　380V；
电机额定电流　2.8A；
电机额定频率　50Hz；
电机额定速度　1400r/min；
电机控制类型　SVC U。

3）按下 ESC，进入“1 变频器菜单”选择“1.6 命令”，按下 ENT，将“给定 1 通道”设置为“图形终端”。

4）一直按 ECS 键至“图形终端频率给定”界面，可见当前设定的频率值，点击终端上的 RUN 起动按钮，电动机就可转动，顺时针或逆时针转动导航键可改变频率值，记录频率和电机转速到表 3-1 中，取 10 组数据。

表 3-1　　图形终端控制频率、转速和输出电压对应表

频率（Hz）	5	10	15	20	25	30	35	40	45	50
转速（r/min）										
输出电压（V）										

（2）外部控制（AI1 控制）。

1）将“（1）图形终端控制”中的第 3）步中的“给定 1 通道”设置为“AI1 控制”。

2）A1+和 A1−及相关端子的接线如图 3-3 所示。

3）将 24V 与 PWR 相连，将 24V 与面板上 SA6 的 COM 口相连。拨动 SA1，即起动了电动机。

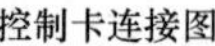

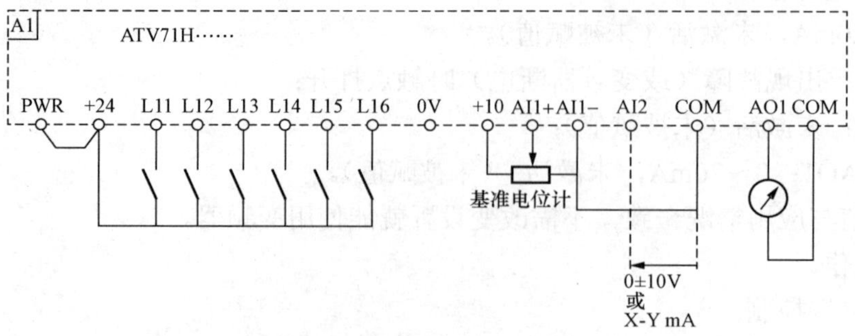

图 3-4　端子排接线方式图

4）调节可变电阻旋钮，即可改变频率值，记录 10 组数据于表 3-2 中。

表 3-2　　外部（AI1）控制频率、转速及输出电压对应表

频率（Hz）	5	10	15	20	25	30	35	40	45	50
转速（r/min）										
输出电压（V）										

端子说明如下。

PWR 断电安全功能输入：当 PWR 没有连接 24V 时，电机不能起动（符合功能安全标准 EN 954-1 和 IEC/EN 61508）。

+24V：逻辑输入电源。

P24：用于外部+24V 控制电源的输入。

0V：公共逻辑输入与 P24 外部电源的 0V。

LI1、LI2、LI3、LI4、LI5：可编程逻辑输入。

LI6：由 SW2 开关的位置决定。可编程逻辑输入或-用于 PTC 探头的输入。

+10：+10U_c基准电位计的电源 1～10kΩ

AI1+、AI1：差分模拟输入 AI1。

COM：公共模拟输入/输出（I/O）。

AI2：由软件配置决定，模拟电压输入或模拟电流输入。

AO1：由软件配置决定，模拟电压输出或模拟电流输出或模拟电流输入。

四 实验报告

（1）列出设定被控对象——异步电机动额定参数和设定步骤。

（2）画出图形终端控制频率与转速以及频率和输出电压曲线图。

（3）画出外部（AI1）控制时频率与转速以及频率与输出电压曲线图。

（4）对比图形终端控制和外部（AI1）控制相同频率下转速及输出电压的差别，并简单说明一下原因。

3.3 电动机控制器实验

一 实验目的

（1）通过实验掌握控制器的相关知识。

（2）通过实验掌握控制器的操作方法。

二 起动控制器介绍

1. 概述

TE 电器的 TeSys U 系列电动机起动器实现了对安装和使用最大限度的简化。它将隔离与动力切换，保护与功能控制，以及通信功能相结合；对于 15kW 以下的电动机起动器充分采用模块化技术最大限度缩减尺寸，并且可以最快速进行选型以满足和适应各种不同需要。

这样，控制单元、功能模块、通信模块以及辅助触点模块可以很方便地夹持在动力底座上，避免了繁琐的接线；与传统解决方案相比，可以节约 80%的安装时间。

控制单元有标准型、高级型与多功能型三种类型可供选择，从最基本的热过载保护到最高级的复杂保护功能均可以提供。最高端的模块配有显示终端，可以实时显示警报阈值，电机运行参数（电流、热状态），故障记录，运行持续时长等信息；这样可获得大量对运行与维护有价值的信息，而不需要额外的花销以优化生产。通信模块支持 AS-i 总线和 Modbus 协议，确保 TeSys U 电动机起动器可以方便地集成在控制系统架构中。

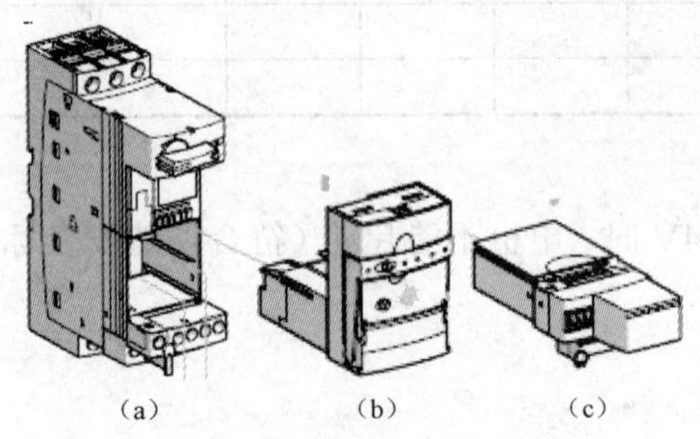

（a）　　（b）　　（c）

图 3-5　控制器组成

（a）动力底座；（b）标准控制单元；（c）总线通信模块（Modbus）

2. 装置构成

TeSys U 控制器由以下组件组成，如图 3-5 所示。

（1）控制器底座。

（2）高级或多功能控制单元。

（3）如需要，还可以增加一个功能或通信模块。

3. 控制器触点状态（见表 3-3）

表 3-3　　**控制器触点状态表**

触点状态		控制手柄位置	前面板指示
关断		关断	0
就绪			0
运行			1
短路脱扣		TRIP	1>>
热过载脱扣	手动复位模式	TRIP	0
	热过载时自动复位模式		0
	远程复位模式		0

三 实验步骤

1. 参照图 3-6 接好主电路的图

电动机起动器的 L1、L2、L3 接入三相电源，其输出的 U、V、W 与三相异步电动机的 U、V、W 相连。

2. 在上电前设置好标准控制单元“LUCA 12BL”上的热过载电流参照电机核定电流设置为 3A（此步骤因为安全考虑，已设置好）。

3. 按照图 3-7 接好控制线路，上电测试

先将控制器触点状态打到运行状态，再将控制开关 Q1 的两端 A1 和 A2 与面板上的电源输入 24V 和 0V 相连，电动机即可运行。

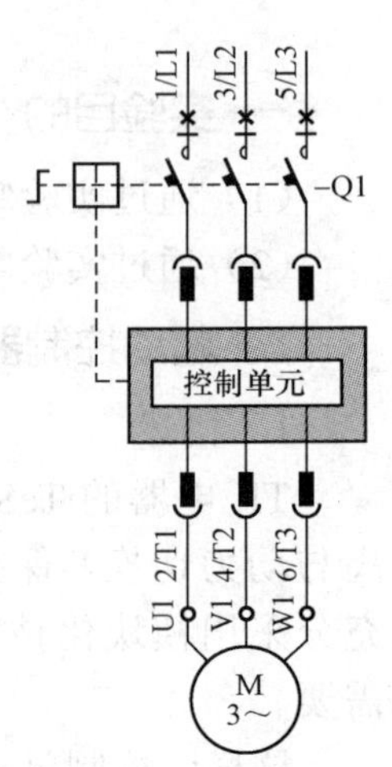

图 3-6　直接起动接线图

四 扩展单元

通过两挡开关的 2 线控制，如图 3-8（a）所示；3 线控制，如图 3-8（b）所示。

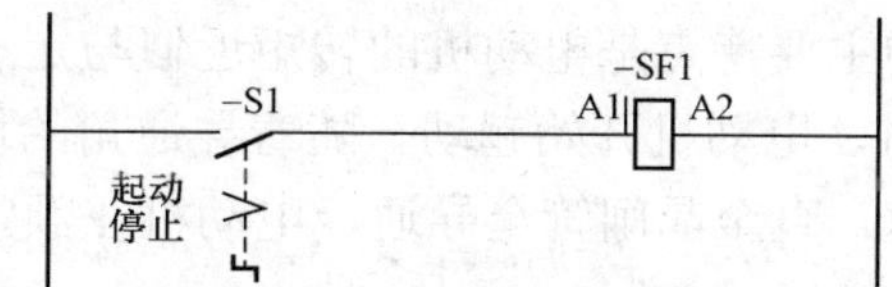

图 3-7　控制部分接线图

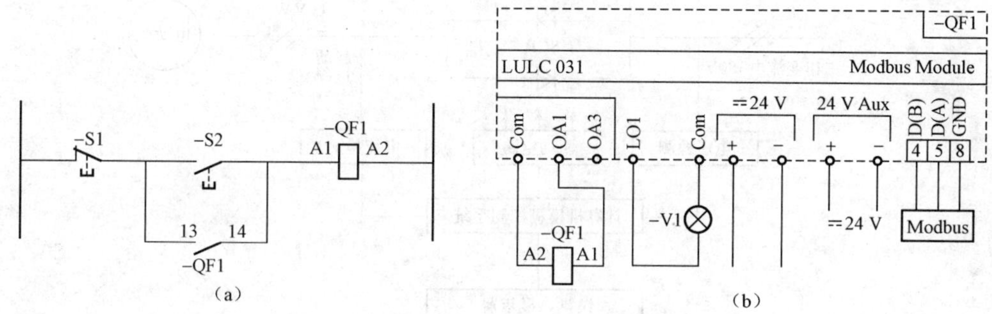

图 3-8　扩展单元控制线路

(a) 扩展单元控制线路图 1；(b) 扩展单元控制线路图 2

通过 Modbus 通信模块 LULC031 控制。

五 实验报告

画出本实验用传统的接触器直接起动控制的电路图，并比较与本实验中所采用的直接起动控制器的异同点。

3.4　软起动器实验

一 实验目的

(1) 了解软起动器的相关知识。

(2) 了解软起动器的接线及操作，通过实验掌握软起动器的应用。

二 软起动器概述

1. 软起动器的工作原理

异步电动机在起动的时候会产生较大的冲击电流（通常为额定电流的 5～8 倍），同时由于起动应力较大，使负载设备的使用寿命降低。随着电力电子技术的快速发展，智能型起动器得到了广泛应用。

软起动器是一种集电机软起动、软停车、轻载节能和多种保护功能于一体的新颖电机控制装置，国外称为 Soft Starter。软起动器具有无冲击电流、恒流起动、可自由地无级调压至最佳起动电流及节能等优点，此外还具有多种对电机的保护功能，从根本上解决了传统的降压起动设备的诸多弊端。

工作原理：如图 3-9 所示，在软起动器中三相交流电源与被控电机之间具有三相反并联晶闸管及其电子控制电路，利用晶闸管的电子开关特性，通过起动器控制其触发脉冲、触发角的大小来改变晶闸管的导通程度，从而改变加到定子绕组上的三相电压，相当于降压起动。

异步电动机在定子调压下的主要特点是电动机的转矩近似与定子电压的平方成正比。当晶闸管的导通角从0°开始上升时，电动机开始起动。随着导通角的增大，晶闸管的输出电压也逐渐增高，电动机便开始加速，直至晶闸管全导通，电动机在额定电压下工作。

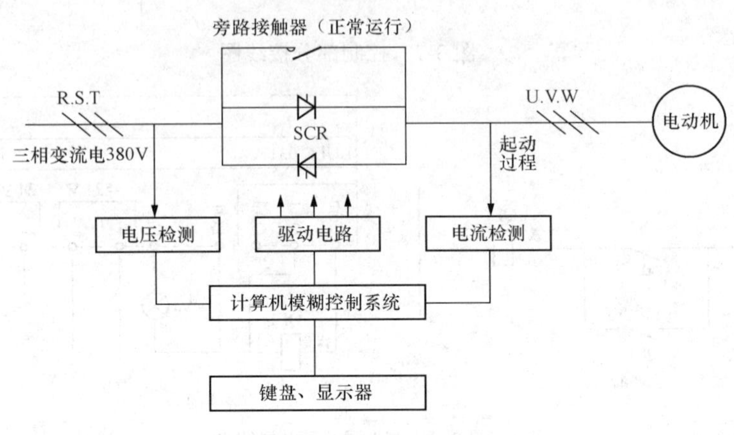

图 3-9 软起动器原理图

2. 软起动的主要起动方式

（1）电压双斜坡起动：在起动过程中，电机的输出转矩随电压增加，在起动时提供一个初始的起动电压 U_s，U_s 根据负载可调，将 U_s 调到大于负载静摩擦转矩，使负载能立即开始转动。这时输出电压从 U_s 开始按一定的斜率上升（斜率可调），电机不断加速。当输出电压达到额定电压 U_r 时，电机也基本达到额定转速。软起动器在起动过程中自动检测额定电压，当电机达到额定转速时，使输出电压达到额定电压。

（2）限流起动：就是电机的起动过程中限制其起动电流不超过某一设定值（i_m）的软起动方式。其输出电压从零开始迅速增长，直到输出电流达到预先设定的电流限值 i_m，然后保持输出电流 $i<i_m$ 的条件下逐渐升高电压，直到额定电压，使电机转速逐渐升高，直到额定转速。

这种起动方式的优点是起动电流小，且可按需要调整，对电网影响小。其缺点是在起动时难以知道起动压降，不能充分利用压降空间。

（3）突跳起动：在起动开始阶段，让晶闸管在极短的时间内全导通后回落，再按原设定的值线性上升，进入恒流起动，该起动方法适用于重载并需克服静摩擦转矩的起动场合。

3. 软起动器的应用场合

原则上，异步电动机凡不需要调速的各种应用场合都可使用，适用于各种泵类负载或风机类负载，需要软起动与软停车（解决水锤效应）对于变负载工况、电动机长期处于轻载运行，只有短时或瞬间处于满负荷运行场合，应用软起动器（不带旁路接触器）则具有轻载节能的效果。

4. 软起动器的选用

（1）选型。目前市场上常见的软起动器有旁路型、无旁路型、节能型等。根据负载性质选择不同型号的软起动器。

1）旁路型：在电动机达到额定转速时，用旁路接触器取代已完成任务的软起动器，降低晶闸管的热损耗，提高其工作效率。也可以用一台软起动器去起动多台电动机。

2）无旁路型：晶闸管处于全导通状态，电动机工作于全压方式，忽略电压谐波分量，经常用于短时重复工作的电动机。

3）节能型：当电动机负荷较轻时，软起动器自动降低施加于电动机定子上的电压，减少电动机电流励磁分量，提高电动机功率因数。

（2）选规格。根据电动机的标称功率、电流负载性质选择起动器，一般软起动器容量稍大于电动机工作电流，还应考虑保护功能是否完备，例如缺相保护、短路保护、过载保护、逆序保护、过电压保护、欠电压保护等。

三 施耐德 ATS48 软起动器

转起动器的操作面板如图 3-10 所示。

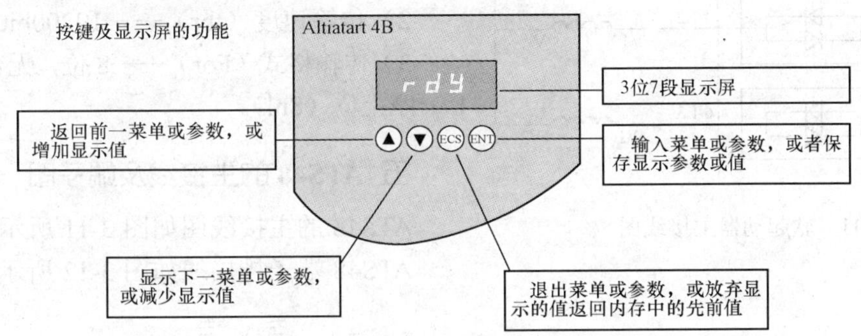

图 3-10　软起动器的操作面板

四 实验设定值

ATS48 出厂时已设定为普通的运行情况。

（1）ATS48 在电机电源上使用（在电机绕组中未将其串入三角形绕组中）。

（2）电机额定电流 I_N：

1）ATS 48…Q——标准 400V 4 极电机预置；

2）ATS 48…Y——NEC 电流、460V 电机预置。

（3）限制电流（I_{Lt}）：电机额定电流的 400%。

（4）加速斜坡（ACC）：15s。

（5）起动力矩（tq0）：额定力矩的 20%。

（6）停机（StY）：自由停车（-F-）。

（7）电机热保护（tHP）：10 级保护曲线。

（8）显示 rdY（起动器待机），有电源电压和控制电压，电机电流运行。

（9）逻辑输入：

1）LI1——STOP（停机）；

2）LI2——RUN（运行）；

3）LI3——强制自由停车（LIA）；

4）LI4——强制本地模式（LIL）。

（10）逻辑输出：

1）LO1——电机热报警（tA1）；

2）LO1——电机已通电（ml）。

（11）继电器输出：

1）R1——故障继电器（rlI）；

2）R2——起动结束旁路继电器；

3）R3——电机已通电（ml）。

（12）模拟输出：

AO 电机电流（Ocr，0-20mA）。

（13）通信参数：

1）通过串口连接——起动器逻辑地址（Add）为“0”；

2）传输速度（tbr）——19200bit/s；

3）传输格式（For）——8 位，无奇偶校验，1 个停止位（8nl）。

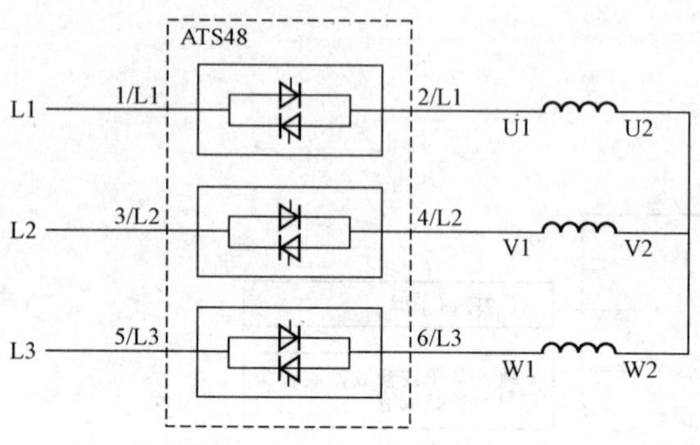

图 3-11 软起动器主接线图

五 ATS48 的主接线及端子图

ATS48 的主接线图如图 3-11 所示。

ATS48 端子排接线如图 3-12 所示。

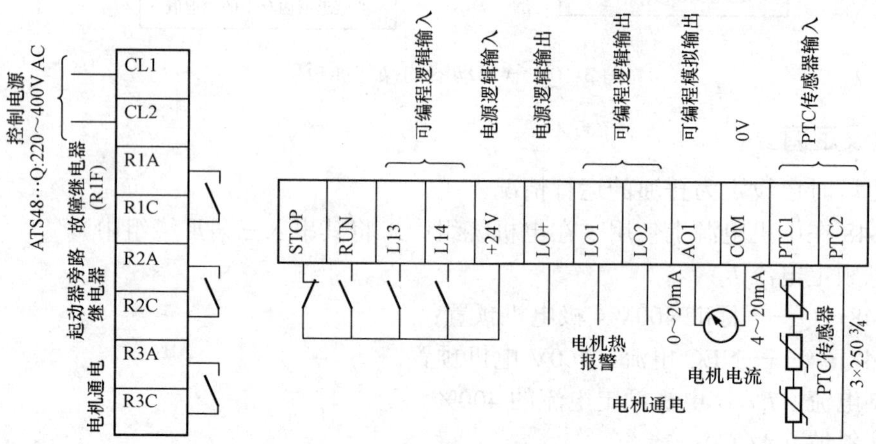

图 3-12 软起动器端子排接线

连接 RUN（运行）和 STOP（停止）命令，如有必要还应连接其他输入/输出端子。

STOP 为 1（通）且 RUN 为 1（通）：起动命令。

STOP 为 0（断）且 RUN 为 1 或 0：停机命令。

六 软起动器单机简单起动

软起动器单机简单起动按图 3-13 来接线。

七 特殊起动

如果电机达不到软起动器的控制标准，还有一种特殊的起动方式，在施耐德变频器的软起动器中有个单独的小电机控制。

因本实验被控电机为小型电机，故适合此起动方式。

按图 3-11 所示的主接线图接好线以后，通电按“▲▼”进入软起动器的高级设定菜单（drc）

->ENT（此为确定键），继续按“▲▼”选择小型电机测试 SST->ENT，改成 ON 的状态->ENT，将 STOP 和 RUN 与 24V 相连即可起动。

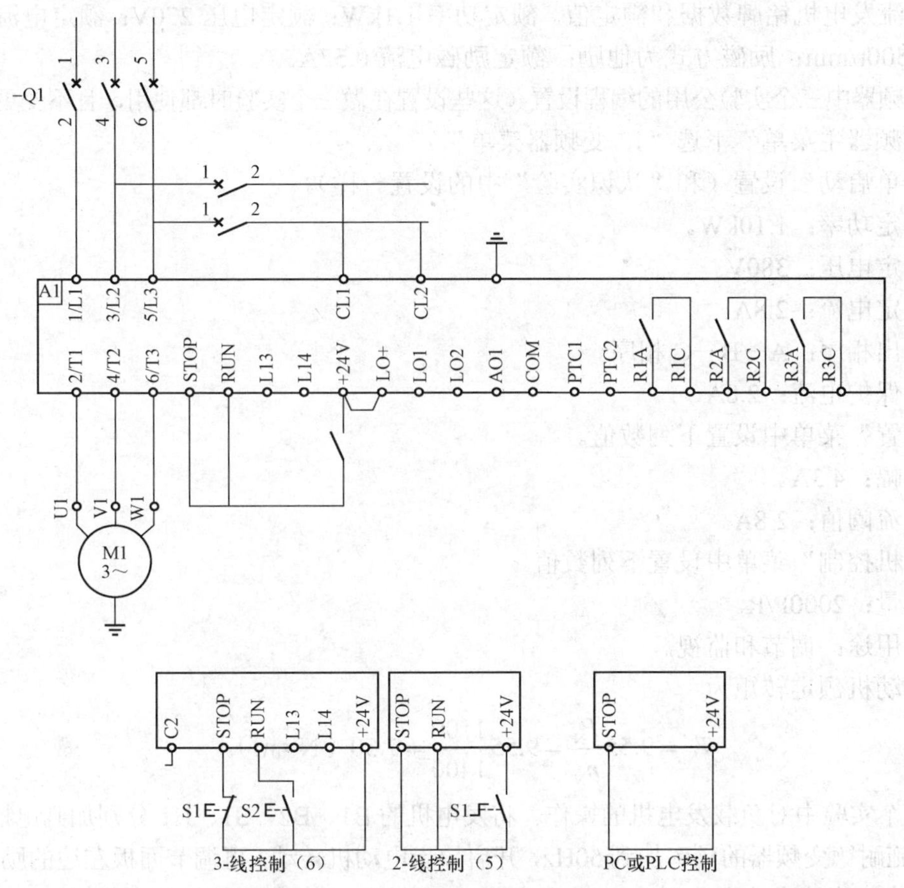

图 3-13　软起动器简单起动接线图

八 实验报告

说出软起动方式与其他起动（如传统的降压起动、Y—△起动等）方式的区别。

3.5　异步电动机变频调速系统实验

变频调速效率高、调速范围宽、性能优良，是交流调速理论的主要发展方向之一。异步电动机变频调速系统实验开设三个实验单元，这三个单元包含了现代变频调速中的最基本的控制方法。通过实验可以使学生较全面明确各种控制方法的原理、特点及使用条件。通过实验拓展学生的视野，锻炼和加强实际工作能力。

三个实验有以下相同的设置。

（1）实验设备。以变频器 ATV71HU22N4（配制动电阻器、增量编码器接口卡）为主体的变频调速实验台、三相笼型异步电动机和直流发电机机组（装有增量式编码器）、电阻箱、转速表。

（2）三相笼型异步电动机铭牌数据和额定值。额定功率 1.1kW；额定电压 380V；额定电流 2.8A；额定转速 1400r/min；额定频率 50Hz。

（3）直流发电机铭牌数据和额定值。额定功率 1.1kW；额定电压 270V；额定电流 4.07A；额定转速 1500r/min；励磁方式为他励；额定励磁电流 0.57A。

（4）变频器中三个实验公用的编程设置（这些设置在做三个实验时都使用，且不变更）如下。

在“变频器主菜单”下选“1. 变频器菜单”。

“1.1 简单启动”设置（和“认识实验”中的设置一样）。

电机额定功率：1.10kW。

电机额定电压：380V。

电机额定电流：2.8A。

改变输出相序：A—B—C 相序。

电机热保护电流：2.8A。

“1.3 设置”菜单中设置下列数值。

电流限幅：4.3A。

电机电流阈值：2.8A。

“1.4 电机控制”菜单中设置下列数值。

脉冲数量：2000P/R。

编码器用途：调节和监视。

（5）电动机额定转矩为

$$T_{\mathrm{N}} = 9.55\frac{P_{\mathrm{N}}}{n_{\mathrm{N}}} = 9.55\frac{1100}{1400} = 7.50\ (\mathrm{N \cdot m})$$

（6）三个实验中对负载发电机的操作。将发电机的 B1、B2、S1、H1 分别加到电枢和励磁的两端，将施耐德变频器的频率加到 50Hz，开启异步电动机转动，再调节面板左边的励磁电流，使右边的发电机直流电流表达到 5A，请观察在开环和闭环时，电机的转速有何不同？（在开环时，励磁增加，转速减小；闭环时，励磁增加，转速先减小，而后又恢复到设定速度。）

3.6 转速开环恒压频比（U/f）控制变频调速系统实验

一 实验目的

通过实验掌握转速开环恒压频比控制调速系统的组成及工作原理。

二 转速开环恒压频比控制变频调速系统的工作原理

转速开环恒压频比控制变频调速系统的原理图如图 3-14 所示。

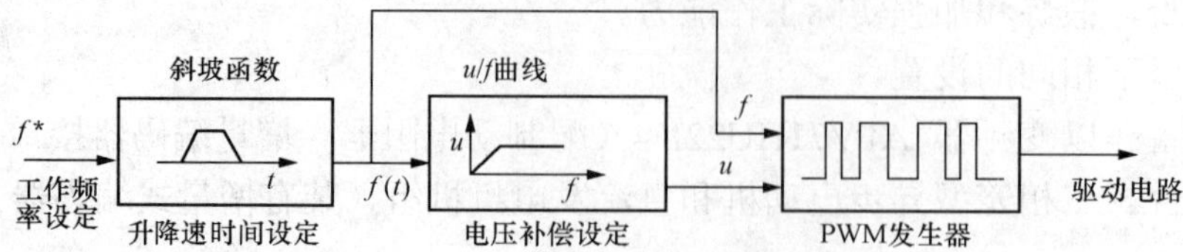

图 3-14 转速开环恒压频比控制变频调速系统的原理图

低频时，或负载的性质和大小不同时，须靠改变 U/f 函数发生器的特性来补偿，使系统达到 E_g/f_1 恒定的功能，在通用产品中称作“电压补偿”或“转矩补偿”。实现补偿的方法有两种：一种是在微机中存储多条不同斜率和折线段的 U/f 函数，由用户根据需要选择最佳特性；另一种办法是采用霍尔电流传感器检测定子电流或直流回路电流，按电流大小自动补偿定子电压。由于系统本身没有自动限制起制动电流的作用，因此，频率设定必须通过给定积分算法产生平缓的升速或降速信号，升速和降速的积分时间可以根据负载需要由操作人员分别选择。

三 实验步骤

（1）连线：按图 3-15 连线，其中直流发电机“励磁”接“直流电源励磁输出”，为他励方式。变频器采用“外部控制（AI1 控制）”。

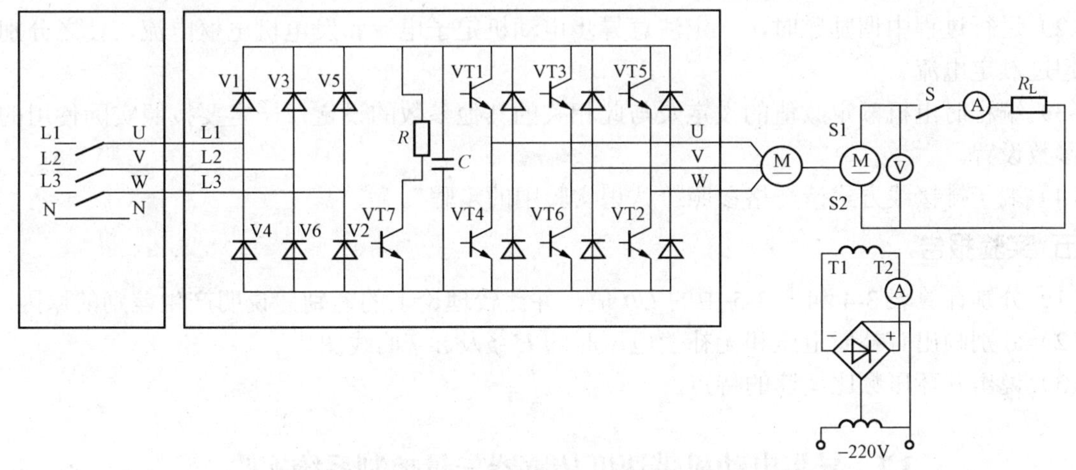

图 3-15　异步电动机变频调速系统接线图

（2）对变频器进行相应的编程设置，先选择无低频补偿状态方式，此时应进行如下设置（不含三个实验公用的编程设置）：进入“简单控制”变频器菜单，1.4 电机控制→电机控制类型→2 点压步比→U_0 值设为零；1.6 命令→给定 1 通道→AI1 给定。

（3）闭合 SA1，电机起动运行。测量并记录对应的转速、输出电压及频率到表 3-4 中。

表 3-4　无低压补偿时 U/f 调速运行数据记录表

f（Hz）	50	45	40	35	30	25	20	15	10	5
n（r/min）										
U_0（V）										
U/f（计算）										

（4）停下电机，选择低频补偿，设置为：1.4 电机控制→电机控制类型→2 点频压比→U_0 值设为 30V。

（5）按下 SA1 开关起动电机，记录相关数据于表 3-5 中。

（6）不改变接线及设置的情况下，改变载波频率，观察电机运行平稳和噪声大小。此时设置为：1.4 电机控制→开关频率→输入数字（默认 4kHz、调节范围 1～16kHz）。

（7）改变加速时间，观察加速过程，即电机从 0 转速起动到稳定运行的变化过程。此时设置为：1.3 设置→加速时间→输入数字（默认 3.0s）。

表 3-5 有低压补偿时 *U*/*f* 调速运行数据记录表

f（Hz）	50	45	40	35	30	25	20	15	10	5
n（r/min）										
U_0（V）										
U/*f*（计算）										

四 实验注意事项

（1）完成变频器调速系统外部连线及变频器内部相关设定后再起动电机运行。

（2）运行过程中调励磁时，一定注意异步电动机定子电流和发电机电枢电流，使之分别不要超过额定电流。

（3）编程时电机额定数值的设定及与此相关的其他参数的设定，一定要按照实际使用的电机参数设置。

（4）端子排接线方式请严格参照“认识实验中的步骤”。

五 实验报告

（1）分别计算表 3-4 和表 3-5 中的 *U*/*f* 值，并比较理论上的差别，说明产生差别的原因。

（2）分别画出有补偿电压和无补偿电压时的 *U*–*f* 及 *n*–*f* 曲线图。

（3）说出开环压频比调速的特点。

3.7 异步电动机带速度传感器矢量控制系统实验

一 实验目的

（1）通过实验掌握异步电动机带速度传感器矢量控制系统的组成及工作原理。

（2）掌握异步电动机带速度传感器矢量控制系统静、动态特性。

（3）掌握数字化测速的原理。

二 异步电动机带速度传感器矢量控制系统工作原理

异步电动机带速度传感器矢量控制系统工作原理如图 3-16 所示。它是一个带转矩内环的转速、磁链闭环矢量控制系统。

异步电动机的动态数学模型是一个高阶、非线性、强耦合的多变量系统，虽然通过坐标变换可使之降阶并化简，但并没有改变其非线性、多变量的本质。因此，需要异步电动机调速系统具有高动态性能时，必须面向这样一个动态模型。经过多年的研究和实践，有几种控制方案已经获得了成功的应用，其中应用最多的方案之一，就是按转子磁链定向的矢量控制系统。

在研究异步电动机的时候，如果以产生同样的旋转磁动势为准则，在三相坐标系上的定子交流电流 i_A，i_B，i_C 通过三相—两相变换可以等效成两相静止坐标系上的交流电流 i_α 和 i_β，

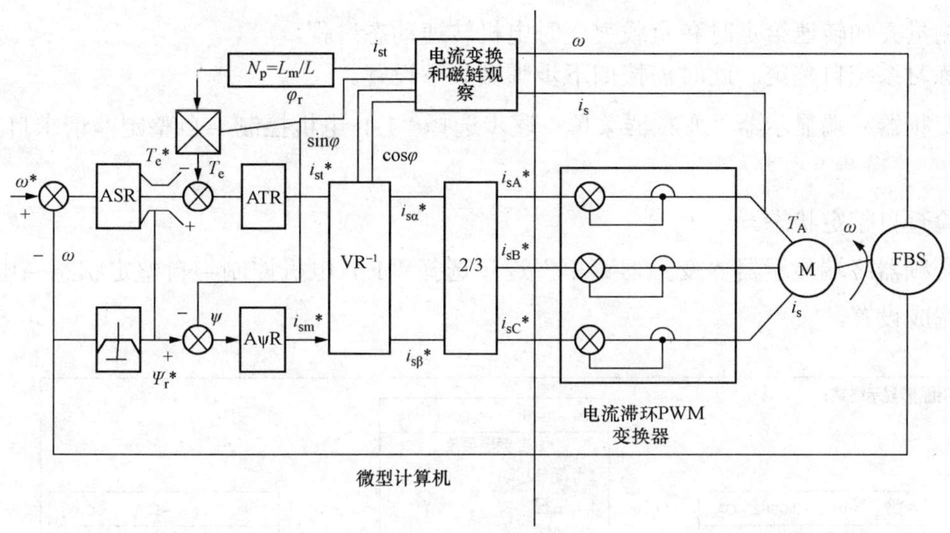

图 3-16　异步电动机带速度传感器矢量控制系统工作原理图

ASR—转速调节器；AΨR—磁链调节器；ATR—转矩调节器；FBS—测速反馈环节

再通过同步旋转变换，可以等效成同步旋转坐标系上的直流电流 i_d 和 i_q。如果观察者站到铁心上与坐标系一起旋转，他所看到的便是一台直流电动机。通过控制，可使交流电动机的转子总磁通 Φ_r 就是等效成直流电动机的励磁磁通，如果把 d 轴定位于 Φ_r 的方向上，称作 M（Magnetization）轴，把 q 轴称作 T（Torque）轴，则 M 绕组相当于直流电动机的励磁绕组，i_m 相当于励磁电流，T 绕组相当于伪静止的电枢绕组，i_t 相当于与转矩成正比的电枢电流。

如此一来，我们就可以模仿直流电动机的控制策略，得到直流电动机的控制量，经过相应的坐标反变换，就能够控制异步电动机了。如图 3-16 中所示，给定和反馈信号（转速、电枢电流）经过类似于直流调速系统所用的控制器，产生励磁电流的给定信号 i_{sm}*和电枢电流的给定信号 i_{st}*，经过反旋转变换 VR^{-1} 得到 $i_{s\alpha}$*和 $i_{s\beta}$*，再经过 2/3 变换得到 i_{sA}*，i_{sB}*，i_{sC}*，通过变频器就可以控制和驱动交流电动机。

与无速度传感器矢量控制系统相比，带速度传感器矢量控制系统由于有了速度信号的反馈，可以拥有更准确的静态特性和更灵敏的动态特性。

三 实验步骤

（1）检查增量编码器接口卡是否安装。

（2）速度给定方式为编程给定时，对变频器进行相应的编程设置。此时需做如下设置（不含三个实验公用的编程设置）。

1）控制类型的设置（如图 3-17 所示）。

1.　变频器菜单

1.4 电机控制→电机控制类型→选择“FVC（闭）”。

2）给定方式的设置。

1.　变频器菜单

1.6 命令→给定 1 通道→图形终端给定。

（3）测量突加转速给定时和负载突变时电机转速动态过程。

（4）练习系统自整定。此时需按如下步骤做如下设置。

进入变频器终端显示器“变频器菜单”逐步选择“1.4 电机控制→自整定→请求自整定”完成设置。

（5）检查自整定状态。

进入变频器终端显示器“变频器菜单”逐步选择“1.4 电机控制→自整定状态→电阻已整定”来完成设置。

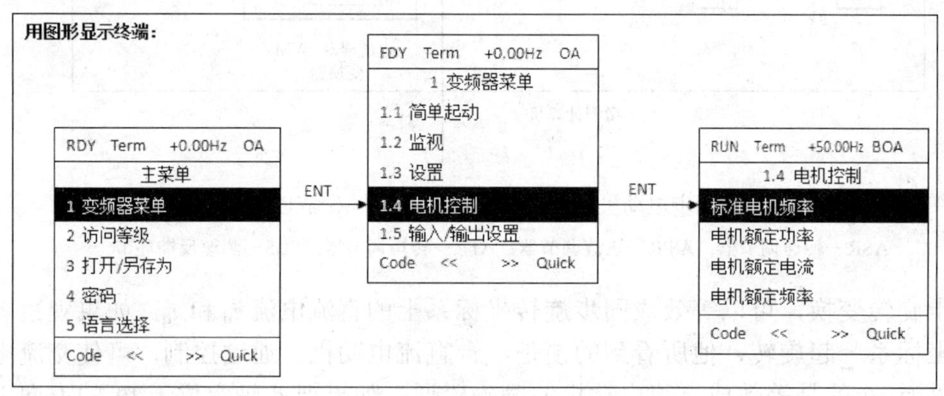

图 3-17 变频器控制类型设置过程图

“自整定”注意事项如下。

（1）自整定之前一定要先把电机参数设置好，特别是额定电流 2.8A，因为整定的时候需要加定子电流到额定值。

（2）执行自整定之后不要对参数进行改动，否则需要再次整定。

（3）点击 ESC 按钮，进入图形终端频率给定，由旋钮改变频率给定大小。

（4）点击 RUN 运行，点击 STOP/RESET 停止。

（5）改变频率给定值，观察调速系统转速的变化情况。

四 实验注意事项

（1）完成平台外部连线及变频器相关设定，并检查增量编码器接口卡是否安装再运行。

（2）运行过程中调励磁电流时，一定要注意异步电动机定子电流和发电机电枢电流，使之分别不要超过额定电流。

（3）编程时电机额定数值的设定及与此相关的其他参数的设定，一定要按照实际使用的电机参数设置。

自整定要严格按照要求进行。

五 实验报告

（1）详细描述给定频率变化时，如从 50Hz→45Hz 时，转速变化过程，并分析具体原因。

（2）与开环控制方式比较，闭环控制有何特点？

3.8　异步电动机无速度传感器矢量控制系统实验

一 实验目的

通过实验掌握异步电动机无速度传感器矢量控制系统的组成及工作原理。

二 异步电动机无速度传感器矢量控制系统

带速度传感器矢量控制系统，通常采用光电码盘等速度传感器来进行转速检测，并反馈转速信号，以提高交流传动系统的动态特性。而无速度传感器矢量控制系统的出发点是利用检测的定子电压、电流等容易检测到的物理量进行速度估计以取代速度传感器。重要的方面是如何准确地获取转速的信息，且保持较高的控制精度，满足实时控制的要求。

由于速度传感器的安装给系统带来了一些缺陷，例如，系统的成本大大增加；精度越高的码盘价格也越贵；码盘在电机轴上的安装存在同心度的问题，安装不当将影响测速的精度；电机轴上的体积增大，而且给电机的维护带来一定困难，同时破坏了异步电机的简单坚固的特点；在恶劣的环境下，码盘工作的精度易受环境的影响。因此，越来越多的学者将眼光投向无速度传感器控制系统的研究。

无速度传感器的控制系统无需检测硬件，免去了速度传感器带来的种种麻烦，提高了系统的可靠性，降低了系统的成本；另一方面，使得系统的体积小、质量轻，而且减少了电机与控制器的连线，使得采用无速度传感器的异步电机的调速系统在工程中的应用更加广泛。

三 实验步骤

（1）按图 3-15 连线。

（2）速度给定方式为编程给定时，对变频器进行相应的编程设置。此时需做如下设置（不含三个实验公用的编程设置）。

1）控制类型的设置：进入变频器终端显示器“变频器菜单”逐步选择“1.4 电机控制→电机控制类型→SVCI”完成设置，如图 3-17 所示。

2）给定方式的设置：进入变频器终端显示器“变频器菜单”逐步选择“1.6 命令→给定 1 通道→图形终端给定”完成设置。

3）自整定设置：进入变频器终端显示器“变频器菜单”逐步选择“1.4 电机控制→自整定→请求自整定”完成设置。

4）检查自整定状态：进入变频器终端显示器“变频器菜单”逐步选择“1.4 电机控制→自整定状态→电阻已整定”来完成设置。

5）脉冲数量设置：进入变频器终端显示器“变频器菜单”逐步选择“1.4 电机控制→脉冲数量→2048”完成设置。

（3）点击 ESC 按钮，进入图形终端频率给定，由旋钮改变频率给定大小。

（4）点击 RUN 运行，点击 STOP/RESET 停止。

（5）改变给定频率值，观察调速系统速度的变化情况。

四 实验注意事项

（1）完成平台外部连线及变频器相关设定后再运行。

（2）运行过程中调电阻时，一定要注意电动机定子电流和发电机电枢电流，使之分别不要超过额定电流。

（3）编程时电机额定数值的设定及与此相关的其他参数的设定，一定要按照实际使用的电机参数设置。

五 思考题

比较带速度传感器和不带速度传感器矢量控制系统的优缺点。

第 4 章　电力电子技术实验

电力电子技术实验是针对浙江求是科教设备有限公司生产的 NMCL-III 型电力电子及电气传动教学实验台而编写的。

4.1　单结晶体管触发电路及单相半波可控整流电路实验

一 实验目的

（1）熟悉单结晶体管触发电路的工作原理及各元件的作用。

（2）掌握单结晶体管触发电路的调试步骤和方法。

（3）对单相半波可控整流电路在电阻负载及电阻电感负载时的工作情况作全面分析。

（4）了解续流二极管的作用。

二 实验内容

（1）单结晶体管触发电路的调试。

（2）单结晶体管触发电路各点波形的观察。

（3）单相半波整流电路带电阻性负载时特性的测定。

（4）单相半波整流电路带电阻—电感性负载时，续流二极管作用的观察。

三 实验线路及原理

将单结晶体管触发电路的输出端"G"、"K"端接至晶闸管 VT1 的门极、阴极，即可构成如图 4-1 所示的实验线路。

四 实验设备及仪器

（1）教学实验台主控制屏。

（2）NMCL-33 组件、NMCL-05（A）组件、NMEL-03 组件。

（3）二踪示波器、万用表、U 盘（自备）。

五 注意事项

（1）双踪示波器有两个探头，可以同时测量两个信号，但这两个探头的地线都与示波器的外壳相连接，所以两个探头的地线不能同时接在某一电路的不同两点上，否则将使这两点通过示波器发生电气短路。为此，在实验中可将其中一根探头的地线取下或外包以绝缘，只使用其中一根地线。当需要同时观察两个信号时，必须在电路上找到这两个被测信号的公共点，将探头的地线接上，两个探头各接至信号处，即能在示波器上同时观察到两个信号，而不致发生意外。

（2）为保护整流元件不受损坏，需注意实验步骤。

1）在主电路不接通电源时，调试触发电路，使之正常工作。

2）在控制电压 U_{ct}=0 时，接通主电路电源，然后逐渐加大 U_{ct}，使整流电路投入工作。

3）正确选择负载电阻或电感，须注意防止过电流。在不能确定的情况下，尽可能选择较大的电阻或电感，然后根据电流值来调整。

4）晶闸管具有一定的维持电流 I_H，只有流过晶闸管的电流大于 I_H，晶闸管才可靠导通。实验中，若负载电流太小，可能出现晶闸管时通时断，所以实验中，应保持负载电流不小于 100mA。

5）本实验中，因用 NMCL-05 组件中单结晶触发电路控制晶闸管，注意须断开 NMCL-33 的内部触发脉冲。

六 实验方法

1. 单结晶体管触发电路调试及各点波形的观察

实验接线如图 4-1 所示，将 NMCL-05（或 MCL-05A，以下均同）面板左上角的同步电压输入接 NMCL-32 的 U、V 输出端，“触发电路选择”拨至“单结晶”。按照实验接线图正

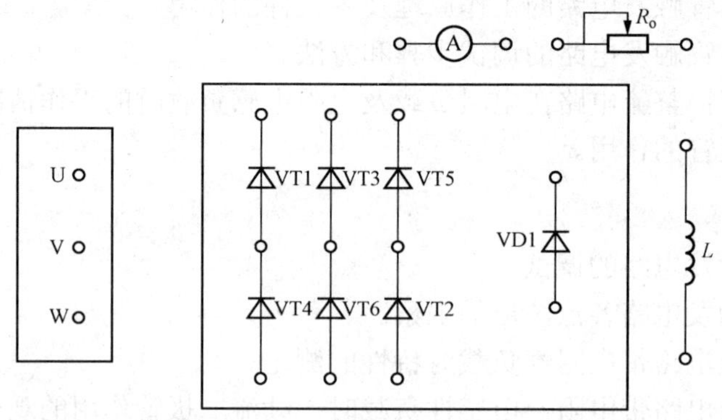

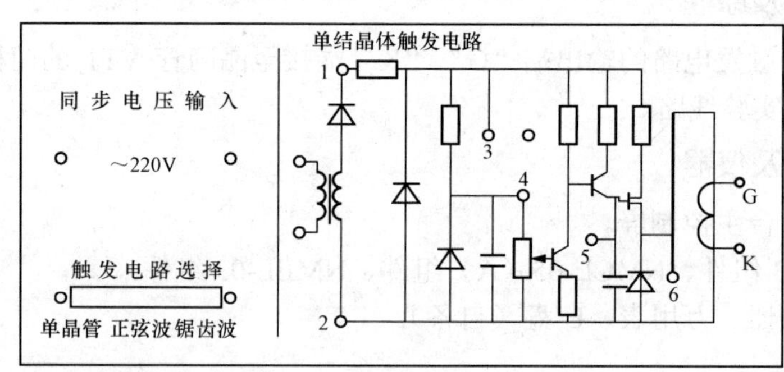

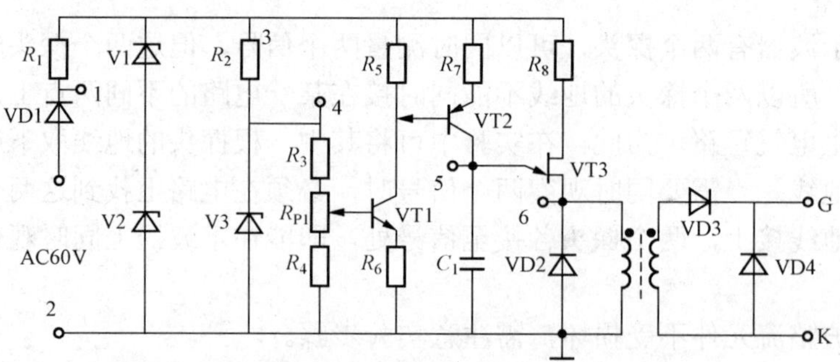

图 4-1　单结晶体管触发电路及单相半波可控整流电路

确接线，但由单结晶体管触发电路连至晶闸管 VT1 的脉冲 U_{GK} 不接（将 NMCL-05 面板中 G、K 接线端悬空），而将触发电路“2”端与脉冲输出“K”端相连，以便观察脉冲的移相范围。

NMCL-32 的“三相交流电源”开关拨向“直流调速”。合上主电源，即按下主控制屏绿色“闭合”开关按钮，这时候主控制屏 U、V、W 端有电压输出，NMCL-05 内部的同步变压器一次侧接有 220V，一次侧输出分别为 60V（单结晶触发电路）、30V（正弦波触发电路）、7V（锯齿波触发电路），通过直键开关选择。

合上 NMCL-05 面板的右下角船形开关，用示波器观察触发电路单相半波整流输出（“1”），梯形电压（“3”），锯齿波电压（“4”）及单结晶体管输出电压（“5”、“6”）和脉冲输出（“G”、“K”）等波形。

调节移相可调电位器 R_P，观察输出脉冲的移相范围能否在 30°～180°范围内。

由于在以上操作中，脉冲输出未接晶闸管的控制极和阴极，所以在用示波器观察触发电路各点波形时，特别是观察脉冲的移相范围时，可用导线把触发电路的地端（“2”）和脉冲输出“K”端相连。但一旦脉冲输出接至晶闸管，则不可把触发电路和脉冲输出相连，否则会造成短路事故，烧毁触发电路。

采用正弦波触发电路、锯齿波触发电路或其他触发电路，同样需要注意，谨慎操作。

2. 单相半波可控整流电路带电阻性负载

断开触发电路“2”端与脉冲输出“K”端的连接，“G”、“K”分别接至 NMCL-33 的 VT1 晶闸管的控制极和阴极，注意不可接错。负载 R_d 接可调电阻（可把 NMEL-03 的 900Ω 电阻盘并联，即最大电阻为 450Ω，电流达 0.8A），并调至阻值最大。

合上主电源，调节脉冲移相电位器 R_P，分别用示波器观察 α=30°、60°、90°、120°时负载电压 U_d，晶闸管 VT1 的阳极、阴极电压波形 U_{VT} 存入自备 U 盘中，测定 U_d 及电源电压 U_2，并记录到表 4-1 中以验证

$$U_d = 0.45U_2 \frac{1+\cos\alpha}{2} \tag{4-1}$$

表 4-1　　单相半波可控整流电路输出记录表

α / U_2,U_d	30°	60°	90°	120°
U_d测定值				
U_d计算值				
U_2				

3. 单相半波可控整流电路带电阻—电感性负载，无续流二极管

串入平波电抗器，在不同阻抗角（改变 R_d 数值）情况下，观察并记录α=30°、60°、90°、120°时的 U_d、i_d 及 U_{VT} 的波形并保存到自备的 U 盘中。注意调节 R_d 时，需要监视负载电流，防止电流超过 R_d 允许的最大电流及晶闸管允许的额定电流。

4. 单相半波可控整流电路带电阻一电感性负载，有续流二极管

接入续流二极管，重复“3”的实验步骤。

七 实验报告

（1）画出触发电路在 α=90°时的各点波形。

（2）画出电阻性负载，α=90°时，$U_d=f(t)$、$U_{VT}=f(t)$，$i_d=f(t)$ 的波形。

（3）分别画出电阻、电感性负载，当电阻较大和较小时，$U_d=f(t)$、$U_{VT}=f(t)$，$i_d=f(t)$ 的波形（α=90°）。

（4）画出电阻性负载时 $U_d/U_2=f(\alpha)$ 曲线，并与 $U_d=0.45U_2\dfrac{1+\cos\alpha}{2}$ 进行比较。

（5）比较表 4-1 中 U_d 的测定值与计算值间的差别，并简单说明原因。

（6）分析续流二极管的作用。

八 思考题

（1）本实验中能否用双踪示波器同时观察触发电路与整流电路的波形？为什么？

（2）为何要观察触发电路第一个输出脉冲的位置？

（3）本实验电路中如何考虑触发电路与整流电路的同步问题？

4.2 正弦波与锯齿波同步移相触发电路实验

一 实验目的

（1）熟悉正弦波同步触发电路及锯齿波同步移相触发电路的工作原理及各元件的作用。

（2）掌握正弦波同步触发电路和锯齿波同步触发电路的调试步骤和方法。

二 实验内容

（1）正弦波同步触发电路的调试。

（2）正弦波同步触发电路各点波形的观察。

（3）锯齿波同步触发电路的调试。

（4）锯齿波同步触发电路各点波形观察、分析。

三 实验线路及原理

正弦波同步触发电路由分脉冲形成、同步移相、脉冲放大等环节构成；锯齿波同步移相触发电路主要由脉冲形成和放大，锯齿波形成，同步移相等环节组成，具体工作原理可参见电力电子技术有关教材。

四 实验设备及仪器

（1）教学实验台主控制屏。

（2）NMCL-33 组件、NMCL-05（A）组件、NMEL-03 组件。

（3）二踪示波器、万用表、U 盘（自备）。

五 实验方法

（一）正弦波触发电路

（1）将 NMCL-05 面板上左上角的同步电压输入端接 NMCL-32 的 U、V 端，将“触发电路选择”拨至“正弦波”位置。正弦波同步的触发电路如图 4-2 所示。

（2）合上主电路电源开关，并打开 NMCL-05 面板右下角的电源开关。用示波器观察各观察孔的电压波形，测量触发电路输出脉冲的幅度和宽度，示波器的地线接于“8”端。

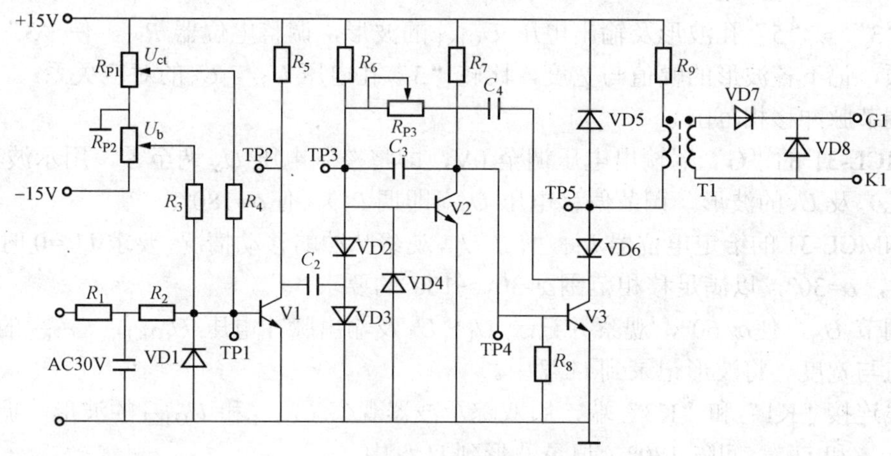

图 4-2　正弦波同步的触发电路

（3）确定脉冲的初始相位。当 U_{ct}=0 时，调节 U_b（调 R_P）要求α接近于 180°。

（4）保持 U_b 不变，调节 NMCL-31 的给定电位器 R_{P1}，逐渐增大 U_{ct}，用示波器观察 U_1 及输出脉冲 U_{GK} 的波形，注意 U_{ct} 增加时脉冲的移动情况，并估计移相范围。将相关波形记录到 U 盘中。

（5）调节 U_{ct} 使α=60°，观察并记录面板上观察孔“1”～“7”及输出脉冲电压波形。把波形记录到 U 盘中。

（二）锯齿波触发电路

（1）将 NMCL-05（A）面板上左上角的同步电压输入接 NMCL-32 的 U、V 端，“触发电路选择”拨向“锯齿波”。锯齿波触发电路如图 4-3 所示。

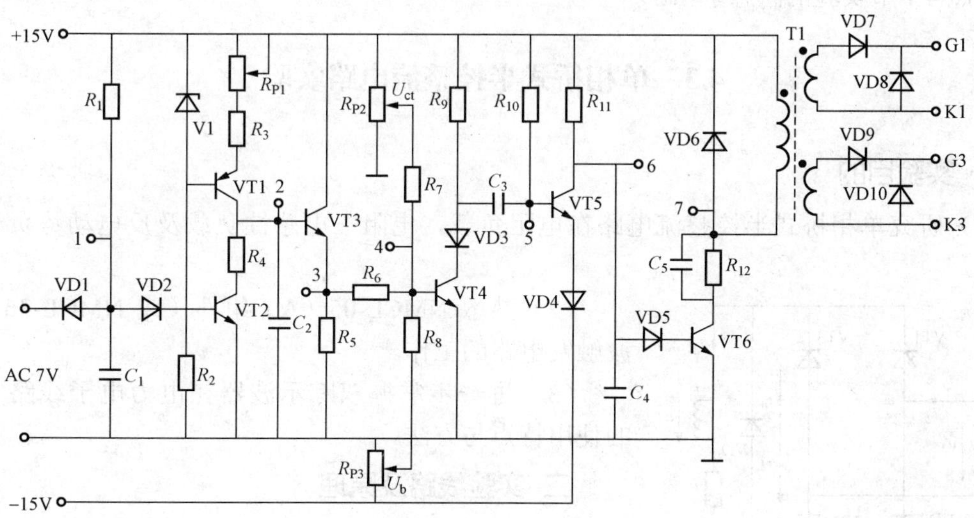

图 4-3　锯齿波触发电路

（2）合上主电路电源开关，并打开 MCL-05 面板右下角的电源开关。用示波器观察各观察孔的电压波形，示波器的地线接于“7”端。

同时观察“1”、“2”孔的波形，了解锯齿波宽度和“1”点波形的关系。

观察“3”～“5”孔波形及输出电压 U_{G1K1} 的波形，调整电位器 R_{P1}，使“3”的锯齿波刚出现平顶，记下各波形的幅值与宽度，比较“3”孔电压 U_3 与 U_5 的对应关系。

（3）调节脉冲移相范围。

将 NMCL-31 的“G”端输出电压调至 0V，即将控制电压 U_{ct} 调至零，用示波器观察 U_2（即“2”孔）及 U_5 的波形，调节偏移电压 U_b（即调 R_P），使 α=180°。

调节 NMCL-31 的给定电位器 R_{P1}，增加 U_{ct}，观察脉冲的移动情况，要求 U_{ct}=0 时，α=180°，$U_{ct}=U_{max}$ 时，α=30°，以满足移相范围 α=30°～180°的要求。

（4）调节 U_{ct}，使 α=60°，观察并记录 U_1～U_5 及输出脉冲电压 U_{G1K1}，U_{G2K2} 的波形，并标出其幅值与宽度。将波形记录到 U 盘中。

用导线连接“K1”和“K3”端，用双踪示波器观察 U_{G1K1} 和 U_{G3K3} 的波形，调节电位器 R_{P3}，使 U_{G1K1} 和 U_{G3K3} 间隔 180°。记录波形到 U 盘中。

六 实验报告

（1）分别打印出两种触发方式 α=60°时，孔“1”～“7”及输出脉冲电压的波形，标出幅值与宽度并粘贴到报告中。

（2）正弦波触发时指出 U_{ct} 增加时，α 应如何变化？移相范围大约等于多少度？指出同步电压的哪一段为脉冲移相范围。

（3）总结锯齿波同步触发电路移相范围的调试方法，移相范围的大小与哪些参数有关？

（4）锯齿波触发时如果要求 U_{ct}=0 时，α=90°，应如何调整？

（5）讨论分析其他实验现象。

七 注意事项

参照 4.1 节实验的注意事项。

4.3 单相桥式半控整流电路实验

一 实验目的

（1）研究单相桥式半控整流电路在电阻负载，电阻—电感性负载及反电动势负载时的工作。

（2）熟悉 NMCL-05（A）组件（或 NMCL-36）锯齿波触发电路的工作。

（3）进一步掌握双踪示波器在电力电子线路实验中的使用特点与方法。

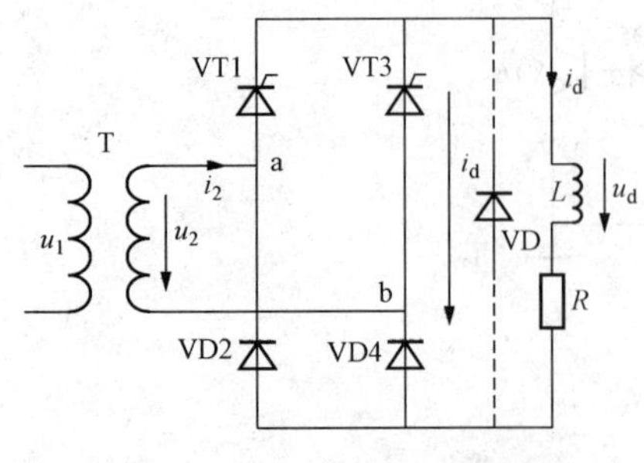

图 4-4 单相桥式半控整流电路

二 实验线路及原理

实验线路如图 4-4 所示。

三 实验内容

（1）单相桥式半控整流电路供电给电阻性负载。

（2）单相桥式半控整流电路供电给电阻—电感性负载（带续流二极管）。

（3）单相桥式半控整流电路供电给电阻—电感性负载（断开续流二极管）。

四 实验设备及仪器

（1）教学实验台主控制屏。

（2）NMCL-33 组件、NMCL-05（A）组件、NMEL-03 组件。

（3）二踪示波器、万用表、U 盘（自备）。

五 注意事项

（1）实验前必须先了解晶闸管的电流额定值（本装置为 5A），并根据额定值与整流电路形式计算出负载电阻的最小允许值。

（2）为保护整流元件不受损坏，晶闸管整流电路的正确操作步骤如下。

1）在主电路不接通电源时，调试触发电路，使之正常工作。

2）在控制电压 U_{ct}=0 时，接通主电源。然后逐渐增大 U_{ct}，使整流电路投入工作。

3）断开整流电路时，应先把 U_{ct} 降到零，使整流电路无输出，然后切断总电源。

（3）注意示波器的使用。

（4）NMCL-33 的内部脉冲需断开。

六 实验方法

（1）将 NMCL-05（A）面板左上角的同步电压输入接 NMCL-32 的 U、V 输出端，“触发电路选择”拨向“锯齿波”。

合上主电路电源开关，并打开 NMCL-05（A）面板右下角的电源开关。观察 NMCL-05（A）锯齿波触发电路中各点波形是否正确，确定其输出脉冲可调的移相范围。并调节偏移电阻 R_{P2}，使 U_{ct}=0 时，α=150°。

（2）单相桥式晶闸管半控整流电路供电给电阻性负载。按图 4-4 接线，并短接平波电抗器 L。调节电阻负载 R_d（可选择 900Ω 电阻并联，最大电流为 0.8A）至最大。

1）NMCL-31A 的给定电位器 R_{P1} 逆时针调到底，使 U_{ct}=0。

合上主电路电源，调节 NMCL-31 的给定电位器 R_{P1}，使 α=90°，测取此时整流电路的输出电压 $u_d=f(t)$，输出电流 $i_d=f(t)$ 以及晶闸管端电压 $u_{VT}=f(t)$ 波形，并测定交流输入电压 U_2、整流输出电压 U_d，验证

$$U_d = 0.9U_2 \frac{1+\cos\alpha}{2} \tag{4-2}$$

若输出电压的波形不对称，可分别调整锯齿波触发电路中 R_{P1}，R_{P3} 电位器。

2）采用类似方法，分别测取 α=60°，α=30°时的 u_d、i_d、u_{vt} 波形。

（3）单相桥式半控整流电路供电给电阻—电感性负载。

1）接上续流二极管，接上平波电抗器。NMCL-31 的给定电位器 R_{P1} 逆时针调到底，使 u_{ct}=0。合上主电源。

2）调节 U_{ct}，使 α=90°，测取输出电压 $u_d=f(t)$，整流电路输出电流 $i_d=f(t)$ 以及续流二极管电流 $i_{VD}=f(t)$ 波形，并分析三者的关系。调节电阻 R_d，观察 i_d 波形如何变化，注意防止过流。

3）调节 U_{ct}，使 α 分别等于 60°、90°时，测取 u_d，i_L，i_d，i_{VD} 波形。

4）断开续流二极管，观察 $u_d=f(t)$，$i_d=f(t)$。

突然切断触发电路，观察失控现象并记录 U_d 波形。若不发生失控现象，可调节电阻 R_d。

七 实验报告

（1）打印出单相桥式半控整流电路供电给电阻负载、电阻—电感性负载情况下，当 $\alpha=90°$ 时的 u_d、i_d、u_{VT}、i_{VD} 等波形图并加以分析。

（2）作出实验整流电路的输入—输出特性 $u_d=f(U_{ct})$，触发电路特性 $u_{ct}=f(\alpha)$ 及 $u_d/u_2=f(\alpha)$ 曲线。

（3）分析续流二极管作用及电感量大小对负载电流的影响。

八 思考题

（1）在可控整流电路中，续流二极管 VD 起什么作用？在什么情况下需要接入？

（2）能否用双踪示波器同时观察触发电路与整流电路的波形？

4.4 单相桥式全控整流与有源逆变电路实验

一 实验目的

（1）了解单相桥式全控整流电路的工作原理。

（2）研究单相桥式全控整流电路在电阻负载、电阻—电感性负载及反电动势负载时的工作。

（3）加深理解单相桥式有源逆变的工作原理，掌握有源逆变条件。

（4）了解产生逆变颠覆现象的原因。

（5）熟悉 NMCL-05（A）组件或 NMCL-36 组件。

二 实验线路及原理

单相桥式全控整流电路的实验线路如图 4-5 所示，单相桥式有源逆变电路的实验接线图如图 4-6 所示。

三 实验内容

（1）单相桥式全控整流电路供电给电阻负载。

（2）单相桥式全控整流电路供电给电阻—电感性负载。

（3）单相桥式有源逆变电路的波形观察。

（4）有源逆变到整流过渡过程的观察。

（5）逆变颠覆现象的观察。

四 实验设备及仪器

（1）教学实验台主控制屏。

（2）NMCL-33 组件、NMCL-05（A）组件或 NMCL-36 组件、NMEL-03 组件、NMEL-35 组件。

（3）二踪示波器、万用表、U 盘（自备）。

五 注意事项

（1）本实验中触发可控硅的脉冲来自 NMCL-05 挂箱（或 NMCL-36 组件），故 NMCL-33

的内部脉冲需断，以免造成误触发。

（2）电阻 R_d 的调节需注意。若电阻过小，会出现电流过大造成过电流保护动作（熔断丝烧断，或仪表告警）；若电阻过大，则可能流过可控硅的电流小于其维持电流，造成可控硅时断时续。

（3）电感的值可根据需要选择，需防止过大的电感造成可控硅不能导通。

（4）NMCL-05（或 NMCL-36）面板的锯齿波触发脉冲需导线连到 NMCL-33 面板，应注意连线不可接错，否则易造成损坏可控硅。同时，需要注意同步电压的相位，若出现可控硅移相范围太小（正常范围约 30°～180°），可尝试改变同步电压极性。

（5）逆变变压器采用 NMCL-35 组式变压器，一次侧为 220V，二次侧为 110V。

（6）示波器的两根地线由于同外壳相连，必须注意需接等电位，否则易造成短路事故。

六 实验方法

（1）单相桥式全控整流电路实验接线如图 4-5 所示。将 NMCL-05（A）（或 NMCL-36）面板左上角的同步电压输入接 NMCL-32 的 U、V 输出端），“触发电路选择”拨向“锯齿波”。

（2）断开 NMCL-35 和 NMCL-33 的连接线，合上主电路电源，此时锯齿波触发电路应处于工作状态。NMCL-31 的给定电位器 R_{P1} 逆时针调到底，使 U_{ct}=0。调节偏移电压电位器 R_{P2}，使α=90°。断开主电源，连接 NMCL-35 和 NMCL-33。

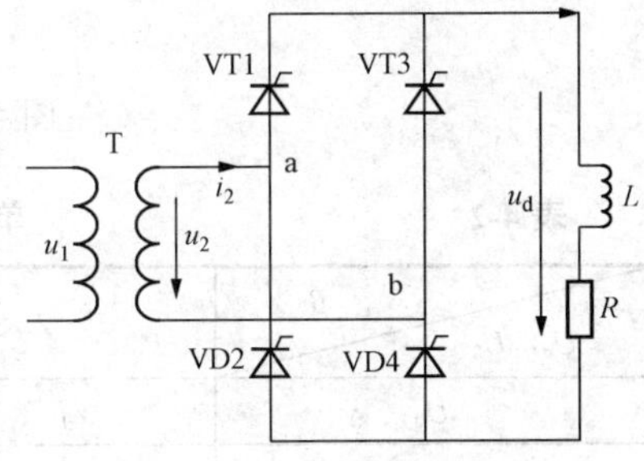

图 4-5 单相桥式全控整流电路

（3）单相桥式全控整流电路供电给电阻负载。接上电阻负载（可采用两只 900Ω 电阻并联），并调节电阻负载至最大，短接平波电抗器。合上主电路电源，调节 U_{ct}，求取在不同α角（30°、60°、90°）时整流电路的输出电压 $u_d=f(t)$、晶闸管的端电压 $u_{VT}=f(t)$ 的波形，并记录相应α时的 U_{ct}、U_d 和交流输入电压 U_2 值。

若输出电压的波形不对称，可分别调整锯齿波触发电路中 R_{P1}，R_{P3} 电位器。

（4）单相桥式全控整流电路供电给电阻—电感性负载。断开平波电抗器短接线，求取在不同控制电压 U_{ct} 时的输出电压 $u_d=f(t)$、负载电流 $i_d=f(t)$ 以及晶闸管端电压 $u_{VT}=f(t)$ 波形并记录相应 U_{ct} 时的 U_d、U_2 值。

注意，负载电流不能过小，否则会造成可控硅时断时续，可调节负载电阻 R_P，但负载电流不能超过 0.8A，U_{ct} 从零起调。

改变电感值（L=100mH），观察α= 90°，$u_d=f(t)$、$i_d=f(t)$ 的波形，并加以分析。注意，增加 U_{ct} 使α前移时，若电流太大，可增加与 L 相串联的电阻加以限流。

（5）有源逆变实验。有源逆变实验的主电路如图 4-6 所示，控制回路的接线可参考单相桥式全控整流电路实验（如图 4-5 所示）。

1）将限流电阻 R_d 调整至最大（约 450Ω），先断开 NMCL-35 和 NMCL-33 的连接线，参考图 4-3，连接控制回路。合上主电源，用示波器观察锯齿波的“1”孔和“6”孔，调节偏移电位器 R_{P2}，使 U_{ct}=0 时，β=10°，然后调节 U_{ct}，使β在 30°附近。

2）按图 4-4 连接主回路。合上主电源，用示波器观察逆变电路输出电压 $u_d=f(t)$，晶

闸管的端电压 $u_{VT}=f(t)$ 波形并保存到 U 盘里，同时记录 U_d 和交流输入电压 U_2 的数值到表 4-2 中。

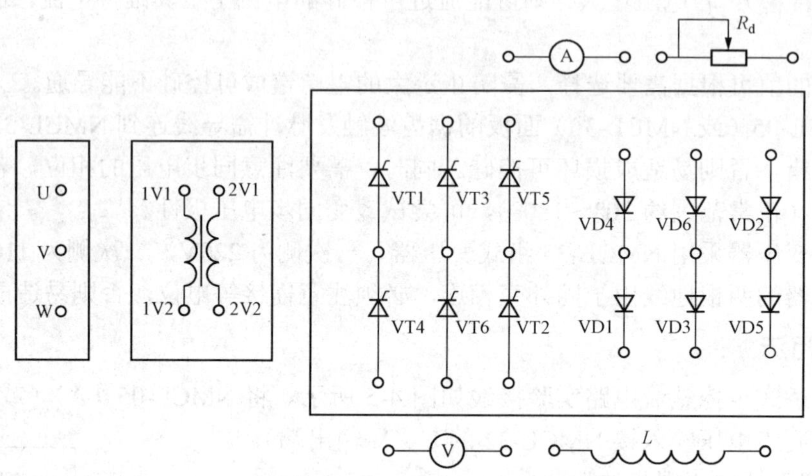

图 4-6　单相桥式有源逆变电路主电路

表 4-2　　**单相桥式有源逆变电路输出记录表**

β / U_d，U_2	30°	60°	90°
U_d			
U_2			

3）采用同样方法，绘出 β 在分别等于 60°、90°时，u_d、u_{VT} 波形并保存到自备 U 盘里。

（6）逆变到整流过程的观察。当 β 大于 90°时，晶闸管有源逆变过渡到整流状态，此时输出电压极性改变，可用示波器观察此变化过程。注意，当晶闸管工作在整流时，有可能产生比较大的电流，需要注意监视。

（7）逆变颠覆的观察。当 β=30°时，继续减小 U_{ct}，此时可观察到逆变输出突然变为一个正弦波，表明逆变颠覆。当关断 NMCL-05（A）面板的电源开关，使脉冲消失时，也将产生逆变颠覆。

七　实验报告

（1）打印出单相桥式晶闸管全控整流电路供电给电阻负载情况下，当 α=60°、90°时的 u_d、u_{VT} 波形，并加以分析。

（2）打印出单相桥式晶闸管全控整流电路供电给电阻—电感性负载情况下，当 α=90°时的 u_d、i_d、u_{VT} 波形，并加以分析。

（3）作出实验整流电路的输入—输出特性 $u_d=f(u_{ct})$，触发电路特性 $u_{ct}=f(\alpha)$ 及 $u_d/u_2=f(\alpha)$。

（4）打印出逆变电路中 β=30°、60°、90°时，u_d、u_{VT} 的波形。

（5）分析逆变颠覆的原因，逆变颠覆后会产生什么后果？

（6）谈谈实验心得体会。

4.5　三相半波可控整流电路与三相桥式半控整流电路实验

一 实验目的

（1）熟悉 NMCL-33 组件。

（2）了解三相半波可控整流电路的工作原理，研究可控整流电路在电阻负载和阻感性负载时的工作特性。

（3）了解三相桥式半控整流电路的工作原理及输出电压、电流波形。

二 实验线路及原理

（1）三相半波可控整流电路用三只晶闸管，与单相电路比较，输出电压脉动小，输出功率大，三相负载平衡。不足之处是晶闸管电流即变压器的二次电流在一个周期内只有 1/3 时间有电流流过，变压器利用率低。

实验线路如图 4-7 所示。

（2）在中等容量的整流装置或要求不可逆的电力拖动中，可采用比三相全控桥式整流电路更简单、经济的三相桥式半控整流电路。它由共阴极接法的三相半波可控整流电路与共阳极接法的三相半波不可控整流电路串联而成，因此这种电路兼有可控与不可控两者的特性。共阳极组三个整流二极管总是自然换流点换流，使电流换到比阴极电位更低的一相中去，而共阴极组三个晶闸管则要在触发后才能换到阳极电位高的一相中去。输出整流电压 U_d 的波形是三组整流电压波形之和，改变共阴极组晶闸管的控制角 α，可获得 0～$2.34\times U_{2\varphi}$ 的直流可调电压。

三相半波可控整流电路具体线路可参见图 4-7。

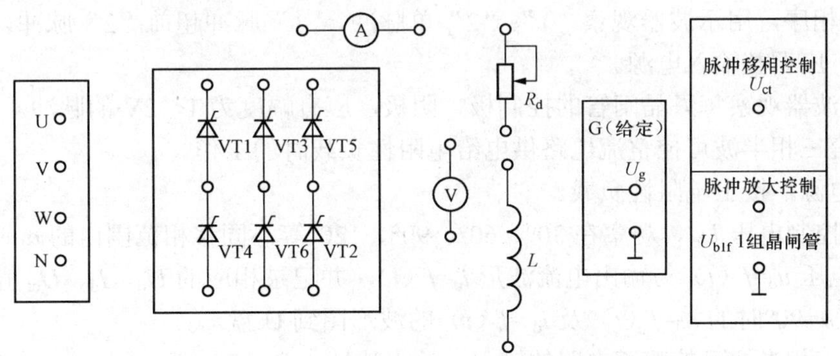

图 4-7　三相半波可控整流电路

三 实验内容

（1）研究三相半波可控整流电路供电给电阻性负载时的工作。

（2）研究三相半波可控整流电路供电给阻感性负载时的工作。

（3）三相桥式半控整流供电给电阻负载。

（4）三相桥式半控整流供电给反电动势负载。

（5）观察平波电抗器三相桥式半控整流线路中的作用。

四 实验设备及仪表

（1）教学实验台主控制屏。

（2）NMCL-33 组件、NMEL-03 组件。

（3）二踪示波器、万用表、U 盘（自备）。

五 注意事项

（1）整流电路与三相电源连接时，一定要注意相序。

（2）三相半波可控整流电路的负载电阻不宜过小，应使 I_d 不超过 0.8A，同时负载电阻不宜过大，保证 I_d 超过 0.1A，避免晶闸管时断时续。

（3）三相桥式半控整流电路供电给电阻负载时，注意负载电阻允许的电流，电流不能超过负载电阻允许的最大值，供电给反电动势负载时，注意电流不能超过电机的额定电流（I_d=1A）。

（4）在电动机起动前必须预先做好以下几点。

1）先加上电动机的励磁电流，然后才可使整流装置工作。

2）起动前，必须置控制电压 U_{ct} 于零位，整流装置的输出电压 U_d 最小，合上主电路后，才可逐渐加大控制电压。

（5）示波器的两根地线与外壳相连，使用时必须注意两根地线需要等电位，避免造成短路事故。

六 实验方法

（一）三相半波可控整流电路

（1）按图 4-7 接线，未连上主电源之前，检查晶闸管的脉冲是否正常。

1）用示波器观察 MCL-33 的双脉冲观察孔，应有间隔均匀、幅度相同的双脉冲。

2）检查相序，用示波器观察“1”、“2”单脉冲，“1”脉冲超前“2”脉冲 60°，则相序正确，否则，应调整输入电源。

3）用示波器观察每只晶闸管的控制极、阴极，应有幅度为 1～2V 的脉冲。

（2）研究三相半波可控整流电路供电给电阻性负载时的工作。

合上主电源，接上电阻性负载。

1）改变控制电压 U_{ct}，观察在 30°、60°、90°、120°等不同移相范围内的 α 时，可控整流电路的输出电压 $u_d=f(t)$ 与输出电流波形 $i_d=f(t)$，并记录相应的 U_d、I_d、U_{ct} 值。

2）记录 α=90°时的 $u_d=f(t)$ 及 $i_d=f(t)$ 的波形图到 U 盘。

3）求取三相半波可控整流电路的输入—输出特性 $u_d/u_2=f(t)$。

4）求取三相半波可控整流电路的负载特性 $u_d=f(t)$。

（3）研究三相半波可控整流电路供电给阻感性负载时的工作。

接入 NMCL-331 的电抗器 L=700mH,，可把原负载电阻 R_d 调小，监视电流，不宜超过 0.8A（若超过 0.8A，可用导线把负载电阻短路），操作方法同上。

1）观察不同移相角 α 时的输出 $u_d=f(t)$、$i_d=f(t)$，并记录相应的 U_d、I_d 值，记录 α=90°时的 $u_d=f(t)$、$i_d=f(t)$，$u_{VT}=f(t)$ 波形图。

2）求取整流电路的输入—输出特性 $u_d/u_2=f(\alpha)$。

（二）三相桥式半控整流电路

（1）未连上主电源之前，检查晶闸管的脉冲是否正常。

1）用示波器观察NMCL-33的双脉冲观察孔，应有间隔均匀、幅度相同的双脉冲。

2）检查相序，用示波器观察“1”、“2”单脉冲，“1”脉冲超前“2”脉冲60°，则相序正确，否则，应调整输入电源。

3）用示波器观察每只晶闸管的控制极、阴极，应有幅度为1～2V的脉冲。

（2）三相半控桥式整流电路供电给电阻负载时的工作研究。

按图4-8接线，分别短接平波电抗器和直流电动机M03的电枢绕组。

合上主电源，调节负载电阻，使R_d大于200Ω，注意电阻不能过大，应保持i_d不小于100mA，否则可控硅由于存在维持电流，容易时断时续。

1）调节U_{ct}，观察在30°、60°、90°、120°等不同移相范围内，整流电路的输出电压$u_d=f(t)$，输出电流$i_d=f(t)$以及晶闸管端电压$u_{VT}=f(t)$的波形，并记录到U盘中。

2）读取本整流电路的特性$u_d/u_2=f(\alpha)$。

（3）三相半控桥式整流电路在供电给反电动势负载时的工作实验。

分别拆除平波电抗器和直流电动机M03电枢绕组的短接线。

1）置电感量较大时（L=700mH），调节U_{ct}，观察在不同移相角时整流电路供电给反电动势负载的输出电压$u_d=f(t)$、输出电流$i_d=f(t)$波形，并给出α=60°、90°时的相应波形。注意，电动机空载时，由于电流比较小，有可能电流时断时续。

2）在相同电感量下，求取本整流电路在α=60°与α=90°时供电给反电动势负载时的负载特性$n=f(I_d)$。从电动机空载开始，测取5～7个点，数据填入表4-3和表4-4中，注意电流最大不能超过1A。

表4-3　　三相半控桥式整流电路负载特性$n=f(I_d)$记录表（α=60°）

I_d（A）							
n（r/min）							

表4-4　　三相半控桥式整流电路负载特性$n=f(I_d)$记录表（α=90°）

I_d（A）							
n（r/min）							

（4）观察平波电抗器的作用。

1）在大电感量与α=120°条件下，求取反电动势负载特性曲线，注意要读取从电流连续到电流断续临界点的数据，并记录此时的$u_d=f(t)$、$i_d=f(t)$波形图于U盘中。

2）减小电感量，重复1）的实验内容。

七 实验报告

（1）打印出三相半波可控整流电路供电给电阻性负载、阻感性负载时的$u_d=f(t)$，$i_d=f(t)$及$u_{VT}=f(t)$（在α=90°情况下）波形，并进行分析讨论。

（2）根据实验数据，画出三相半波可控整流电路的负载特性$u_d=f(I_d)$，输入—输出特性$u_d/u_2=f(\alpha)$。

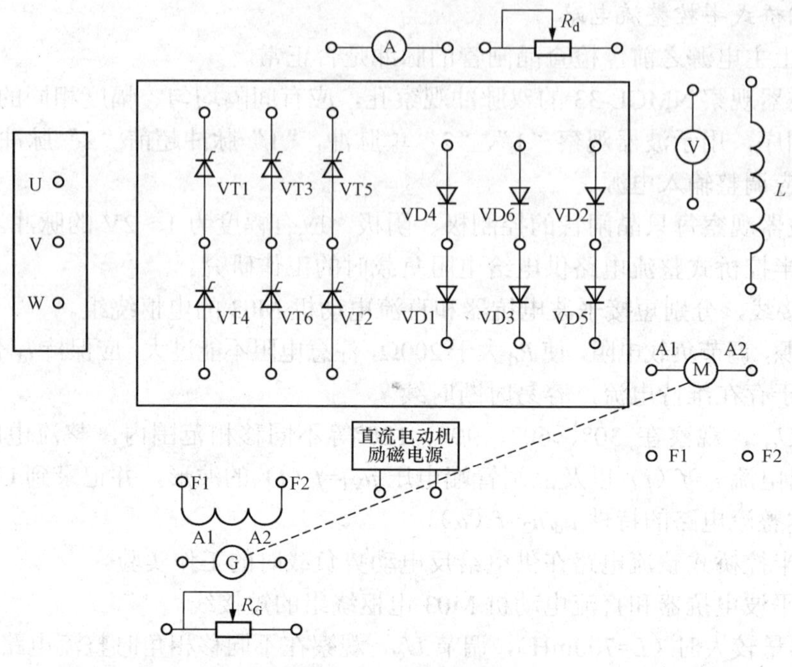

图 4-8 三相半控桥式整流电路

（3）画出三相半控桥式整流电路的输入—输出特性 $u_d/u_2=f(\alpha)$。

（4）打印出三相半控桥式整流电路在供电给反电动势负载时的 $u_d=f(t)$、$i_d=f(t)$ 波形曲线。

（5）打印出三相半控桥式整流电路供电给电阻性负载时的 $u_d=f(t)$，$i_d=f(t)$ 以及晶闸管端电压 $u_{VT}=f(t)$ 的波形。

（6）画出三相半控桥式整流电路在 $\alpha=60°$ 与 $\alpha=90°$ 时供电给反电动势负载时的负载特性曲线 $n=f(I_d)$。

（7）分析三相半控桥式整流电路在反电动势负载工作时，整流电流从断续到连续的临界值与哪些因素有关。

八 思考题

（1）三相半波可控整流如何确定三相触发脉冲的相序？它们间分别应有多大的相位差？

（2）根据所用晶闸管的定额，如何确定三相半波可控整流电路允许的输出电流？

（3）在三相半控桥式中，为什么说可控整流电路供电给电动机负载与供电给电阻性负载在工作上有很大差别？

（4）在三相半控桥式电路在电阻性负载工作时，能否突加一阶跃控制电压？在电动机负载工作时呢？为什么？

4.6 三相桥式全控整流电路实验

一 实验目的

（1）熟悉 MCL-33 组件。

（2）熟悉三相桥式全控整流电路的接线及工作原理。

（3）了解集成触发器的调整方法及各点波形。

二 实验内容

（1）三相桥式全控整流电路。

（2）观察整流状态下，模拟电路故障现象时的波形。

三 实验线路及原理

三相桥式全控桥实验线路如图 4-9 所示。主电路由三相全控变流电路整流桥组成。触发电路为数字集成电路，可输出经高频调制后的双窄脉冲链。三相桥式整流电路的工作原理可参见电力电子技术的有关教材。

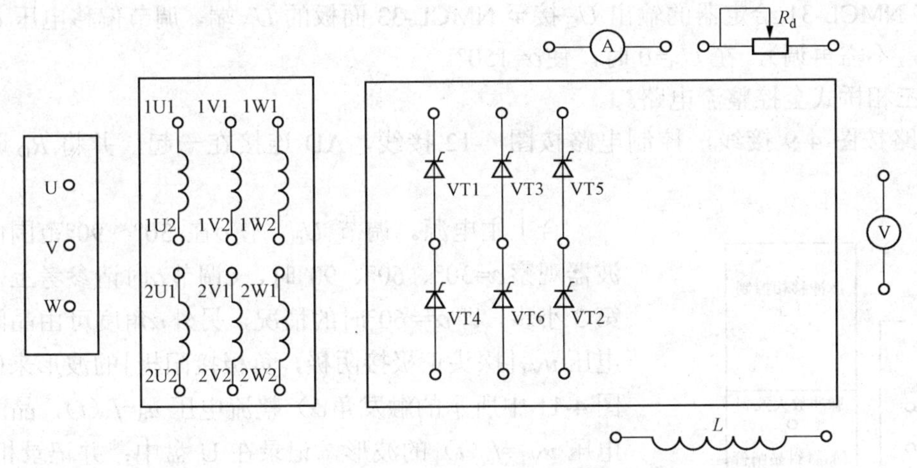

图 4-9 三相桥式全控桥主电路

四 实验设备及仪器

（1）NMCL 系列教学实验台主控制屏。

（2）NMCL-33 组件、NMEL-03 组件、NMCL-35 组件

（3）双踪示波器、万用表、U 盘（自备）。

五 实验方法

（1）按图 4-9 接线，未上主电源之前，检查晶闸管的脉冲是否正常。

1）打开 MCL-18 电源开关，给定电压有电压显示。

2）用示波器观察同步电压，相序关系如图 4-10 所示，U 相超前于 V 相 120°，其他关系同理。

3）用示波器观察 NMCL-33 的双脉冲观察孔，应有间隔均匀，相互间隔 60°的幅度相同的双脉冲，如图 4-11 所示，图中 $\alpha=60°$，可由同步电压和对应的脉冲相角关系来确定，图中为 U 相和脉冲观察孔“1”对应的 α 角。

4）将面板上的 U_{blf}（当三相桥式全控变流电路使用 I 组桥晶闸管 VT1～VT6 时）接地，将 I 组桥式触发脉冲的六个开关均拨到“接通”并用示波器观察每只晶闸管的门极和阴极，看触发脉冲是否正常（幅度为 1～2V）。

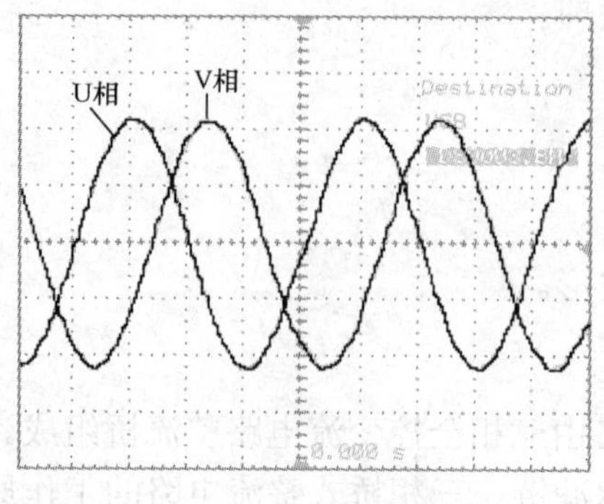

图 4-10　同步电压关系

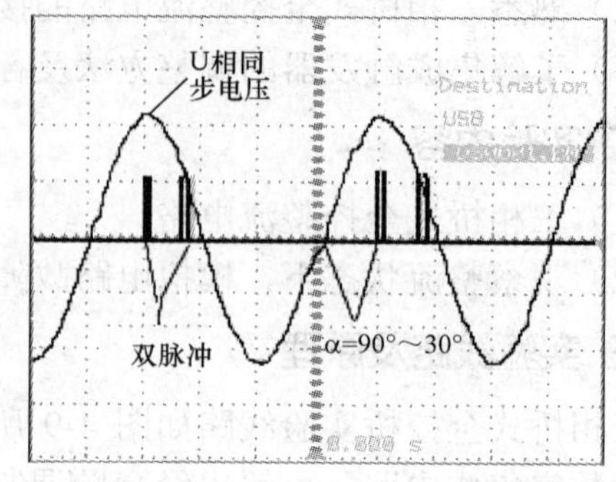

图 4-11　同步电压和 α 角的关系

5）将 NMCL-31 给定器的输出 U_G 接至 NMCL-33 面板的 U_{ct} 端，调节偏移电压 U_b（通常已经调好，不需再调），在 U_{ct}=0 时，使α=150°。

（2）三相桥式全控整流电路。

主电路按图 4-9 接线，控制电路按图 4-12 接线，AD 连接在一起，并将 R_D 调至最大（450Ω）。

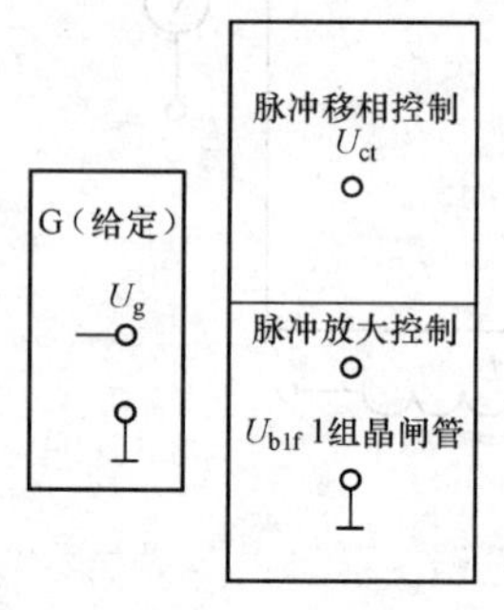

图 4-12　三相全控整流电路控制回路

合上主电源。调节 U_{ct}，使α在 30°～90°范围内，用示波器观察α=30°、60°、90°时，（调节α时请参考上一步中的第 3 小步，即α＝60°时的情况，另外α角度可由晶闸管两端电压 u_{VT}[探头正极接阴极，负极接阳极]的波形来确定，如图 4-11 中所示的触发角α）整流电压 u_d=f（t），晶闸管两端电压 u_{VT}=f（t）的波形，记录在 U 盘中；并记录相应的 U_d 和交流输入电压 U_2（为相值）数值到表 4-5 中。同时要注意根据需要不断调整负载电阻 R_d，使得负载电流 I_d 保持在 0.8A 左右（注意 I_d 不得超过 1A）。

具体操作过程如下。

1）如α＝60°时，用示波器的一个探头测量同步电压，另一个探头同时测量对应脉冲，调节 U_{ct}，使波形如图 4-11 所示。

2）记录表 4-5 中要求记录的数据，如 U_{ct}、U_d、U_2。

表 4-5　　**三相全控整流电路记录表**

α	0°	30°	60°	90°
U_{ct}				
U_d（记录值）				
U_d（计算值）				

注　计算公式为 U_d=2.34U_2cosα。

3）用示波器的一个探头（另一个探头关闭）测量整流输出正负极两端的波形 u_d，存入 U 盘中。如图 4-13 所示。

4）用示波器的一个探头（另一个探头关闭）测量晶闸管 VT1 两端的波形 u_{VT}，存入 U

盘中。如图 4-14 所示。

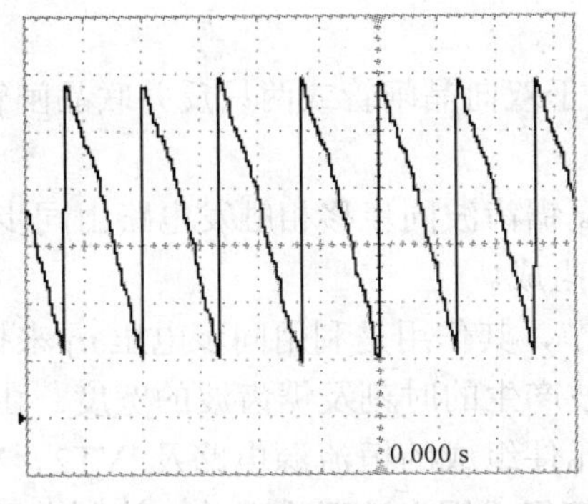

图 4-13　α=60°时 u_d 波形

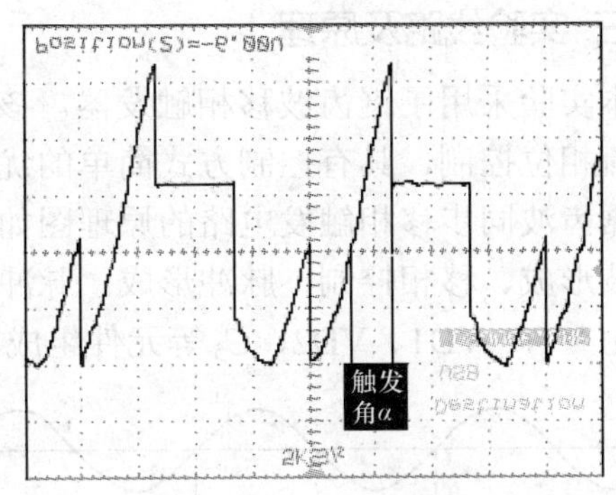

图 4-14　α=60°时 u_{VT} 波形

α为其他值时的测量过程请重复以上 4 个步骤。

注意：考虑到肉眼确定 α 值时可能产生太大的误差，U_d（计算值）要及时与测量值（记录值）进行比较，如果误差太大，需及时修正 α 的值。

（3）电路模拟故障现象观察。

在整流状态 α=60°时，断开某一晶闸管元件的触发脉冲开关，则该元件无触发脉冲即该支路不能导通，观察此时的 u_d、u_{VT} 波形并记录到 U 盘中。

六　注意事项

双踪示波器有两个探头，可以同时测量两个信号，但这两个探头的地线都与示波器的外壳相连接，所以两个探头的地线不能同时接在某一电路的不同两点上，否则将使这两点通过示波器发生电气短路。为此，在实验中可将其中一根探头的地线取下或外包以绝缘，只使用其中一根地线。当需要同时观察两个信号时，必须在电路上找到这两个被测信号的公共点，将探头的地线接上，两个探头各接至信号处，即能在示波器上同时观察到两个信号，而不致发生意外。

七　实验报告

（1）画出电路的移相特性 $u_d=f(\alpha)$ 曲线。

（2）作出整流电路的输入—输出特性 $u_d/u_2=f(\alpha)$。

（3）打印出三相桥式全控整流电路，α角为 0°、30°、60°、90°时的 u_d、u_{VT} 波形。

（4）打印出模拟故障时的波形并简单分析其原因。

4.7　单相交流调压电路实验

一　实验目的

（1）加深理解单相交流调压电路的工作原理。

（2）加深理解交流调压感性负载时对移相范围的要求。

二　实验内容

（1）单相交流调压器带电阻性负载。

（2）单相交流调压器带电阻—电感性负载。

三 实验线路及原理

本实验采用了锯齿波移相触发器。该触发器适用于双向晶闸管或两只反并联晶闸管电路的交流相位控制，具有控制方式简单的优点。

锯齿波同步移相触发电路的原理图如图 4-3 所示。锯齿波同步移相触发电路由同步检测、锯齿波形成、移相控制、脉冲形成、脉冲放大等环节组成。

由 VTl、VD1、VD2、C_5 等元件组成同步检测环节，其作用是利用同步电压 u_T 来控制锯齿波产生的时刻及锯齿波的宽度。由 VT1 等元件组成的恒流源电路及 VT2、VT3、C_6 等组成锯齿波形成环节。控制电压 U_{ct}、偏移电压 U_b 和锯齿波电压 u_T 在 VT4 基极综合叠加，从而构成移相控制环节。VT5、VT6 构成脉冲形成放大环节，脉冲变压器输出触发脉冲，电路的各点电压波形如图 4-15 所示。

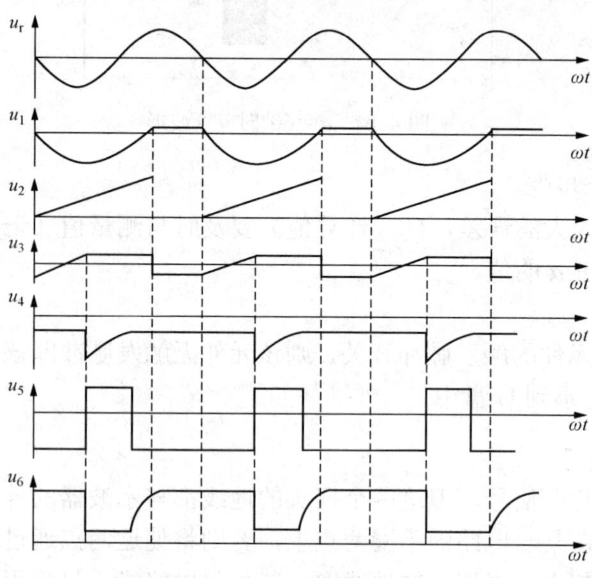

图 4-15　电路的各点电压波形

元件 R_{P1}、R_{P2} 均安装在实验单元面板上，同步变压器二次侧已在挂箱内部接好。触发电路的±15V 电压通电后内部接入，上面靠近同步电压接入的开关为选择开关。进行锯齿波同步移相触发电路实验时，选择开关按下“锯齿波触发”。

注意：以上为锯齿波的原理分析及相关波形图，与实验设备并非一一对应。

晶闸管交流调压器的主电路由两只反向并联的晶闸管组成，如图 4-16 所示。

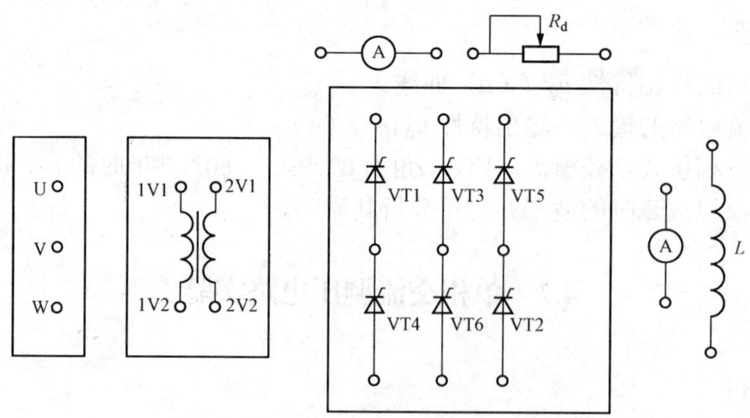

图 4-16　单相交流调压电路接线图

四 实验设备及仪器

（1）教学实验台主控制屏。

（2）NMCL-33 组件、NMEL-03 组件、NMCL-05（A）组件或 NMCL-36 组件。

（3）二踪示波器、万用表、U 盘（自备）。

五 注意事项

在电阻电感负载时，当$\alpha<\varphi$时，若脉冲宽度不够会使负载电流出现直流分量，损坏元件。为此主电路可通过变压器降压供电，这样即可看到电流波形不对称现象，又不会损坏设备。

六 实验方法

1. 单相交流调压器带电阻性负载

（1）连接主电路，如图 4-16 所示。将 NMCL-33 上的两只晶闸管 VT1，VT4 反并联而成交流电调压器，将触发器的输出脉冲端 G1、K1，G3、K3 分别接至主电路相应 VT1 和 VT4 的门极和阴极。

接上电阻性负载（可采用两只 900Ω 电阻并联），并调节电阻负载至最大。

（2）NMCL-05A 上接入交流 220V 同步交流电压。触发电路选择为“锯齿波”。

（3）合上主电路开关，用示波器分别测量观察孔“1”、“2”、“3”、“4”、“5”、“6”的波形并记录到 U 盘中，再与图 4-16 进行对比。

（4）合上主电源，用示波器观察负载电压 $u_d=f(t)$、晶闸管两端电压 $u_{VT}=f(t)$ 的波形并记录到 U 盘中，调节 U_{ct}，观察不同α角时各波形的变化，并记录α=30°，60°，90°，120°时的波形（α角的大小可根据调压输出的波形 u_d 进行大致判断）。

注意：当晶闸管在调节给定 U_{ct} 无法正常工作时，应调换一下同步电压接入的两根导线。

当纯电阻负载，α=30°时的 u_d 和 u_{vt} 波形如图 4-17 和图 4-18 所示。

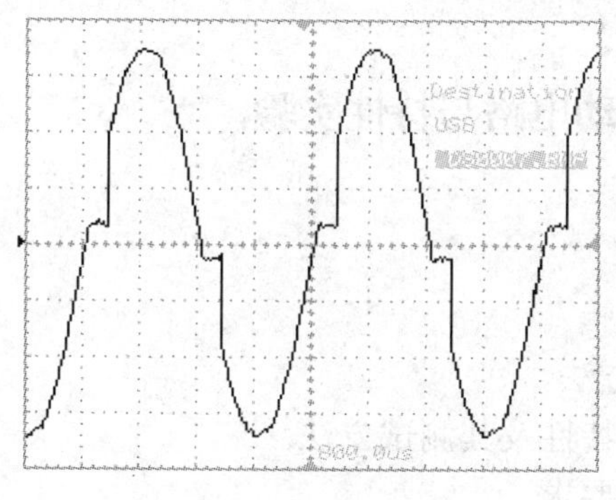

图 4-17 α=30°时的 u_d 波形

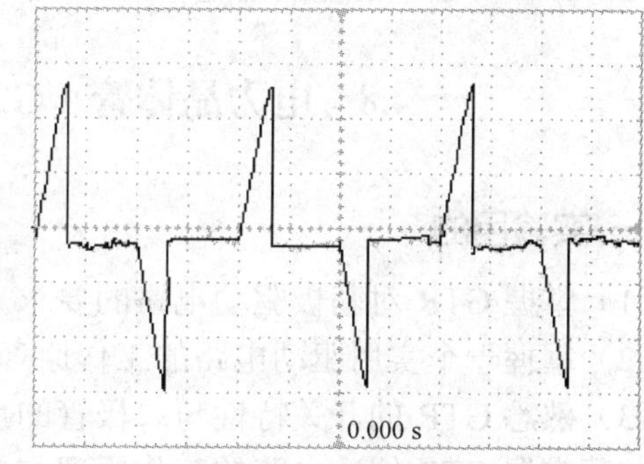

图 4-18 α=30°时 u_{VT} 波形

α为其他角度时也可以测得相应的波形。纯电阻负载时通常根据输出的波形反推此时的α角度。

2. 单相交流调压器接电阻—电感性负载

（1）在做电阻—电感实验时需调节负载阻抗角的大小，因此须知道电抗器的内阻和电感量。可采用直流伏安法来测量内阻，电抗器的内阻为

$$R=\frac{U_R}{I} \tag{4-3}$$

电抗器的电感量可用交流伏安法测量，由于电流大时对电抗器的电感量影响较大，采用自耦调压器调压多测几次取其平均值，从而可得交流阻抗。

$$Z = \frac{U}{I} \tag{4-4}$$

电抗器的电感量为

$$L = \sqrt{Z^2 - R^2}/(2\pi f) \tag{4-5}$$

这样即可求得负载阻抗角

$$\varphi = \arctan\frac{\omega L}{R_d + R} \tag{4-6}$$

在实验过程中，欲改变阻抗角，只需改变电阻器的数值即可。

（2）断开电源，接入电感（L=700mH）。

调节 U_{ct}，使α=45°。

合上主电源，用双踪示波器同时观察负载电压 u 和负载电流 i 的波形（直接用示波器测量 R 两端的电压波形即可）。调节电阻 R 的数值（由大至小），观察在不同α角时波形的变化情况。记录$\alpha>\varphi$，$\alpha=\varphi$，$\alpha<\varphi$ 三种情况下负载两端电压 u 和流过负载的电流 i 的波形。也可使阻抗角 φ 为一定值，调节α观察波形。

注意：调节电阻 R 时需观察负载电流，不可大于 0.8A。

七　实验报告

（1）打印实验中记录下的各类波形并粘贴到报告相应的地方并对不同的波形做相应的分析。

（2）分析电阻电感负载时，α角与φ角相应关系的变化对调压器工作的影响。

（3）分析实验中出现的问题。

4.8　电力晶体管（GTR）驱动电路与特性实验

一　实验目的

（1）掌握 GTR 对基极驱动电路的要求。

（2）掌握一个实用驱动电路的工作原理与调试方法。

（3）熟悉 GTR 的开关特性与二极管的反向恢复特性及其测试方法。

（4）掌握 GTR 缓冲电路的工作原理与参数设计要求。

二　实验内容

（1）连接实验线路组成一个实用驱动电路。

（2）PWM 波形发生器频率与占空比测试。

（3）光耦合器输入、输出延时时间与电流传输比测试。

（4）贝克箝位电路性能测试。

（5）过流保护电路性能测试。

（6）不同负载时的 GTR 开关特性测试。

（7）不同基极电流时的开关特性测试。

（8）有与没有基极反压时的开关过程比较。

（9）并联缓冲电路性能测试。

（10）串联缓冲电路性能测试。

（11）二极管的反向恢复特性测试。

三 实验线路

实验线路如图4-19所示。

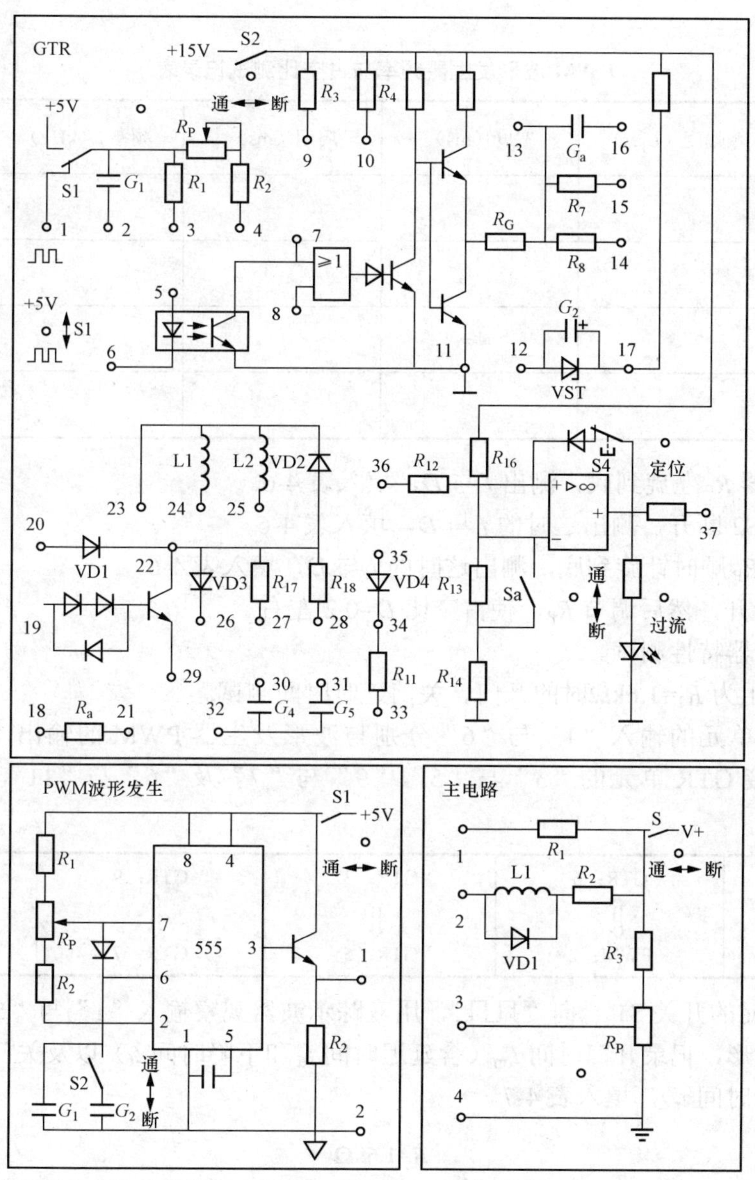

图4-19　GTR实验电路

四 实验设备和仪器

（1）教学实验台主控制屏及NMCL-07模块。

（2）双踪示波器、万用表。

五 实验方法

（1）检查面板上所有开关是否均置于断开位置。

（2）PWM 波形发生器频率与占空比测试。

1）开关 S1、S2 闭合，将脉冲占空比调节电位器 R_P 顺时针旋到底，用示波器观察 1 和 2 点间的 PWM 波形，即可测量脉冲宽度、幅度与脉冲周期，并计算出频率 f 与占空比 D，填入表 4-6。

表 4-6 **PWM 波形发生器频率与占空比测试记录表**

变量 / 操作	幅度（U_{p-p}）	宽度（ms）	周期（ms）	频率 f（kHz）	占空比 D
S2：通 R_P：右旋					
S2：通 R_P：左旋					
S2：断 R_P：右旋					
S2：断 R_P：左旋					

2）将电位器 R_P 左旋到底，测出 f 与 D，填入表 4-6。

3）将开关 S2 断开，测出这时的 f 与 D，填入表 4-6。

4）电位器 R_P 顺时针旋到底，测出这时的 f 与 D，填入表 4-6。

5）将 S2 断开，然后调节 R_P，使占空比 D=0.2 左右。

（3）光耦合器特性测试。

1）输入电阻为 R_1=1.6kΩ时的开门、关门延时时间测试。

a. 将 GTR 单元的输入“1”与“6”分别与波形发生器 PWM 的输出“1”与“2”相连，再分别连接 GTR 单元的“3”与“5”，“9”与“7”及“6”与“11”，即按照以下说明连线。

GTR：1 ⇕ PWM：1	GTR：6 ⇕ PWM：2	GTR：3 ⇕ GTR：5	GTR：9 ⇕ GTR：7	GTR：6 ⇕ GTR：11

b. GTR 单元的开关 S1 合向“⎍⎍”，用双踪示波器观察输入“1”与“6”及输出“7”与“11”之间波形，记录开门时间 t_{on}（含延迟时间 t_d 和下降时间 t_f）以及关门时间 t_{off}（含储存时间 t_s 和上升时间 t_r），填入表 4-7。

表 4-7 **R=1.6kΩ**

t_d	t_f	t_{on}	t_s	t_r	t_{off}

2）输入电阻为 R_2=150Ω时的开门、关门延时时间测试。

将 GTR 单元的“3”与“5”断开，并连接“4”与“5”，调节电位器 R_P 顺时针旋到底（使 R_P 短接），其余同上，记录开门、关门时间，填入表 4-8。

表 4-8 R=150Ω

t_d	t_f	t_{on}	t_s	t_r	t_{off}

3）输入加速电容对开门、关门延时时间影响的测试。

断开 GTR 单元的“4”和“5”，将“2”、“3”与“5”相连，即可测出具有加速电容时的开门、关门时间，填入表 4-9。

表 4-9 接有加速电容

t_d	t_f	t_{on}	t_s	t_r	t_{off}

4）输入、输出电流传输比（CTR）测定。

电流传输比定义为 *CTR*=输出电流/输入电流。

GTR 单元的开关 S1 合向“5V”，S2 闭合，连接 GTR 的“6”和 PWM 波形发生器的“2”，分别在 GTR 单元的“4”和“5”以及“9”与“7”之间串入直流毫安表，电位器 R_P 左旋到底，测量光耦输入电流 I_{in}、输出电流 I_{out}。

改变 R_P（逐渐右旋），分别测量 5～6 组光耦输入、输出电流，填入表 4-10。

表 4-10 输入、输出电流传输比（CTR）测定

I_{in}（mA）						
I_{out}（mA）						
CTR						

（4）驱动电路输入、输出延时时间测试。

GTR 单元的开关 S1 合向“⎍⎍”，将 GTR 单元的输入“1”与“6”分别与 PWM 波形发生器的输出“1”与“2”相连，再分别连接 GTR 单元的“3”与“5”，“9”与“7”及“6”与“11”、“8”，即按照以下说明连线。

GTR：1 ⇕ PWM：1	GTR：6 ⇕ PWM：2	GTR：3 ⇕ GTR：5	GTR：9 ⇕ GTR：7	GTR：6 ⇕ GTR：11 ⇕ GTR：8

用双踪示波器观察 GTR 单元输入“1”与“6”及驱动电路输出“14”与“11”之间波形，记录驱动电路的输入、输出延时时间。

t_d=

（5）贝克箝位电路性能测试。

1）不加贝克箝位电路时的 GTR 存储时间测试。GTR 单元的开关 S1 合向“⎍⎍”，将 GTR 单元的输入“1”与“6”分别与 PWM 波形发生器的输出“1”与“2”相连，再分别连接 GTR 单元的“2”、“3”与“5”，“9”与“7”，“14”与“19”，“29”与“21”，以及 GTR

单元的“8”、“11”、“18”与主回路的“4”，GTR 单元的“22”与主回路的“1”，即按照以下说明连线。

GTR ：1 ⇕ PWM：1	GTR：6 ⇕ PWM：2	GTR：3 ⇕ GTR：2 ⇕ GTR：5	GTR：9 ⇕ GTR：7	GTR：8 ⇕ GTR：11 ⇕ GTR：18 ⇕ 主回路：4	GTR：14 ⇕ GTR：19	GTR：29 ⇕ GTR：21	GTR：22 ⇕ 主回路：1

用双踪示波器观察基极驱动信号 u_b（“19”与“18”之间）及集电极电流 i_c（“22”与“18”之间）波形，记录存储时间 t_s。

2）加上贝克箝位电路后的 GTR 存储时间测试。在上述条件下，将 20 与 14 相连，观察与记录 t_s 的变化。

（6）过电流保护性能测试。

在实验 5 接线的基础上接入过电流保护电路，即断开“8”与“11”的连接，将“36”与“21”、“37”与“8”相连，开关 S3 放在“断”位置。

用示波器观察“19”与“18”及“21”与“18”之间波形，将 S3 闭合（即减小比较器的比较电压，以此来模拟采样电阻 R_8 两端电压的增大），此时过电流指示灯亮，并封锁驱动信号。

将 S3 放到断开位置，按复位按钮，过电流指示灯灭，即可继续进行试验。

（7）不同负载时 GTR 开关特性测试。

1）电阻负载时的开关特性测试。GTR 单元的开关 S1 合向“⊓⊓”，将 GTR 单元的输入“1”与“6”分别与 PWM 波形发生器的输出“1”与“2”相连，再分别连接 GTR 单元的“3”与“5”，“9”与“7”，“15”、“16”与“19”，“29”与“21”，以及 GTR 单元的“8”、“11”、“18”与主回路的“4”，GTR 单元的“22”与主回路的“1”，即按照以下说明连线。

GTR ：1 ⇕ PWM：1	GTR：6 ⇕ PWM：2	GTR：3 ⇕ GTR：5	GTR：9 ⇕ GTR：7	GTR：8 ⇕ GTR：11 ⇕ GTR：18 ⇕ 主回路：4	GTR：15 ⇕ GTR：16 ⇕ GTR：19	GTR：29 ⇕ GTR：21	GTR：22 ⇕ 主回路：1

用示波器观察基极驱动信号 i_b（“19”与“18”之间）及集电极电流 i_c（“21”与“18”之间）波形，记录开通时间 t_{on}、存储时间 t_s、下降时间 t_f。

t_{on}=　　μs，t_s=　　μs，t_f=　　μs

2）电阻、电感性负载时的开关特性测试。除了将主回器部分由电阻负载改为电阻、电感性负载以外（即将“1”与“22”断开而将“2”与“22”相连），其余接线与测试方法同上。

t_{on}=　　μs，t_s=　　μs，t_f=　　μs

（8）不同基极电流时的开关特性测试。

1）基极电流较小时的开关过程。断开 GTR 单元“16”与“19”的连接，将基极回路的“15”与“19”相连，主回路的“1”与 GTR 单元的“22”相连，其余接线同上，测量并记录基极驱动信号 i_b（“19”与“18”之间）及集电极电流 i_c（“21”与“18”之间）波形，记录开通时间 t_{on}、存储时间 t_s、下降时间 t_f。

t_{on}= μs，t_s= μs，t_f= μs

2）基极电流较大时的开关过程。将 GTR 单元的“15”与“19”的连线断开，再将“14”与“19”相连，其余接线与测试方法同上。

t_{on}= μs，t_s= μs，t_f= μs

（9）有与没有基极电压时的开关过程比较。

1）没有基极电压时的开关过程测试与上述第 8 项（2）测试方法相同。

2）有基极电压时的开关过程测试。

a．将 GTR 单元的“18”与“11”断开，并将“18”与“17”以及“12”与“11”相连，其余接线与测试方法同上。

t_{on}= μs，t_s= μs，t_f= μs

b．将 GTR 单元的“18”与“17”，“12”与“11”，“14”与“19”断开，将“15”、“16”与“19”、“18”与“11”相连，这时的基极反压系由电容 C_3 两端电压产生，其余接线与测试方法同上。

t_{on}= μs，t_s= μs，t_f= μs

（10）并联缓冲电路性能测试，基极电阻用 R_6，加贝克箝位电路。

1）电阻负载（将主回路“1”与“22”相连）时，不同并联缓冲电路参数时的性能测试。

a. 大电阻、小电容时的缓冲特性。将 GTR 单元的“26”、“27”与“31”相连，“32”与“18”相连，其余接线同上，测量并描绘“21”与“18”及“22”与“18”之间波形（包括 GTR 导通与关断时的波形，下同）。

b. 大电阻、大电容时的缓冲特性。断开 GTR 单元的“26”、“27”与“31”的相连，将“26”、“27”与“30”相连，测量并描绘“21”与“18”及“22”与“18”之间波形。

c. 小电阻小电容时的缓冲特性。断开 GTR 单元的“26”、“27”与“30”的相连，将“26”、“28”与“30”相连，测试方法同上。

d. 小电阻大电容时的缓冲特性。断开 GTR 单元的“26”、“28”与“30”的相连，将“26”、“28”与“31”相连，测试方法同上。

2）电阻、电感负载（主回路“2”与“22”相连）时，不同并联缓冲电路参数时的性能测试。

a. 无并联缓冲时测量“21”与“18”及“22”与“18”之间波形。

b. 加上并联缓冲，即将“26”、“28”与“30”相连，测量“21”与“18”及“22”与“18”之间波形。

（11）串联缓冲电路性能。

1）较大串联电感时的缓冲特性。将主回路的“1”与 GTR 单元的“23”相连，“25”与“22”相连，其余接线同上，测量“21”与“18”及“22”与“18”之间波形。

2）较小串联电感时的缓冲特性。将 GTR 单元的“25”与“22”断开，将“24”与“22”相连，其余接线与测试方法同上。

（12）二极管的反向恢复特性测试。

1）快恢复二极管的恢复特性测试。将主回路的“1”与 GTR 单元的“22”相连，“26”与“34”，“33”、“27”与“30”相连，其余接线同上。观察电阻 R_{11} 两端的波形。

测试条件：调节 PWM 波形发生器的 R_P，脉冲的占空比足够大，使 GTR 的关断时间比集—射极电压 U_{Ce}（即 U_{C4}）上升到稳态值的时间短，这样，在 GTR 关断过程中通过二极管对 C_4 的充电电流还未结束时，GTR 又一次导通，这时即可在采样电阻 R_{11}（为 1Ω）两端观察到反向恢复过程。

2）普通二极管的恢复特性测试。断开 GTR 单元的“26”、“34”的相连，将“35”与“22”，“33”、“27”与“30”相连,其余接线与测试方法同上。

六 实验报告

（1）画出 PWM 波形，列出 PWM 波形发生器 S2 在“通”与“断”位置时的频率 f 与最大、最小占空比。

（2）画出光耦合器在不同输入电阻及带有加速电容时的输入、输出延时时间曲线，探讨能缩短开门、关门延时时间的方法。

（3）列出光耦输入、输出电流，并画出电流传输比曲线。

（4）列出有与没有贝克箝位电路时的 GTR 存储时间 t_s，并说明使用贝克箝位电路能缩短存储时间 t_s 的物理原因以及对贝克箝位二极管 VD1 的参数选择要求。

（5）试说明过流保护电路的工作原理。

（6）画出电阻负载与电阻、电感负载时的 GTR 开关波形，并在图上标出 t_{on}、t_s 与 t_f，并分析不同负载时开关波形的差异。

（7）画出不同基极电流时的开关波形并在图上标出 t_{on}、t_s 与 t_f，并分析理想基极电流的形状，探讨获得理想基极电流波形的方法。

（8）画出有与没有基极反压时的开关波形，分析其对关断过程的影响。试分析实验中所采用的两种基极反压方案的优缺点，你能否设计另一种获得反压的方案？

（9）画出不同负载，不同并联缓冲电路参数时的开关波形，对不同波形的形状从理论上加以说明。

（10）试分析串并联缓冲电路对 GTR 开关损耗的影响。

（11）画出二极管的反向恢复特性曲线，并估算出反向恢复峰值电流值（电源电压为 15V，R_{11}=1Ω），试说明二极管 VD2、VD3 应选用具有何种恢复特性的二极管。

（12）实验的收获，体会与改进意见。

七 思考题

（1）波形发生器中 R_1=160Ω，R_P=1kΩ，R_2=3kΩ，C_1=0.022μF，C_2=0.22μF，试对所测的 f、D_{max}、D_{min} 与理论值作一比较，能否分析一下两者相差的原因？

（2）实验中的光耦为 TLP521，试对实测的开门、关门延时时间与该器件的典型延时时间作一比较，能否分析一下两者相差的原因。

（3）试比较波形发生器输出与驱动电路输出处的脉冲占空比，并分析两者相差的原因，你能否提出一种缩小两者差异的电路方案。

（4）根据实测的光耦电流传输比以及尽量短的开关门延时时间，请对 C_1、R_1 及 R_3 等参数作出选择。

（5）试说明如何正确选用并联缓冲电阻与电容，当 GTR 的最小导通时间已知为 $t_{on(min)}$ 时，你能否列出选择 R、C 应满足的条件？

（6）GTR 的开关特性是指开通与关断过程中集电极电流与基极电流之间的相互变化关系，但因基极电流与集电极电流之间无共地点，因此无法用双踪示波器同时测试。实验中用基极电压来代替基极电流，试分析这种测试方法的优缺点，你能否设计出更好的测试方法?

4.9 功率场效应晶体管（MOSFET）特性与驱动电路实验

一 实验目的

（1）熟悉 MOSFET 主要参数的测量方法。

（2）掌握 MOSFET 对驱动电路的要求。

（3）掌握一个实用驱动电路的工作原理与调试方法。

二 实验内容

（1）MOSFET 主要参数：开启阀值电压 $U_{GS(th)}$、跨导 g_{FS}、导通电阻 R_{ds}、输出特性 $I_D=f(U_{sd})$ 等的测试。

（2）驱动电路的输入、输出延时时间测试。

（3）电阻与电阻、电感性负载时，MOSFET 开关特性测试。

（4）有与没有反偏压时的开关过程比较。

（5）栅—源漏电流测试。

三 实验设备和仪器

（1）NMCL-07 电力电子实验箱中的 MOSFET 与 PWM 波形发生器部分。

（2）双踪示波器、毫安表、电流表、电压表、U 盘（自备）。

四 实验线路

实验接线图如图 4-20 所示。

五 实验方法

1. MOSFET 主要参数测试

（1）开启阀值电压 $U_{GS(th)}$ 测试。

开启阀值电压简称开启电压，是指器件流过一定量的漏极电流时（通常取漏极电流 I_D=1mA）的最小栅源电压。

在主回路的“1”端与 MOS 管的“25”端之间串入毫安表，测量漏极电流 I_D，将主回路的“3”与“4”端分别与 MOS 管的“24”与“23”相连，再在“24”与“23”端间接入电压表，测量 MOS 管的栅源电压 U_{gs}，并将主回路电位器 R_P 左旋到底，使 U_{gs}=0。

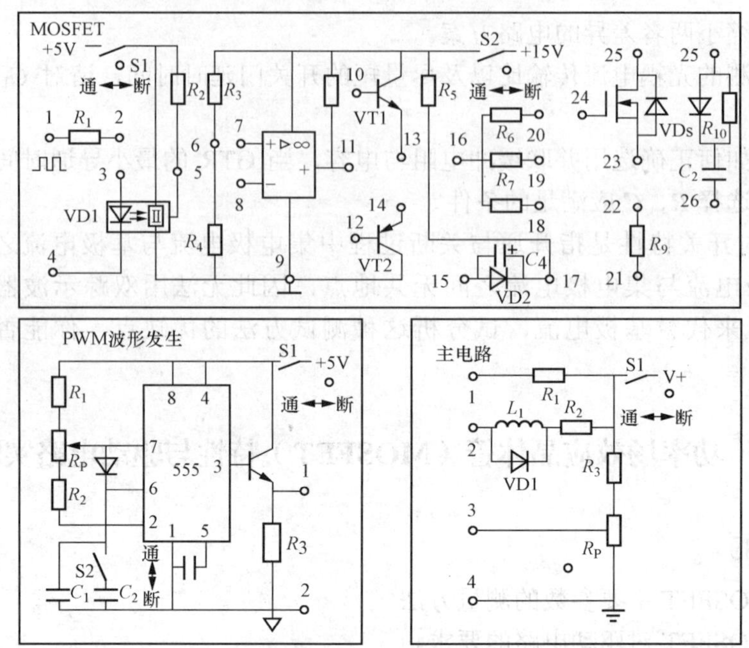

图 4-20　MOSFET 实验电路

将电位器 R_P 逐渐向右旋转，边旋转边监视毫安表的读数，当漏极电流 I_D=1mA 时的栅源电压值即为开启阀值电压 $U_{GS(th)}$。

读取 6～7 组 I_D、U_{gs}，其中 I_D=1mA 必测，填入表 4-11。

表 4-11　　　　　　**$U_{GS(th)}$ 测试记录表**

I_D（mA）				1			
U_{gs}（V）							

（2）跨导 g_{FS} 测试。

双极型晶体管（GTR）通常用 h_{FE}（β）表示其增益，功率 MOSFET 器件以跨导 g_{FS} 表示其增益。

跨导的定义为漏极电流的小变化与相应的栅源电压小变化量之比，即 $g_{FS}=\Delta I_D/\Delta U_{gs}$。

典型的跨导额定值是在 1/2 额定漏极电流和 U_{DS}=15V 下测得，受条件限制，实验中只能测到 1/5 额定漏极电流值。

根据表 4-10 的测量数值，计算 g_{FS}。

（3）转移特性 $I_D=f(U_{gs})$ 测试。

栅源电压 U_{gs} 与漏极电流 I_D 的关系曲线称为转移特性。

根据表 4-11 的测量数值，绘出转移特性。

（4）导通电阻 R_{DS} 测试。

导通电阻定义为 $R_{DS}=U_{DS}/I_D$。

将电压表接至 MOS 管的“25”与“23”两端，测量 U_{DS}，其余接线同上。改变 U_{GS} 从小到大读取 I_D 与对应的漏源电压 U_{DS}，测量 5～6 组数值，填入表 4-12。

表4-12　R_{DS} 测试记录表

I_D（mA）					1			
U_{DS}（V）								

（5）$I_D=f$（U_{SD}）测试。

$I_D=f$（U_{SD}）系指 $U_{GS}=0$ 时的 U_{DS} 特性，它是指通过额定电流时，并联寄生二极管的正向压降。

1）在主回路的“3”端与MOS管的“23”端之间串入安培表，主回路的“4”端与MOS管的“25”端相连，在MOS管的“23”与“25”之间接入电压表，将 R_P 右旋转到底，读取一组 I_D 与 U_{SD} 的值。

2）将主回路的“3”端与MOS管的“23”端断开，在主回路“1”端与MOS管的“23”端之间串入安培表，其余接线与测试方法同上，读取另一组 I_D 与 U_{SD} 的值。

3）将“1”端与“23”端断开，再在主回路“2”端与“23”端之间串入电流表，其余接线与测试方法同上，读取第三组 I_D 与 U_{SD} 的值。

2. 快速光耦6N137输入、输出延时时间的测试

将MOSFET单元的输入“1”与“4”分别与PWM波形发生器的输出“1”与“2”相连，再将MOSFET单元的“2”与“3”、“9”与“4”相连，用双踪示波器观察输入波形（“1”与“4”）及输出波形（“5”与“9”之间），记录开门时间 t_{on}、关门时间 t_{off}。

t_{on}=　　　　，t_{off}=

3. 驱动电路的输入、输出延时时间测试

在上述接线基础上，再将“5”与“8”、“6”与“7”、“10”、“11”与“12”、“13”、“14”与“16”相连，用示波器观察输入“1”与“4”及驱动电路输出“18”与“9”之间波形，记录延时时间 t_{off}。

4. 电阻负载时MOSFET开关特性测试

（1）无并联缓冲时的开关特性测试。在上述接线基础上，将MOSFET单元的“9”与“4”连线断开，再将“20”与“24”、“22”与“23”、“21”与“9”以及主回路的“1”与“4”分别和MOSFET单元的“25”与“21”相连。用示波器观察“22”与“21”以及“24”与“21”之间波形（也可观察“22”与“21”及“25”与“21”之间的波形），记录开通时间 t_{on} 与存储时间 t_s。

t_{on}=　　　　　　　　，t_s=

（2）有并联缓冲时的开关特性测试。在上述接线基础上，再将“25”与“27”、“21”与“26”相连，测试方法同上。

5. 电阻、电感负载时的开关特性测试

（1）有并联缓冲时的开关特性测试。将主回路“1”与MOSFET单元的“25”断开，将主回路的“2”与MOSFET单元的“25”相连，测试方法同上。

（2）无并联缓冲时的开关特性测试。将并联缓冲电路断开，测试方法同上。

6. 有与没有栅极反压时的开关过程比较

（1）无反压时的开关过程。上述所测的即为无反压时的开关过程。

（2）有反压时的开关过程。将反压环节接入试验电路，即断开MOSFET单元的“9”与

“21”的相连，连接“9”与“15”，“17”与“21”，其余接线不变，测试方法同上，并与无反压时的开关过程相比较。

7. 不同栅极电阻时的开关特性测试

电阻、电感负载，有并联缓冲电路。

（1）栅极电阻采用 R_6=200Ω 时的开关特性。

（2）栅极电阻采用 R_7=470Ω 时的开关特性。

（3）栅极电阻采用 R_8=1.2kΩ 时的开关特性。

8. 栅源极电容充放电电流测试

电阻负载，栅极电阻采用 R_6，用示波器观察 R_6 两端波形，记录该波形的正负幅值并保存到U盘中。

9. 消除高频振荡试验

当采用电阻、电感负载，无并联缓冲，栅极电阻为 R_6 时，可能会产生较严重的高频振荡，通常可用增大栅极电阻的方法消除，当出现高频振荡时，可将栅极电阻用较大阻值的 R_8。

六 实验报告

（1）根据所测数据，列出 MOSFET 主要参数的表格与曲线。

（2）列出快速光耦 6N137 与驱动电路的延时时间与波形。

（3）打印出电阻负载，电阻、电感负载，有与没有并联缓冲时的开关波形，并在图上标出 t_{on}、t_{off}。

（4）打印出有与没有栅极反压时的开关波形，并分析其对关断过程的影响。

（5）打印出不同栅极电阻时的开关波形，分析栅极电阻大小对开关过程影响的物理原因。

（6）绘出栅源极电容充放电电流波形，试估算出充放电电流的峰值。

（7）消除高频振荡的措施与效果。

（8）实验的收获、体会与改进意见。

七 思考题

（1）增大栅极电阻可消除高频振荡，是否栅极电阻越大越好，为什么？请你分析一下，增大栅极电阻能消除高频振荡的原因。

（2）从实验所测的数据与波形，请说明 MOSFET 对驱动电路的基本要求有哪一些？能否设计一个实用化的驱动电路？

（3）从理论上说，MOSFET 的开、关时间是很短的，一般为纳秒级，但实验中所测得的开、关时间却要大得多，能否分析一下其中的原因？

4.10 绝缘栅双极型晶体管（IGBT）特性与驱动电路实验

一 实验目的

（1）熟悉 IGBT 主要参数与开关特性的测试方法。

（2）掌握混合集成驱动电路 EXB840 的工作原理与调试方法。

二 实验内容

（1）IGBT 主要参数测试。

（2）EXB840 性能测试。

（3）IGBT 开关特性测试。

（4）过电流保护性能测试。

三 实验设备和仪器

（1）NMCL-07 电力电子实验箱中的 IGBT 与 PWM 波形发生器部分、教学实验台主控制屏。

（2）双踪示波器、毫安表、电压表、电流表、U 盘（自备）。

四 实验线路

实验接线如图 4-21 所示。

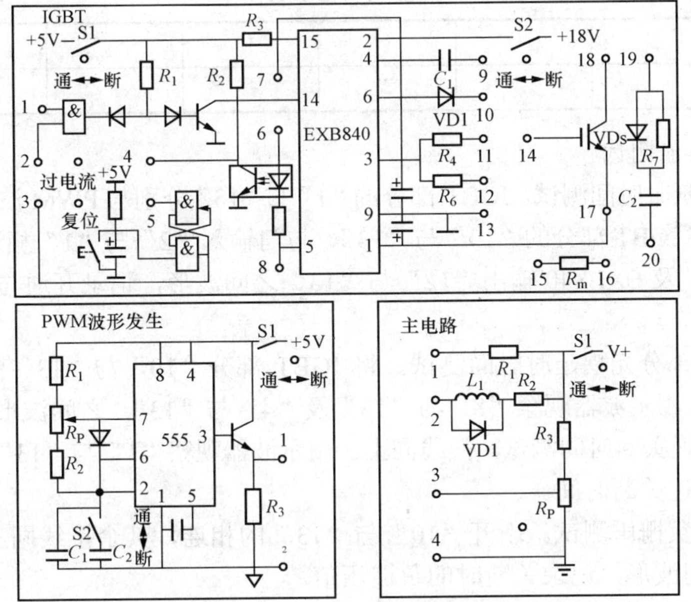

图 4-21 IGBT 实验电路

五 实验方法

1. IGBT 主要参数测试

（1）开启阀值电压 $U_{GS(th)}$ 测试。在主回路的“1”端与 IGBT 的“18”端之间串入毫安表，将主回路的“3”与“4”端分别与 IGBT 管的“14”与“17”端相连，再在“14”与“17”端间接入电压表，并将主回路电位器 R_P 左旋到底。

将电位器 R_P 逐渐向右旋转，边旋转边监视毫安表，当漏极电流 I_D=1mA 时的栅源电压值即为开启阀值电压 $U_{GS(th)}$。

读取 6～7 组 I_D、U_{gs}，其中 I_D=1mA 必测，填入表 4-13。

表 4-13 开启阀值电压 $U_{GS(th)}$ 测试

I_D（mA）				1			
U_{gs}（V）							

（2）跨导 g_{FS} 测试。在主回路的“2”端与 IGBT 的“18”端串入安培表，将 R_P 左旋到底，其余接线同上。

将 R_P 逐渐向右旋转，读取 I_D 与对应的 U_{GS} 值，测量 5～6 组数据，填入表 4-14。

表 4-14 g_{FS} 测试记录表

I_D（mA）				1			
U_{gs}（V）							

（3）导通电阻 R_{DS} 测试。

将电压表接入“18”与“17”两端，其余同上，从小到大改变 U_{GS}，读取 I_D 与对应的漏源电压 U_{DS}，测量 5～6 组数据，填入表 4-15。

表 4-15 R_{DS} 测试记录表

I_D（mA）				1			
U_{gs}（V）							

2. EXB840 性能测试

（1）输入输出延时时间测试。IGBT 部分的“1”与“13”分别与 PWM 波形发生部分的“1”与“2”相连，再将 IGBT 部分的“10”与“13”、与门输入“2”与“1”相连，用示波器观察输入“1”与“13”及 EXB840 输出“12”与“13”之间波形，记录开通与关断延时时间。

t_{on}=　　　　　，t_{off}=

（2）保护输出部分光耦延时时间测试。将 IGBT 部分“10”与“13”的连线断开，并将“6”与“7”相连。用示波器观察“8”与“13”及“4”与“13” 之间波形，记录延时时间。

（3）过电流慢速关断时间测试。接线同上，用示波器观察“1”与“13”及“12”与“13”之间波形，记录慢速关断时间。

（4）关断时的负栅压测试。断开“10”与“13”的相连，其余接线同上，用示波器观察“12”与“17”之间波形，记录关断时的负栅压值。

（5）过流阀值电压测试。断开“10”与“13”，“2”与“1”的相连，分别连接“2”与“3”，“4”与“5”，“6”与“7”，将主回路的“3”与“4”分别和“10”与“17”相连，即按照以下说明连线。

IGBT：17 ⇕ 主回路：4	IGBT：10 ⇕ 主回路：3	IGBT：4 ⇕ IGBT：5	IGBT：6 ⇕ IGBT：7	IGBT：2 ⇕ IGBT：3	IGBT：12 ⇕ IGBT：14

R_P 左旋到底，用示波器观察“12”与“17”之间波形，将 R_P 逐渐向右旋转，边旋转边监视波形，一旦该波形消失时即停止旋转，测出主回路“3”与“4”之间电压值，该值即为过流保护阀值电压值。

（6）4 端外接电容器 C_1 功能测试——供教师研究用。EXB840 使用手册中说明该电容器的作用是防止过流保护电路误动作（绝大部分场合不需要电容器）。

1）C_1 不接，测量“8”与“13”之间波形。

2）“9”与“13”相连时，测量“8”与“13” 之间波形，并与上述波形相比较。

3. 开关特性测试

（1）电阻负载时开关特性测试。将“1”与“13”分别与波形发生器“1”与“2”相连，“4”与“5”，“6”与“7”，“2”与“3”，“12”与“14”，“10”与“18”，“17”与“16”相连，主回路的“1”与“4”分别和IGBT部分的“18”与“15”相连，即按照以下说明连线。

IGBT：1 ⇕ PWM：1	IGBT：13 ⇕ PWM：2	IGBT：4 ⇕ IGBT：5	IGBT：6 ⇕ IGBT：7	IGBT：2 ⇕ IGBT：3	IGBT：12 ⇕ IGBT：14
IGBT：17 ⇕ IGBT：16	IGBT：10 ⇕ IGBT：18	IGBT：15 ⇕ 主回路：4	IGBT：18 ⇕ 主回路：1		

用示波器分别观察“8”与“15”及“14”与“15”的波形，记录开通延迟时间。

（2）电阻、电感负载时开关特性测试。将主回路“1”与“18”的连线断开，再将主回路“2”与“18”相连，用示波器分别观察“8”与“15”及“16”与“15”的波形，记录开通延迟时间。

（3）不同栅极电阻时开关特性测试。将“12”与“14”的连线断开，再将“11”与“14”相连，栅极电阻从R_5＝3kΩ改为R_4=27Ω，其余接线与测试方法同上。

4. 并联缓冲电路作用测试

（1）电阻负载，有与没有缓冲电路时观察“14”与“17”及“18”与“17”之间波形。

（2）电阻、电感负载，有与没有缓冲电路时，观察波形同上。

5. 过电流保护性能测试，栅极电阻用R_4

在上述接线基础上，将“4”与“5”，“6”与“7”相连，观察“14”与“17”之间波形，然后将“10”与“18”之间连线断开，并观察驱动波形是否消失，过电流指示灯是否发亮，待故障消除后，按复位按钮即可继续进行试验。

六 实验报告

（1）根据所测数据，绘出IGBT的主要参数的表格与曲线。

（2）打印出输入、输出及对光耦延时以及慢速关断等波形，并标出延时与慢速关断时间。

（3）打印出所测的负栅压值与过电流阀值电压值。

（4）打印出电阻负载，电阻电感负载以及不同栅极电阻时的开关波形，并在图上标出t_{on}与t_{off}。

（5）打印出电阻负载与电阻、电感负载有与没有并联缓冲电路时的开关波形，并说明并联缓冲电路的作用。

（6）过流保护性能测试结果，并对该过电流保护电路作出评价。

（7）实验的收获、体会与改进意见。

七 思考题

（1）试对由EXB840构成的驱动电路的优缺点作出评价。

（2）在选用二极管VD1时，对其参数有何要求？其正向压降大小对IGBT的过电流保护功能有何影响？

（3）通过 MOSFET 与 IGBT 器件的实验，请你对两者在驱动电路的要求，开关特性与开关频率，有、无反并联寄生二极管，电流、电压容量以及使用中的注意事项等方面作一分析比较。

4.11 直流斩波电路设计实验

一 实验目的

（1）熟悉六种直流斩波电路（Buck Chopper、Boost Chopper、Buck-Boost Chopper、Cuk Chopper、Sepic Chopper、Zeta Chopper）的工作原理。

（2）熟悉六种直流斩波电路的组成及工作情况。

二 实验内容

（1）SG3525 芯片的调试。

（2）斩波电路的连接。

（3）斩波电路的波形观察及电压测试。

三 实验设备及仪器

（1）电力电子教学试验台主控制屏。

（2）MCL-22 组件。

（3）示波器。

（4）万用表。

（5）U 盘（自备）。

四 实验方法

1. 控制与驱动电路 SG3525 性能测试

实验接线如图 4-22 所示。控制电路以 SC3525 为核心构成。SG3525 为美国 Silicon general 公司生产的专用 PWM 控制集成电路，其内部电路结构、各引脚功能及详细的工作原理与性能指标可参阅相关的资料。它采用恒频脉宽调制控制方案，内部包含有精密基准源、锯齿波振荡器、误差放大器、比较器、分频器和保护电路等。调节 R_P 的大小，在 A、B 两端可输出两个幅度相等、频率相等、相位相差、占空比可调的矩形波（即 PWM 信号）。它适用于各开关电源、斩波器的控制。

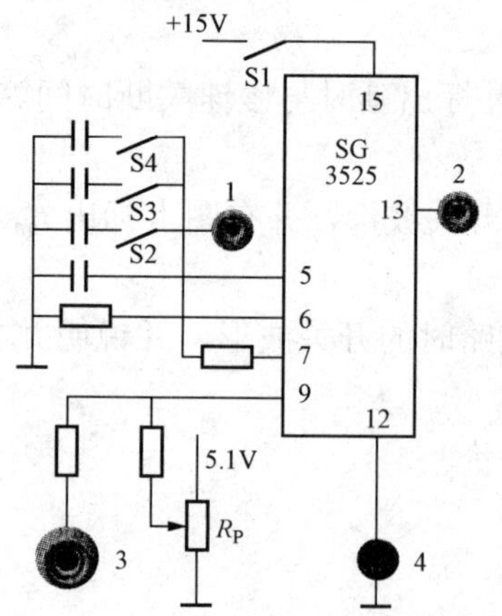

图 4-22 直流斩波电路接线图

先按下开关 S1。

（1）锯齿波周期与幅值测量（分开关 S2、S3、S4 合上与断开时分别测量“1”端）。

（2）输出最大与最小占空比测量。测量“2”端。

注意：下面（2～7）六种电路中任选择一种电路做实验。

2. 降压斩波电路（Buck Chopper）

降压斩波电路的原理图及工作波形如图 4-23 所示。图中 VT 为全控型器件，选用 IGBT。

VD 为续流二极管。当 VT 处于导通状态时，电源U_i向负载供电，$U_D=U_i$。当 VT 处于断开状态时，负载电流经二极管 VD 续流，电压U_D近似为零，至一个周期 T 结束，再驱动 VT 导通，重复上一周期的过程。负载电压的平均值为

$$U_0=\frac{t_{on}}{t_{on}+t_{off}}U_i=\frac{t_{on}}{T}U_i=\alpha U_i \tag{4-7}$$

式中：t_{on} 为 VT 处于通态的时间；t_{off} 为 VT 处于断态的时间；T 为开关周期；α 为导通占空比，简称占空比或导通比。由此可知，输出到负载的电压平均值U_0最大为U_i。若减小占空比 α，则U_0随之减小，由于输出电压低于输入电压，故称该电路为降压斩波电路。

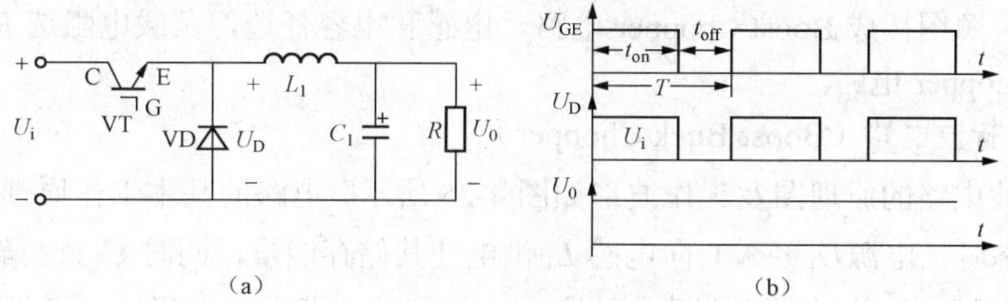

图 4-23 降压斩波电路原理及波形图

（a）电路图；（b）波形图

（1）连接电路。将 UPW（脉宽调制器）的输出端“2”端及地端接到斩波电路中 IGBT 管 VT 的 G 端和 E 端，分别将斩波电路的“1”与“3”，“4”与“12”，“12”与“5”，“6”与“14”，“15”与“13”，“13”与“2”相连，照面板上的电路图接成 Buck Chopper 斩波器。

（2）观察负载电压波形。经检查电路无误后，按下开关 S1、S8，用示波器观察 VD1 两端“12”、“13”孔之间电压，调节 UPW 的电位器 R_P，即改变触发脉冲的占空比，观察负载电压的变化，并记录电压波形到 U 盘中。

（3）观察负载电流波形。用示波器观察并记录负载电阻 R_4 两端波形。

（4）改变脉冲信号周期。在 S2、S3、S4 合上与断开多种情况下，重复步骤（2）、（3）。

（5）改变电阻、电感参数。可将几个电感串联或并联以达到改变电感值的目的，也可改变电阻，观察并记录改变电路参数后的负载电压波形与电流波形，并分析电路工作状态。

3. 升压斩波电路（Boost Chopper）

升压斩波电路的原理图及工作波形如图 4-24 所示。电路也使用一个全控型器件 VT。当 VT 处于通态时，电源U_i向电感 L_1 充电，充电电流基本恒定为I_1，同时电容 C_1 上的电压向负载供电，因 C_1 值很大，基本保持输出电压U_0为恒值。设 VT 处于通态的时间为t_{on}，此阶段电感 L_1 上积累的能量为$U_iI_1t_{on}$。当 VT 处于断态时U_i和 L_1 共同向电容 C_1 充电，并向负载提供能量。

设 VT 处于断态的时间为t_{off}，则在此期间电感 L_1 释放的能量为$(U_0-U_i)I_1t_{off}$。当电路工作于稳态时，一个周期 T 内电感 L_1 积蓄的能量与释放的能量相等，即

$$U_iI_1t_{on}=(U_0-U_i)I_1t_{off} \tag{4-8}$$

$$U_0=\frac{t_{on}+t_{off}}{t_{on}}U_i=\frac{T}{t_{off}}U_i \tag{4-9}$$

式（4-9）中的 $T/t_{off}\geqslant 1$，输出电压高于电源电压，故称该电路为升压斩波电路。

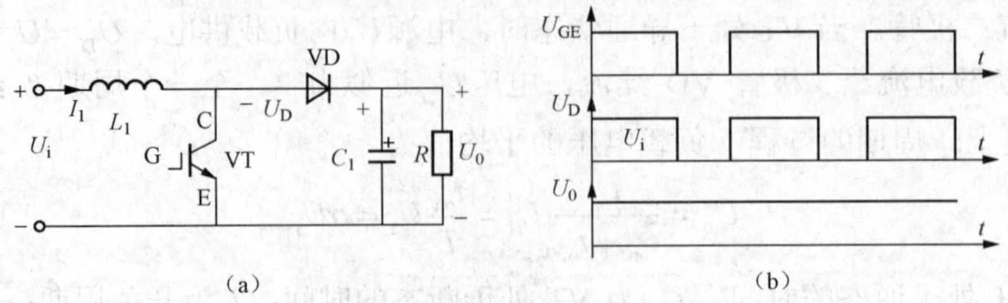

图 4-24　升压斩波电路原理及波形图

（a）电路图；（b）波形图

实验过程：照图接成 Boost Chopper 电路。电感和电容任选，负载电阻选 R_4 或 R_6。实验步骤同 Buck Chopper 电路。

4. 升降压斩波电路（Boost-Buck Chopper）

升降压斩波电路的原理图及工作波形如图 4-25 所示。电路的基本工作原理是：当可控开关 VT 处于通态时，电源 U_i 经 VT 向电感 L_1 供电使其储存能量，同时 C_1 维持输出电压 U_0 基本恒定并向负载供电。此后 VT 关断，电感 L_1 中储存的能量向负载释放。可见负载电压为上负下正，与电源电压极性相反。输出电压为

$$U_0=\frac{t_{on}}{t_{off}}U_i=\frac{t_{on}}{T-t_{on}}U_i=\frac{\alpha}{1-\alpha}U_i \tag{4-10}$$

若改变导通比 α，则输出电压可以比电源电压高，也可以比电源电压低。

当 $0<\alpha<0.5$ 时为降压，当 $0.50<\alpha<1$ 时为升压。

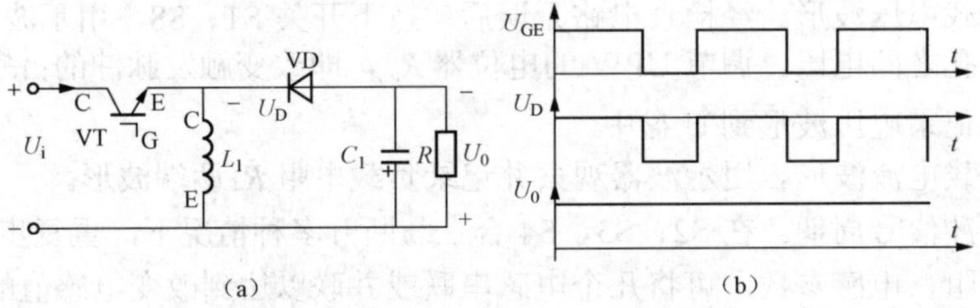

图 4-25　升降压斩波电路原理及波形图

（a）电路图；（b）波形图

实验过程：照图接成 Buck-Boost Chopper 电路。电感和电容任选，负载电阻选 R_4 或 R_6。实验步骤同 Buck Chopper 电路。

5. Cuk 斩波电路（Cuk Chopper）

Cuk 斩波电路的原理图如图 4-26 所示。电路的基本工作原理是：当可控开关 VT 处于通态时，U_i-L_1-VT 回路和负载 R-L_2-C_2-VT 回路分别流过电流。当 VT 处于断态时，U_i-L_1-C_2-VD 回路和负载 R-L_2-VD 回路分别流过电流，输出电压的极性与电源电压极性相反，输出电压为

$$U_0=\frac{t_{on}}{t_{off}}U_i=\frac{t_{on}}{T-t_{on}}U_i=\frac{\alpha}{1-\alpha}U_i \tag{4-11}$$

若改变导通比 α，则输出电压可以比电源电压高，也可以比电源电压低。

当 $0<\alpha<0.5$ 时为降压，当 $0.50<\alpha<1$ 时为升压。

实验过程：照图接成 Cuk Chopper 电路。电感和电容任选，负载电阻选 R_4 或 R_6。实验步骤同 Buck Chopper 电路。

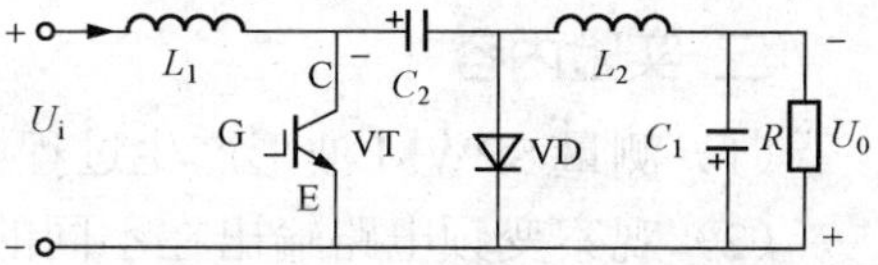

图 4-26 Cuk 斩波电路原理图

6. Sepic 斩波电路（Sepic Chopper）

Sepic 斩波电路的原理图如图 4-27 所示。电路的基本工作原理是：可控开关 VT 处于通态时，U_i-L_1-VT 回路和 C_2-VT-L_2 回路同时导电，L_1 和 L_2 储能。当 VT 处于断态时，U_i-L_1-C_2-VD-R 回路和 L_2-VD-R 回路同时导电，此阶段 U_i 和 L_1 既向 R 供电，同时也向 C_2 充电，C_2 储存的能量在 VT 处于通态时向 L_2 转移，输出电压为

$$U_0=\frac{t_{\text{on}}}{t_{\text{off}}}U_i=\frac{t_{\text{on}}}{T-t_{\text{on}}}U_i=\frac{\alpha}{1-\alpha}U_i \tag{4-12}$$

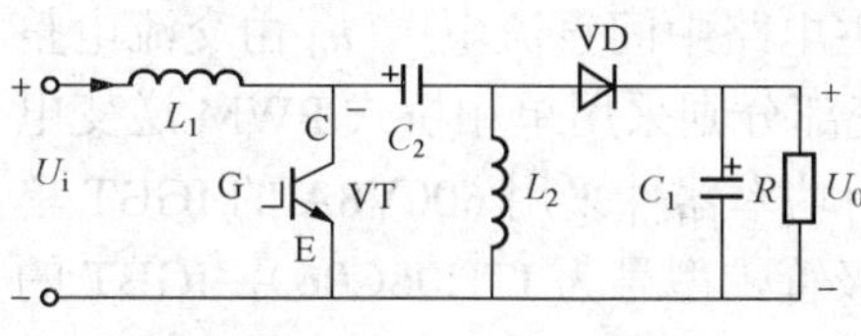

图 4-27 Sepic 斩波电路原理图

若改变导通比 α，则输出电压可以比电源电压高，也可以比电源电压低。

当 $0<\alpha<0.5$ 时为降压，当 $0.50<\alpha<1$ 时为升压。

实验过程：照图接成 Sepic Chopper 电路。电感和电容任选,负载电阻选 R_4 或 R_6。

实验步骤同 Buck Chopper 电路。

7. Zeta 斩波电路（Zeta Chopper）

Zeta 斩波电路的原理图如图 4-28 所示。电路的基本工作原理是：当可控开关 VT 处于通态时电源 U_i 经开关 VT 向电感 L_1 储能。当 VT 处于断态后，L_1 经 VD 与 C_2 构成振荡回路，其储存的能量转至 C_2，至振荡回路电流过零，L_1 上的能量全部转移至 C_2 上之后，VD 关断，C_2 经 L_2 向负载 R 供电。输出电压为

$$U_0=\frac{\alpha}{1-\alpha}U_i \tag{4-13}$$

若改变导通比 α，则输出电压可以比电源电压高，也可以比电源电压低。

当 $0<\alpha<0.5$ 时为降压，当 $0.50<\alpha<1$ 时为升压。

实验过程：照图接成 Zeta Chopper 电路。电感和电容任选，负载电阻选 R_4 或 R_6。实验步骤同 Buck Chopper 电路。

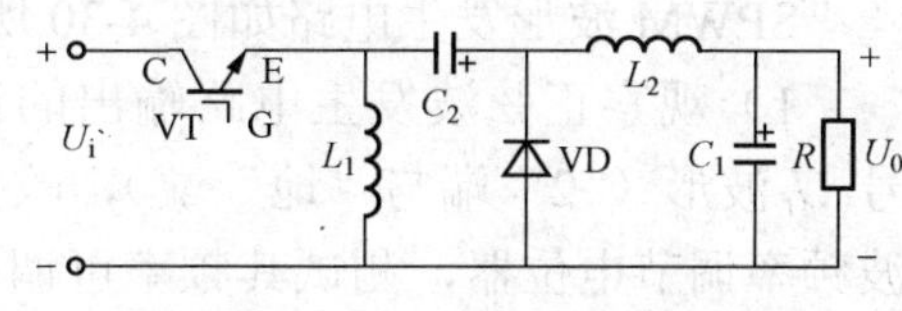

图 4-28 Zeta 斩波电路原理图

五 实验报告

打印实验过程的各种波形并作简要分析和说明。

4.12 单相交直交变频电路实验

一 实验目的

熟悉单相交直交变频电路的组成，重点熟悉其中的单相桥式 PWM 逆变电路中元器件的作用、工作原理，对单相交直交变频电路在电阻负载、电阻电感负载时的工作情况及其波形作全面分析，并研究工作频率对电路工作波形的影响。

二 实验内容

（1）测量 SPWM 波形产生过程中的各点波形。

（2）观察变频电路输出在不同的负载下的波形。

三 实验设备及仪器

（1）电力电子及电气传动主控制屏、NMCL-16 组件。

（2）电阻、电感元件（NMEL-03、700mH 电感）。

（3）双踪示波器、万用表。

四 实验原理

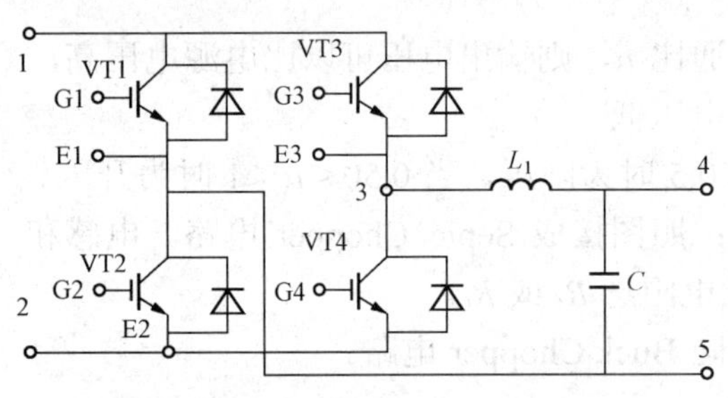

图 4-29 单相交直交变频电路

单相交直交变频电路的主电路如图 4-29 所示。本实验中主电路中间直流电压 u_d 由交流电整流而得，而逆变部分则采用单相桥式 PWM 逆变电路。逆变电路中功率器件采用 600V8A 的 IGBT 单管（含反向二极管，型号为 ITH08C06），IGBT 的驱动电路采用美国国际整流器公司生产的大规模 MOSFET 和 IGBT 专用驱动集成电路 1R2110，控制电路如图 4-29 所示，以单片集成函数发生器 ICL8038 为核心组成，生成两路 PWM 信号，分别用于控制 VT1、VT4 和 VT2、VT3 两对 IGBT。ICL8038 仅需很小的外部元件就可以正常工作，用于发生正弦波、三角波、方波等，频率范围为 0.001～500kHz。

五 实验方法

（1）SPWM 波形的观察。

SPWM 波形发生电路如图 4-30 所示。

1）观察正弦波发生电路输出的正弦信号 U_r 波形（“2”端与“地”端），改变正弦波频率调节电位器，测试其频率可调范围。

2）观察三角形载波 U_c 的波形（“1”端与“地”端），测出其频率，并观察 U_c 和 U_2 的对应关系。

3）观察经过三角波和正弦波比较后得到的 SPWM 波形（“3”端与“地”端），并比较“3”端和“4”端的相位关系。

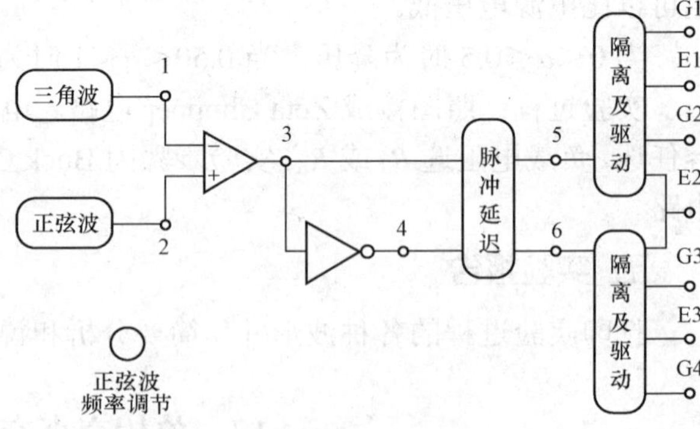

图 4-30 SPWM 波形发生

4）观察对 VT1、VT2 进行控制的 SPWM 信号（“5”端与“地”端）和对 VT3、VT4 进行控制的 SPWM 信号（“6”端与“地”端），仔细观察“5”端信号和“6”端信号之间的互锁延迟时间。

（2）驱动信号观察。在主电路不接通电源情况下，S3 按钮开关打向“OFF”，分别将 SPWM 波形发生电路的 G1、E1、G2、E2、G3、E3、G4 和“单相交直交变频电路”的对应端相连。经检查接线正确后，S3 按钮开关打向“ON”，对比 VT1 和 VT2 的驱动信号、VT3 和 VT4 的驱动信号，仔细观察同一相上、下两管驱动信号的波形、幅值以及互锁延迟时间。

（3）S3 按钮开关打向“OFF”，分别将“主电源 2”的输出端“1”和“单相交直交变频电路”的“1”端相连，“主电源 2”的输出端“2”和“单相交直交变频电路”的“2”端相连，将“单相交直交变频电路”的“4”、“5”端分别串联 MEL-03 电阻箱（将一组 900Ω/0.41A 并联，然后顺时针旋转调至阻值最大约 450Ω）和直流电流表（将量程切换到 2A 挡）。经检查无误后，S3 按钮开关打向“ON”，合上主电源（调节负载电阻阻值使输出负载电压波形达到最佳值，电阻负载阻值在 90～360Ω 时波形最好）。

（4）当负载为电阻时，观察负载电压的波形，记录其波形、幅值、频率。在正弦波 U_r 的频率可调范围内，选择多组 U_r 的频率，记录相应的负载电压、波形、幅值和频率。

（5）当负载为电阻电感时，观察负载电压和负载电流的波形。

六 注意事项

（1）“输出端”不允许开路，同时最大电流不允许超过“1A”。

（2）注意电源要使用“主电源 2”的“15V”电压，其他同“直流斩波”电路相同。

七 实验报告

（1）绘制完整的实验电路原理图。

（2）电阻负载时，列出数据和波形，并进行讨论分析。

（3）电阻电感负载时，列出数据和波形，并进行讨论及分析。

（4）分析说明实验电路中的 PWM 控制是采用同步调制还是异步调制。

（5）为使输出波形尽可能的接近正弦波，可以采取什么措施？

（6）分析正弦波与三角波之间不同载波比情况下的负载波形，理解改变载波比对输出功率管和输出波形的影响。

4.13 半桥型开关稳压电源的性能实验

一 实验目的

熟悉典型开关电源电路的结构、元器件和工作原理，要求主要了解以下内容。

（1）主电路的结构和工作原理。

（2）PWM 控制电路的原理和常用集成电路。

（3）驱动电路的原理和典型的电路结构。

二 实验内容

（1）SG3525 的输出波形观察。

（2）半桥电路中各点波形的观察。

三 实验设备及仪器

（1）电力电子及电气传动教学实验台主控制屏、NMCL-16 组件。

（2）双踪示波器、万用表。

四 实验方法

半桥型开关稳压电源如图 4-31 所示。

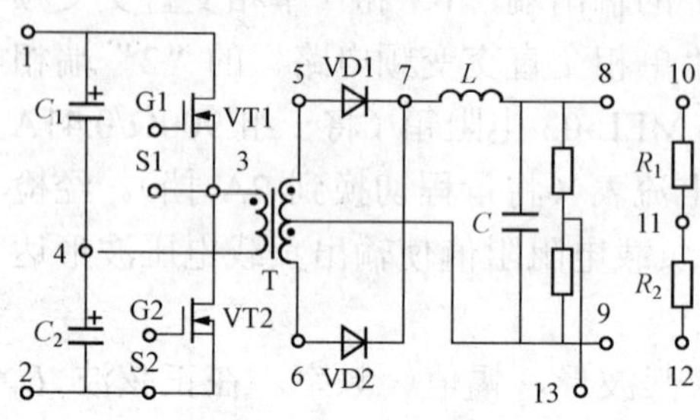

图 4-31 半桥型开关稳压电源

（1）SG3525 的调试。将开关 S1 打向“半桥电源”，分别连接“5”和“6”端，以及“9”端和“10”端，“3”端和“4”端，用示波器分别观察锯齿波输出（“1”端）和 A、B 两路 PWM 信号的波形（分别为“5”端和“9”端对地波形），并记录波形、频率和幅值，调节“脉冲宽度调节”电源器，记录其占空比可调范围。

（2）断开主电路和控制电路的电源，分别将“PWM 波形发生”的“7”、“8”和“半桥型开关稳压电源”的 G1、S1 端相连，将 PWM 波形发生的“11”、“12”端和“半桥型开关稳压电源”的 G2、S2 端相连。经检查接线无误后，将按钮开关 S2 打向“ON”，分别观察两个 MOSFET 管 VT1、VT2 的栅极 G 和源极 S 间的电压波形，记录波形，周期、脉宽、幅值及上升、下降时间。

（3）断开主电路和控制电路的电源，分别将“主电源 1”的“1”端、“2”端与“半桥型开关稳压电源”的“1”、“2”端相连，然后合上控制电源以及主电源（注意：一定要先加控制信号，后加主电源否则极易烧毁“主电源 1”的熔丝），用示波器分别观察两个 MOSFET 的栅源电压波形和漏源电压波形，记录波形、周期、脉宽和幅值，特别注意：不能用示波器同时观察两个 MOSFET 的波形，否则会造成短路，严重损坏实验设备。

（4）分别将“半桥型开关稳压电源”的“8”、“10”端相连，“9”、“12”端相连（负载电阻为 33Ω），记录输出整流二极管阳极和阴极间的电压波形（“5”和“7”端之间，以及“6”端和“7”端间）记录波形、周期、脉宽以及幅值，观察输出电源电压 u_0 中的波形（“12”端和“10”端间），记录波形、幅值，并观察主电路中变压器 T 的一次侧电压波形（“3”端和“4”端）以及二次侧电压波形（“5”端和“9”端间，“6”端和“9”端间），记录波形、周期、脉宽和幅值。

（5）断开“9”和“12”之间的连线，连接“9”和“11”（负载电阻为 3Ω），重复（4）的实验内容。

特别注意：用示波器同时观察两个二极管电压波形时，要注意示波器探头的共地问题，否则会造成短路，并严重损坏实验装置。

（6）断开“PWM 波形发生”的“3”、“4”两点间连线，将“半桥型开关稳压电源”的“13”端连至“半桥型稳压电源”的“2”端，并将“半桥型稳压电源”的“9”端和“PWM 波形发生”的地端相连，调节“脉冲宽度调节”电位器，使“半桥型开关稳压电源”的输出端（“8”和“9”端间）电压为 5V，然后断开“9”、“11”端连线，连接“9”、“12”端（负载电阻改变至 33Ω），测量输出电压 U_2 的值，计算负载调整率

$$\Delta U = \frac{U_2 - 5}{U_2} \times 100\%$$

五 注意事项

（1）“半桥型开关稳压电源”接好连线后，一定要先加控制信号，然后接通主电源。

（2）做闭环稳压实验的时候一定要断开“PWM 波形发生”的“3”、“4”两点之间的连线。

六 实验报告

（1）根据记录的变压器一次侧、二次侧波形，计算变压器电压比。

（2）分析负载变化对电路工作的影响。

（3）分析本实验电路输出稳压的原理。

（4）用示波器同时观察 VT1 和 VT2 的漏源电压波形会产生什么后果？试详细分析。

（5）若要同时观察 VD1 和 VD2 阳极、阴极间的电压波形，示波器的探头应当怎样连接？错误的接法会产生什么后果？试详细分析。

第5章 电力电子技术课程设计

5.1 电力电子课程设计目的和要求

5.1.1 电力电子课程设计目的

通过电力电子技术的课程设计达到以下几个目的。

（1）培养学生文献检索的能力，特别是如何利用 Internet 检索需要的文献资料。

（2）培养学生综合分析问题、发现问题和解决问题的能力。

（3）培养学生运用知识的能力和工程设计的能力。

（4）提高学生课程设计报告撰写水平。

5.1.2 电力电子课程设计的要求

设计过程中的具体要求如下：

（1）在整个设计中要注意培养灵活运用所学的电力电子技术知识和创造性的思维方式以及创造能力。

要求具体电路方案的选择必须有论证说明，要说明其有哪些特点。主电路具体电路元器件的选择应有计算和说明。课程设计从确定方案到整个系统的设计，必须在检索、阅读及分析研究大量的相关文献的基础上，经过剖析、提炼，设计出所要求的电路（或装置）。

课程设计中要不断提出问题，并给出这些问题的解决方法和自己的研究体会。(注意：所确定的主电路方案如果没有论证说明，成绩不能得优；设计报告最后给出设计中所查阅的参考文献最少不能少于5篇，且文中有引用说明，否则也不能得优)

（2）在整个设计中要注意培养独立分析和独立解决问题的能力。

要求学生在教师的指导下，独力完成所设计的系统主电路、控制电路等详细的设计（包括计算和器件选型）。严禁抄袭，严禁两篇设计报告基本相同，甚至完全一样。

（3）课题设计的主要内容是主电路的确定、主电路的分析说明、主电路元器件的计算和选型，以及控制电路设计。

报告最后给出所设计的主电路和控制电路标准电路图（最好用电子 CAD 绘制）。

（4）课程设计用纸和格式统一。

1）A4 纸打印（页边距：上下左右各留 1.8cm）。

2）大标题：3 号字。

3）小标题：4 号字。

4）正文：小 4 号字。

5）要求图表规范，文字通顺，逻辑性强，报告字数不少于 6000 字。

5.2　电力电子课程设计选题

5.2.1　选题方向

方向 1：单相可控整流技术的工程应用。

方向 2：三相可控整流技术的工程应用。

方向 3：降压斩波变换技术的工程应用。

方向 4：升压斩波变换技术的工程应用。

方向 5：交流调压或交流调功技术的工程应用。

方向 6：变频技术的工程应用。

方向 7：有源逆变技术的工程应用。

方向 8：无源逆变技术的工程应用。

5.2.2　电力电子电路仿真

课题一：单相半波整流电路的仿真。

课题二：单相桥式可控整流电路的仿真。

课题三：三相半波整流电路的仿真。

课题四：三相桥式可控整流电路的仿真研究。

课题五：直流斩波电路的仿真。

课题六：单相交流调压电路的仿真。

课题七：直流电动机调速电路的仿真。

课题八：晶闸管触发组件的设计。

详细内容参见第 12 章相关内容。

5.2.3　选题注意事项

（1）所立题目必须是某一电力电子装置或电路的设计，题目难度和工作量要适应在一周半内完成，题目要结合工程实际。学生也可以选择规定题目方向外的其他电力电子装置设计，如开关电源、镇流器、UPS 电源等。

（2）通过图书馆和 Internet 广泛检索和阅读自己要设计的题目方向的文献资料，确定适应自己的课程设计题目。自立题目后，首先要明确自己课程设计的设计内容。要给出所要设计装置（或电路）的主要技术数据（如输入要求、输出要达到的目标、装置容量的大小以及装置要具有哪些功能）。

【例 5-1】 直流电动机调压调速可控整流电源设计。

（1）主要技术数据。

1）输入交流电源：三相 380V±10%，f=50Hz。

2）直流输出电压：0～220V，50～220V 范围内，直流输出电流额定值 100A。

3）直流输出电流连续的最小值为 10A。

（2）设计内容。

1）整流电路的选择。

2）整流变压器额定参数的计算。

3）晶闸管电流、电压额定的选择。

4）平波电抗器电感值的计算。

5）保护电路的设计。

6）触发电路的设计。

7）画出完整的主电路原理图和控制电路原理图。

8）列出主电路所用元器件的明细表。

5.3 电力电子课程设计的内容

明确设计任务，对所要设计的任务进行具体分析，充分了解系统性能、指标内容及要求。

5.3.1 总体设计方案的确定

根据任务书的要求及相关原理设计出总体的解决方案。

在进行设计的时候要遵循以下原则。

（1）达到性能要求。

（2）经济性好（要充分考虑到一次投资和二次投资情况）。

（3）追求高性能价格比。

（4）高可靠性。

（5）维护维修方便。

5.3.2 具体设计

具体设计包括主电路设计和控制电路设计，要分别进行单元电路的设计、参数计算、器件选择、绘制电路原理图等工作。

5.4 电力电子课程设计实例

本节以一个具体的实例来说明电力电子课程设计过程中需要做的主要工作。课程设计题目为降压型 PWM AC-DC 开关电源设计，主要内容为设计一款降压型 PWM AC-DC 开头电源，设计参数如下。

（1）输入参数。

电压：三相交流 220V。

电压变动范围：±10%。

频率：50Hz±5Hz。

（2）输出参数。

输出直流电压：24V。

输出功率：200W。

（3）基本设计要求。

1）设计主电路。

2）设计控制电路和保护电路。

3）计算主电路电力电子器件参数。

4）绘制主电路、控制电路和保护电路图。

5）绘制完整的电路图。

要完成该题目的课程设计，主要要做以下一些工作：确定总体方案及基本原理，进行主电路设计，进行控制电路设计，设计完成后对设计结果的分析等。

5.4.1　电路总体设计方案及相关原理

如图 5-1 所示，220V 交流经过整流及滤波之后得到直流电压，送入 DC-DC 进行降压斩波，由 PWM 控制斩波电路 IGBT 的通断，调节直流电压占空比，再经过 LC 滤波之后就能得到所需要的 24V 直流电。为达到稳压输出目的，对输出直流进行采样，经比较放大后再去调节 PWM 控制脉冲的宽度，形成一个闭环控制。

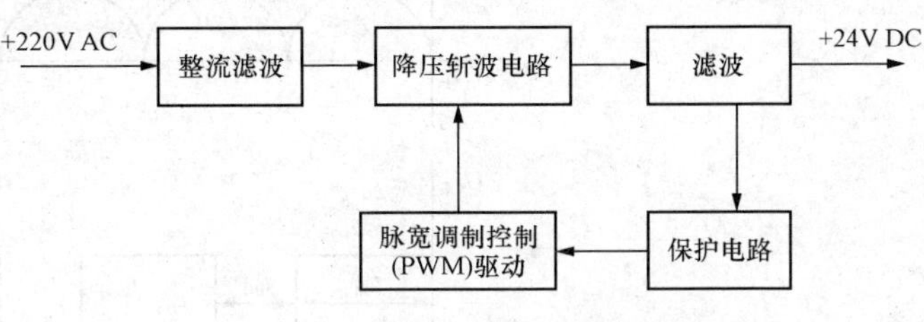

图 5-1　AC-DC 开关电源原理图

5.4.2　主电路的总体设计

如图 5-2 所示，主电路的工作是实现对交流的整流以及对整流之后直流的降压及滤波三项工作。

整流电路工作波形如图 5-3 所示。

将整输出的直流送入降压斩波电路，通过 PWM 输出来调节直流电压输出使其达到要求输出的直流电压值。其设计如图 5-4 所示。

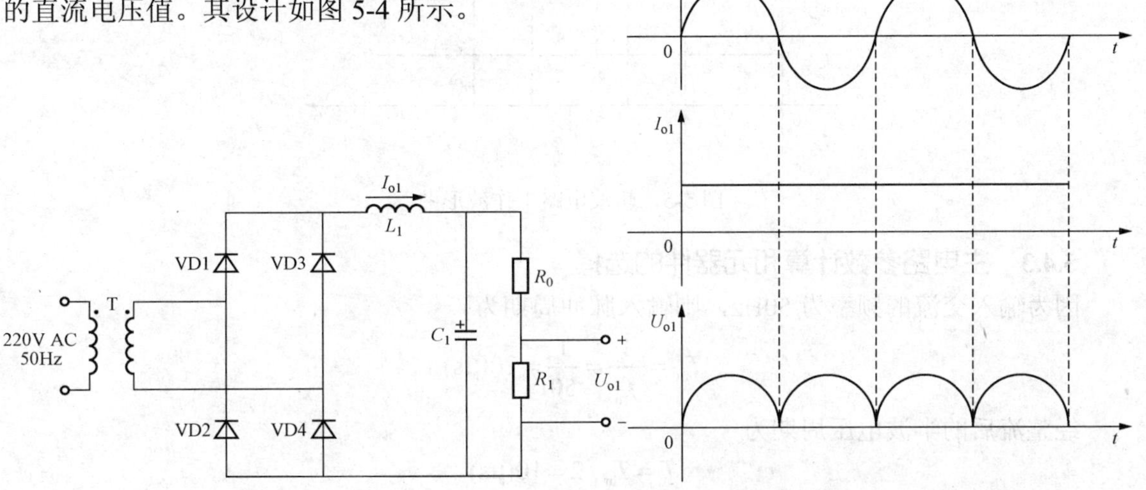

图 5-2　主电路图　　图 5-3　整流电路工作波形图

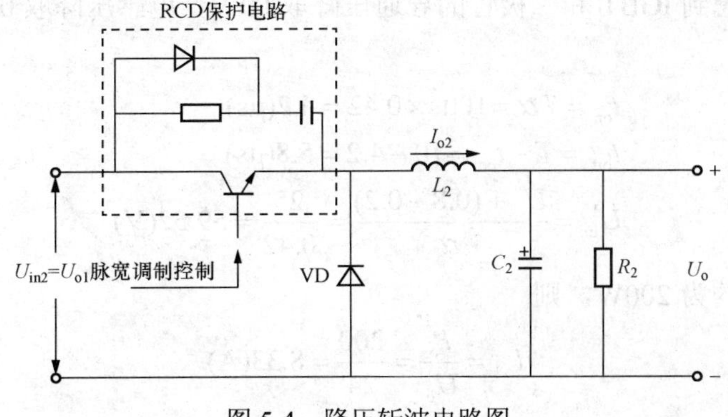

图 5-4　降压斩波电路图

RCD 保护电路用来缓冲 IGBT 在高频工作关断时因正向电流迅速降低时由线路电感在器件两端产生的过电压。斩波电路工作波形图如图 5-5 所示。

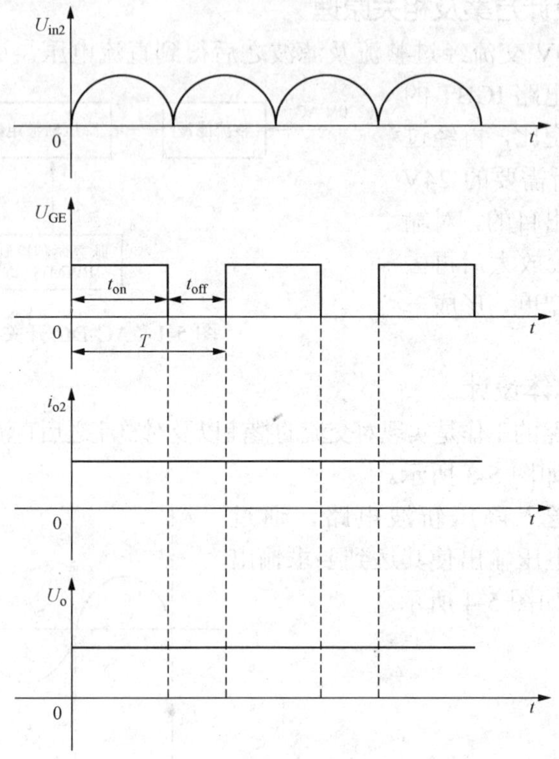

图 5-5　斩波电路工作波形图

5.4.3　主电路参数计算和元器件的选择

因为输入交流的频率为 50Hz，则输入脉冲周期为

$$T_{in} = \frac{1}{f_{in}} = \frac{1}{50} = 20(\mu s)$$

经整流后的半波电压周期为

$$T = T_{in} / 2 = 10(\mu s)$$

设计输出要求为直流 24V，功率约为 200W，则其电流为 8A。占空比通常取 0.4～0.45，该电路取 0.42，考虑到 IGBT 和二极管的导通压降取 0.8V，电感压降取 0.2V。可以进行下列计算

$$t_{on} = T\alpha = 10\mu s \times 0.42 = 4.2(\mu s)$$

$$t_{off} = T - t_{on} = 10 - 4.2 = 5.8(\mu s)$$

$$U_{in} = \frac{U_o + (0.8 + 0.2)}{\alpha} = \frac{25}{0.42} = 59.52(V)$$

设计输出功率约为 200W，则

$$I_{o2} = \frac{P_o}{U_o} = \frac{200}{24} = 8.33(A)$$

$$R_2 = \frac{U_o}{I_{o2}} = \frac{24}{8.33} = 2.88(\Omega)$$

又因为$U_{in2} = U_{o1}$，确定电阻 R_1＝100Ω，一次与二次侧绕组匝数比 N_1/N_2＝2，可以确定整流滤波电路中的回路电流及分压电阻 R_0 为

$$I_{o1} = \frac{U_{in2}}{R_1} = \frac{59.52}{100} = 0.5952(A)$$

$$R_o = \frac{\frac{1}{2}U_{in} - U_{in2} - 2\times 0.8 - 0.2}{I_{o1}} = \frac{110 - 59.52 - 1.8}{0.5952} = 81.8(\Omega)$$

整流电路中的四个二极管 VD1、VD2、VD3、VD4，它们承受的反向最大峰值电压为输入电压 U_{in} 最大值的一半，约为 77.8V；流过的最大平均电流约为 0.5952A，因此可以选择正向平均电流大于 0.62A，反向重复峰值电压 U_{rrm} 大于 156V 的电力二极管来构成整流桥。

对于斩波电路中的电力二极管 VD，其承受的最大反向重复峰值电压约为 84.2V，最大正向平均电流约为 8.33A，因此可以选择正向平均电流大于 8.5A，反向重复峰值电压 U_{rrm} 大于 169V 的电力二极管作为续流二极管。

斩波电路中的 IGBT，集射极承受的最大电压 U_{ce} 约为 84.2V，流过的最大电流约为 8.33A，则最大耗散功率约为 701.2W。因此可选择最大集射极间电压大于 85V，最大集电极电流大于 8.5A，最大集电极功耗大于 723W 的 IGBT 管。

综上计算的参数，主电路器件选择如下。

（1）电力二极管和 IGBT 管选择导通压降和电感压降分别为 0.8V 和 0.2V。

（2）整流滤波部分电路：

一次和二次侧线圈匝数比 N_1/N_2=2；

输入电压：AC-220V；

输出电压：DC-59.52V；

回路电流均值：0.5952A；

电阻 R_0：81.8Ω；

电阻 R_1：100Ω；

电力二极管 VD1、VD2、VD3、VD4：正向平均电流≥0.62A，反向重复峰值电压 $U_{rrm} \geqslant 156V$。

（3）降压斩波电路：

输入电压：DC-59.52V；

输出电压：DC-24V；

回路电流均值（输出电流）：8.33A；

输出功率：200W；

电阻 R_2：2.88Ω；

占空比α：0.42；

电力二极管：正向平均电流≥8.5A，反向重复峰值电压 $U_{rrm} \geqslant 169V$；

IGBT：最大集射极间电压大于 $U_{ces} \geqslant 85V$，最大集电极电流大于 $I_c \geqslant 8.5A$，最大集电极

功耗 $P_{cm} \geqslant 723W$ 。

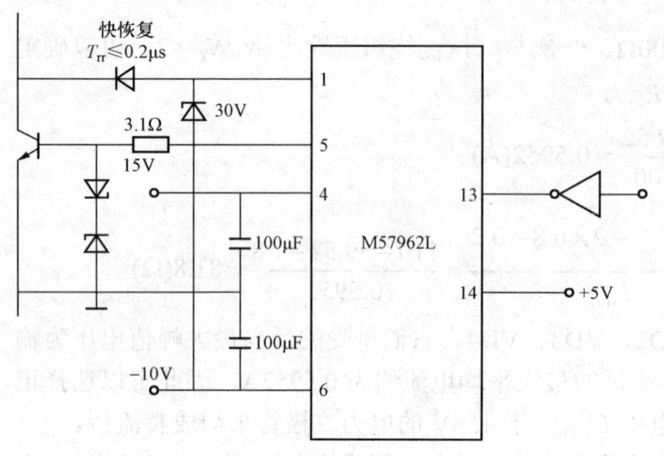

图 5-6 控制和驱动电路图

5.4.4 控制电路、驱动电路及保护电路设计

1. 控制电路及驱动电路设计

本设计开关电源的控制及驱动电路的核心为三菱公司的M579系列驱动器。其电路如图5-6所示。

该集成驱动器内部包含检测电路、定时及复位电路和电气隔离环节，可在发生过电流时快速响应但慢速关断IGBT。输出的正驱动电压为 15V，负载驱动电路为－10V。

2. 保护电路设计

本设计主要需要对IGBT在导通时采取 di/dt 保护和在关断时采取过电压保护，可选择复合缓冲电路作为IGBT的保护电路，其电路图如图5-7所示。

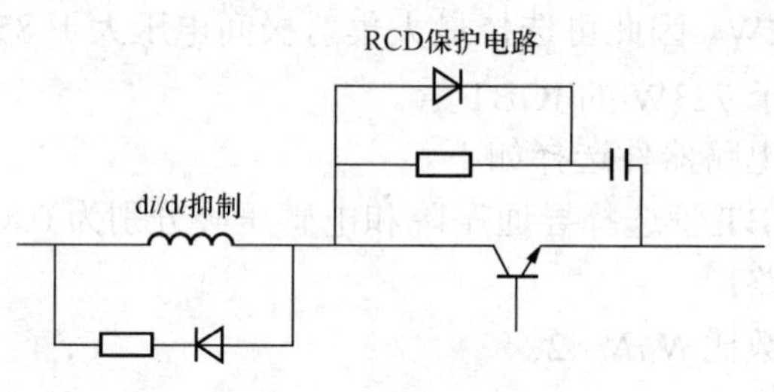

图 5-7 保护电路图

下篇　电机与电力电子仿真

第 6 章　MATLAB　概　述

6.1　MATLAB 语言简介

20 世纪 70 年代中期，Cleve Moler 博士和其同事在美国国家科学基金的资助下开发了调用 EISPACK（基于特征值计算的软件包）和 LINPACK（线性代数软件包）的 FORTRAN 子程序库。70 年代后期，美国 New Mexico 大学计算机系主任 C1eve Moler，利用业余时间编写了 EISPACK 和 LINPACK 的接口程序。他把这个接口程序取名为 MATLAB 语言，该名为矩阵（Matrix）和实验室（Laboratory）两个英文单词的前三个字母的组合。

6.1.1　MATLAB 语言的发展历程

1983 年，Cleve Moler 到斯坦福大学访问，John Little 工程师意识到 MATLAB 潜在的广阔应用领域应在工程计算方面。于是同年他与 Moler、Steve Bangert 一起合作开发了第二代专业 MATLAB 语言。从这一代开始，MATLAB 的核心就采用 C 语言编写。从此，MATLAB 语言集数值计算功能和数据可视化功能于一身。

1984 年，Mathworks 公司成立，把 MATLAB 语言推向市场，并继续 MATLAB 语言的研制和开发。MATLAB 语言在市场上一出现，便为各国科学家开发本学科相关软件提供了基础。例如，在 MATLAB 语言问世不久的 20 世纪 80 年代，MATLAB 语言的第一个 Windows 版本 MATLAB 语言 3.5k 问世。同年，支持 Windows 3.x 的 MATLAB 语言 4.0 版本报出。它与以前的 4.0 版本相比有了很大的改进，增加了 Simulink、Control、Neural Network、OPtimization、Signal Processing、Spline、State-space dentification、Robust control、Mu-analysis and synthesis 等工具箱。

1996 年 12 月，MATLAB 语言 5.0 问世，它较 4.x 无论在界面还是内容方面都有很大的进步，其帮助信息采用超文本格式和 PDF 格式。

2000 年后期，Mathworks 公司推出了 MATLAB 语言 9.0（R12）版，以后又相继推出了 9.1、9.5 版。目前 MATLAB 语言的最高版本为 7.0（R14）版。值得提出的是，9.5 以后的版本均采用了 JIT 加速器，使 MATLAB 的运算速度大大提高。

2004 年、2005 年，Mathworks 公司分别发布了 MLM 7.0、MATLAB 7.1. 从 2006 年开始，发布 MATLAB R 系列，每年的 3 月及 9 月进行两次产品发布，分别对应代码 a、b，命名为"R+年份+代码"。例如 2006 年 Mathworks 公司分别于 3 月、9 月发行了 MATLAB R2006a（MATLAB 7.2）、MATLAB R2006b（MATLAB 7.3）。

2007 年的 3 月、9 月，Mathworks 公司分别发布了 MATLAB R2007a（MATLAB7.4）、MATLAB R2007b（MATLAB 7.5）。

2008 年的 3 月、9 月，Mathworks 公司分别发布了 MATLAB R2008a（MATLAB7.6）、

MATLAB2008b（MATLAB7.7）。相比以前版本而言，R2008b 包含 MATLAB 和 Simulink 的新功能、2 个新产品、19 个主要产品的升级以及增强的 PolySpace 代码验证产品。

6.1.2 MATLAB 语言 R2007b 的特点

（1）语言简单，运算符丰富。MATLAB 语言的操作相功能函数指令是以平时计算机和数学书上的一些简单的英文单词表达的。由于它是使用 C 语言开发的，流程控制语句和运算符与 C 语言差别甚微，灵活使用 MATLAB 语言的运算符使程序变得很简洁。

（2）起点高，程序设计自由度大、编程容易。在 MATLAB 语言中，无需对矩阵定义就可以直接使用。MATLAB 语言的程序文件是一个纯文本文件，扩展名为.m，编写、修改和调试简单方便。

（3）智能化程度高。绘图时自动选择最佳坐标、输入或输出变元数，自动选择算法；做数值积分时可以自动按精度选择步长，并且它自动检测和显示程序错误的能力强，易于调试。

（4）强大的图形技术。MATLAB 具有非常强大的以图形化显示矩阵和数组的能力，同时用户可以为这些图形增加注释。MATLAB 的图形技术既包括一些二维、三维科技专业图形的高级绘图函数，又包括一些可以让用户灵活控制图形特点的低级绘图命令。

（5）功能强大，可扩展性强。数值计算和绘图方便、简单。扩展部分实际上是使用 MATLAB 语言的基本语句编成的各种子程序集，用于解决某一方面的专门问题或实现某一类新算法。目前已有控制系统、信号处理、图形处理、系统辨识、模糊集合、神经网络、小波分析等 20 多个工具箱，并且还在扩充。

（6）源程序的开放性。所有 MATLAB 语言的核心文件和工具箱文件都是可读可改的源文件，源文件的修改以及加入自己的代码构成新的工具箱。

（7）其他。增加了虚拟现实工具箱，使用标准的虚拟现实建模语言（VRML）技术，可以创建由 MATLAB 语言与 Simulink 环境驱动的三维动画场景。并且 GUI 开发环境更加方便、灵活。同时，在应用程序接口方面，增加了与 Java 的接口，并且为两者进行数据交换提供了相应的程序库。

6.2 MATLAB 的 安 装

6.2.1 MATLAB 语言 R2007b 对硬件的要求

（1）CPU：奔腾Ⅱ、奔腾Ⅲ、AMD Athlon 或者更高。

（2）内存：128MB 以上。

（3）硬盘：预留 5GB 以上的空间。

（4）显卡：8 位 256 色以上。

（5）光驱：至少为 20 倍速光驱或装 Daemon Tools v3.47，建议安装声卡。

6.2.2 MATLAB 语言 R2007b 对软件的要求

（1）Microsoft Windows 95/98/2000/XP。

（2）Adobe Acrobat Reader，用以阅读 MATLAB 语言的 PDF 帮助信息。

（3）Microsoft Office 97/2000 或者 Microsoft Word。

（4）Compad Visual Fortran 5.0，Microsoft VC/C++5.0，BorlandC/C++ Builder Version 3.0 或更高版本，以实现 API。

6.2.3 MATLAB 语言 R2007b 的安装

按照安装程序的提示，进入图 6-1 所示界面后，输入相应的序列号，便可继续下一步安装；当 MATLAB 语言复制完文件以后，会询问用户是否安装 Notebook。MATLAB 语言 Notebook 允许用户把 Word 文档中创建的命令送到后台的 MATLAB 语言中执行，然后将计算结果和绘制的图形送回到 Word，并插入到文档中处理。由于 MATLAB 语言在 Word 中使用的模板为 M-book.dot，MATLAB 语言 Notebook 文件被称为 M-book。如果在没有启动 MATLAB 语言时打开一个 M-book，就会自动启动 MATLAB 语言。一个 M-book 就是一个交互式 MATLAB 语言过程的记录。

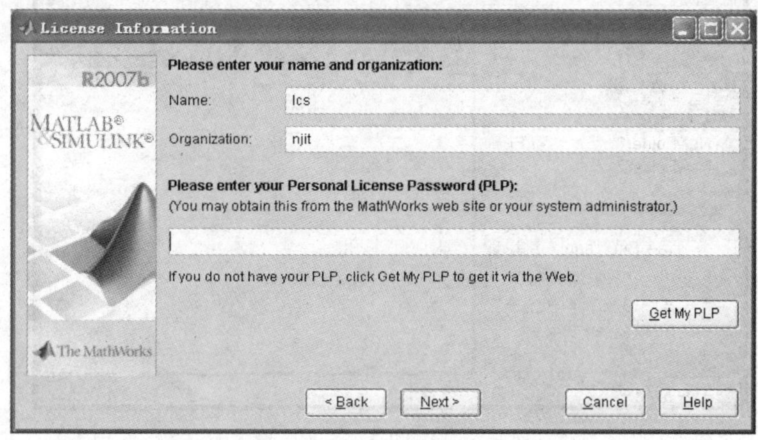

图 6-1 MATLAB 语言 R2007b 的安装对话框

6.3 MATLAB 的应用窗口

窗口是指某一应用程序的使用界面，在图形界面操作系统中，窗口是其最重要的组成部分之一，本节就来认识 MATLAB R2007b 运行中的一系列具体的应用窗口。

6.3.1 MATLAB 桌面平台的起动与退出

MATLAB R2007b 共有三种起动方式。

（1）双击计算机桌面上的 MATLAB R2007b 图标（快捷方式）。

（2）进入“开始”菜单，选择“MATLAB R2007b”选项。

（3）使用 Windows 浏览器打开 MATLAB R2007b 的顶层安装目录，双击快捷方式运行图标。

起动 MATLAB R2007b 后，将打开一个 MATLAB R2007b 的欢迎界面。

MATLAB R2007b 共有六种退出方式。

（1）单击命令窗口右上角的关闭按钮。

（2）单击命令窗口左上角的图标，然后选择“关闭”选项。

（3）在命令窗口输入“exit”。

（4）在命令窗口输入“quit”。

（5）在命令窗口 File 菜单下选择 Exit MATLAB 选项。

（6）按快捷键 Ctrl+Q。

MATLAB R2007b 起动后，随后打开的就是 MATLAB R2007b 的桌面系统（Desktop），如图 6-2 所示。MATLAB R2007b 的桌面系统由桌面平台及其主要组件组成。其组件主要包括命令窗口（Command Window）、历史命令窗口（Command History）、当前路径窗口（Current Directory）、工作空间窗口（Workspace）以及菜单栏和工具栏。

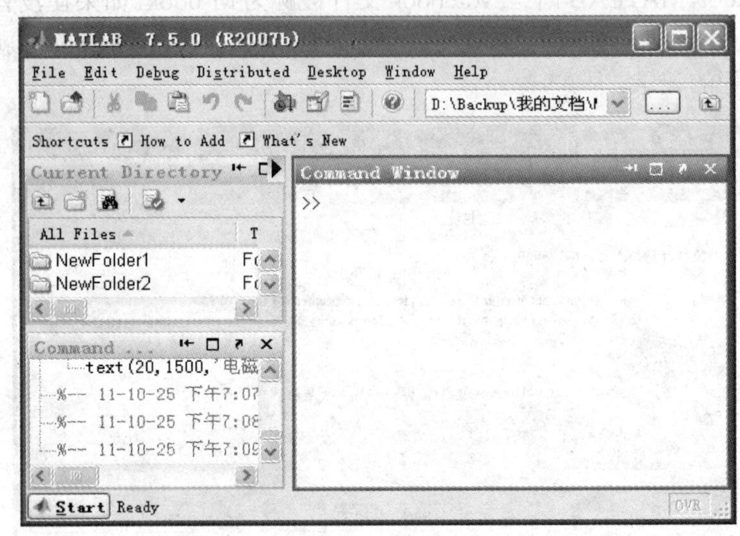

图 6-2　MATLAB R2007b 的桌面系统

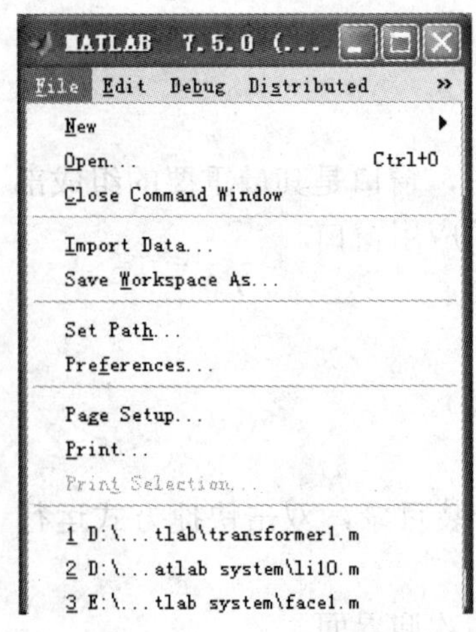

图 6-3　File 菜单

6.3.2　MATLAB 的菜单栏和工具栏

MATLAB R2007b 的桌面平台主要由菜单栏和工具栏构成，如图 6-2 所示。

MATLAB R2007b 桌面平台的菜单栏比较简单，由 File（文件）菜单、Edit（编辑）菜单、Debug（调试）菜单、Desktop（桌面）菜单、Window（窗口）菜单和 Help（帮助）菜单等组成。

一、File（文件）菜单

File（文件）菜单如图 6-3 所示。

（1）New 子菜单中有 5 个命令，菜单命令的功能如下所述。

选择 File→New→M-File 命令可以打开 M 文件编辑调试器，如图 6-4 所示。

选择 File→New→M-File 命令可以打开 MATLAB 图形窗口，如图 6-5 所示。

选择 File→New→Variable 命令可以在工作空间窗口（Workspace）创建新的变量，如图 6-6 所示。

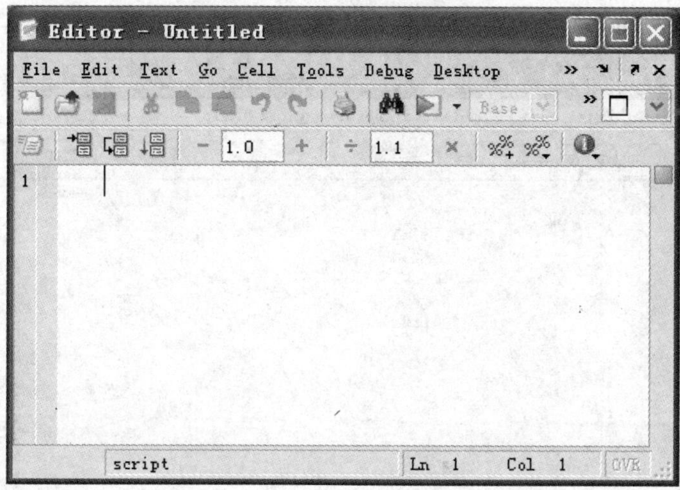

图 6-4　M 文件编辑调试器

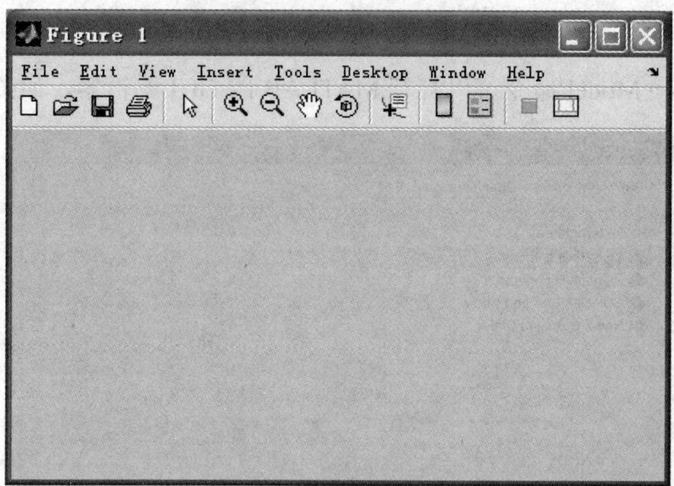

图 6-5　图形窗口

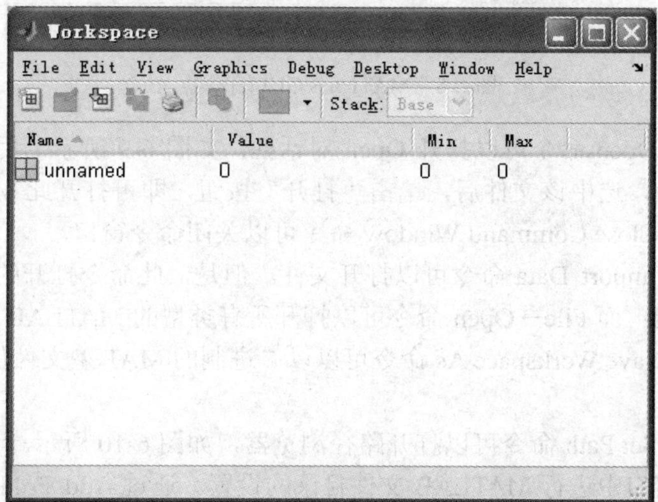

图 6-6　创建新变量窗口

选择 File→New→Model 命令可以打开 MATLAB 模块编辑器，如图 6-7 所示。

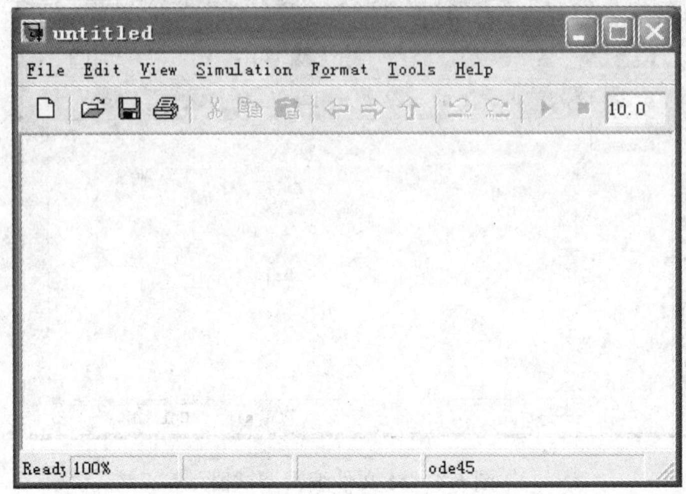

图 6-7 MATLAB 模块编辑器

选择 File→New→Model 命令可以打开 MATLAB 的 GUI 编辑器，如图 6-8 所示。

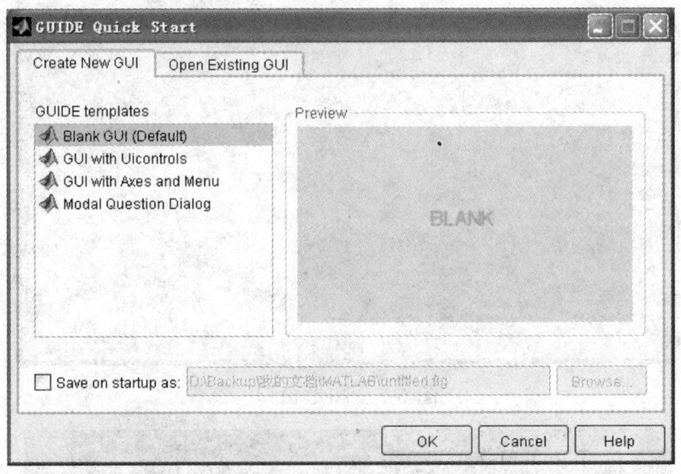

图 6-8 MATLAB GUI 编辑器

（2）选择 File→Open 命令可以打开 Open 对话框，如图 6-9 所示。用户可以搜寻所要打开的文件所在的目录，选中该文件后，单击“打开”按钮，即可打开此 MATLAB 文件。

（3）选择 File→Close Command Window 命令可以关闭命令窗口。

（4）选择 File→Import Data 命令可以打开文件。但是，此命令打开的文件的默认类型为 Recognized Data Files；而 File→Open 命令可以打开所有类型的 MATLAB 文件。

（5）选择 File→Save Workspace As 命令可以以二进制的 MAT 型文件保存 MATLAB 工作空间中的内容。

（6）选择 File→Set Path 命令可以打开路径浏览器，如图 6-10 所示。

用户可以在此窗口中进行 MATLAB 文件目录的设置。通过 Add Folder 按钮或 Add with Subfolders 按钮，就可以在图 6-11 中设置文件的目录了。

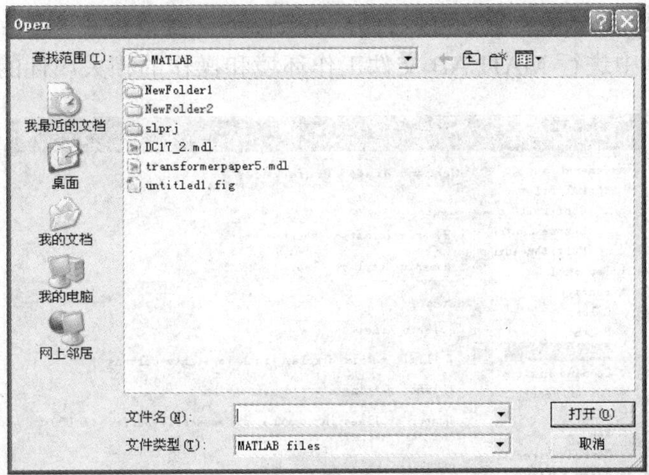

图 6-9　Open 对话框

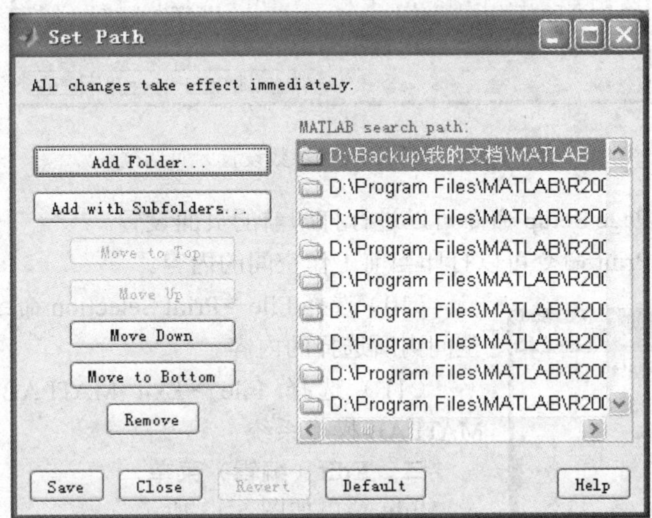

图 6-10　路径浏览器

图 6-11　浏览文件夹

（7）选择 File→Preferences 命令可以打开 Preference（参数设置）对话框，如图 6-12 所示。用户可以在此对话框中进行 MATLAB 文件工作环境和操作的相关属性的设置。

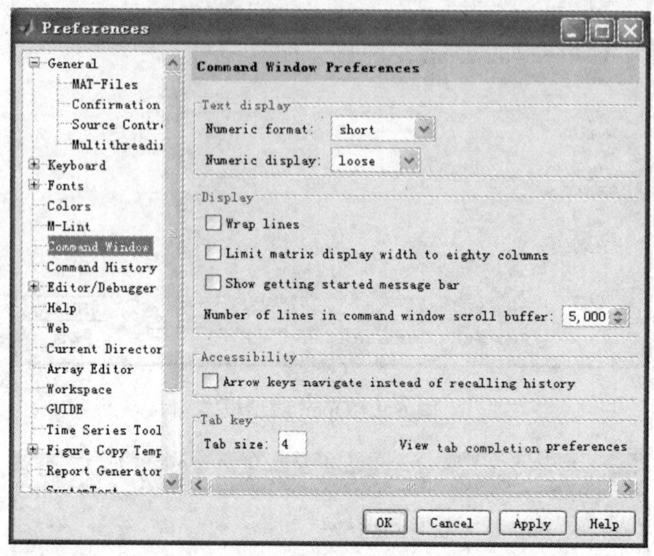

图 6-12　Preference（参数设置）对话框

（8）选择 File→Page Setup 命令可以进行打印前的页面设置。

（9）选择 File→Print 命令可以打印当前工作空间的内容。

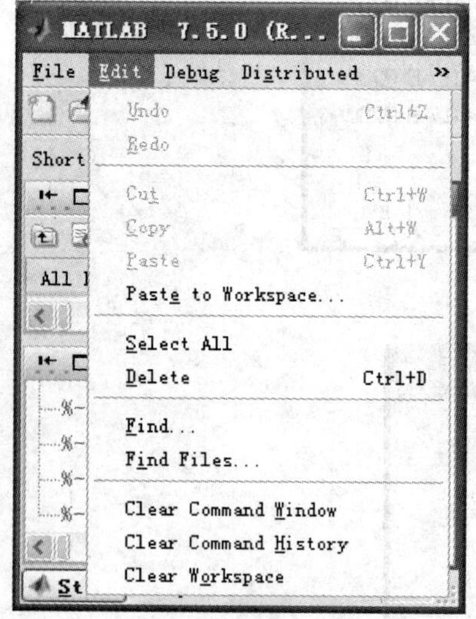

图 6-13　Edit 菜单

（10）选择 File→Print Selection 命令可以打印当前工作空间内所选择的内容。

（11）选择 File→Exit MATLAB 命令，可以退出 MATLAB 操作系统。

二、**Edit**（编辑）菜单

Edit 菜单如图 6-13 所示。

Edit 菜单各命令的功能如下。

（1）选择 Edit→Undo 命令可以撤销上一次的操作。

（2）选择 Edit→Redo 命令可以恢复上一次的操作。

（3）选择 Edit→Cut 命令可以将选中的内容剪切到剪贴板上。

（4）选择 Edit→Copy 命令可以复制所选中的内容。

（5）选择 Edit→Paste 命令可以将剪贴板上的内容粘贴到指定的位置。

（6）选择 Edit→Paste to Workspace 命令，可以打开 Import Wizard（输入向导）对话框，如图 6-14 所示，将剪贴板上的数据粘贴到 MATLAB 的工作空间中。

（7）选择 Edit→Select All 命令可以选中命令窗口中的所有内容。

（8）选择 Edit→Delete 命令可以删除选中的内容。

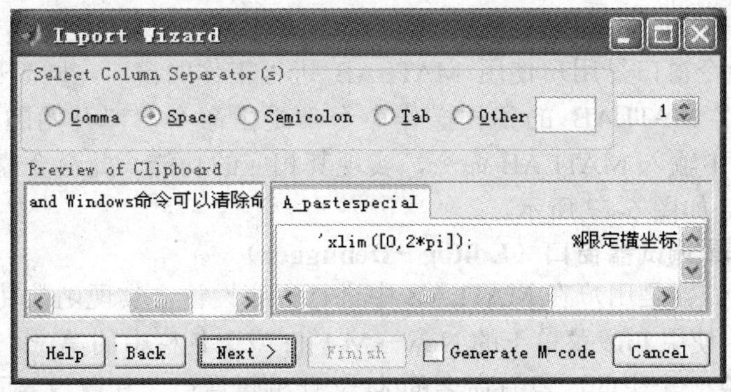

图 6-14　Import Winzard 对话框

（9）选择 Edit→Find 命令，可以打开 Find（查找）对话框，如图 6-15 所示。

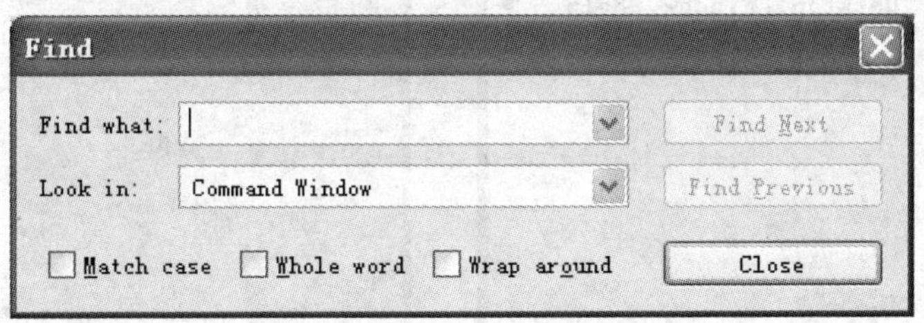

图 6-15　Find（查找）对话框

（10）选择 Edit→Find Files 命令，可以打开 Find Files（查找文件）对话框，如图 6-16 所示。

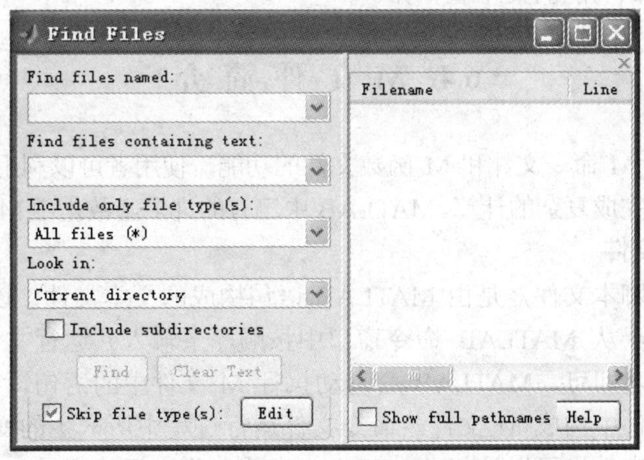

图 6-16　Find Files（查找文件）对话框

（11）选择 Edit→Clear Command Windows 命令可以清除命令窗口中的内容。

（12）选择 Edit→Clear Command History 命令可以清除历史记录。

（13）选择 Edit→Clear Workspace 命令可以清除工作空间中的内容。

6.3.3　MATLAB 桌面平台的组件窗口

下面对桌面平台组件的几个重要窗口进行介绍。

一、命令窗口（Command Window）

MATLAB 的命令窗口是用户使用 MATLAB 进行工作的窗口，同时也是实现 MATLAB 各种功能的主窗口。MATLAB 的各种操作命令都是由命令窗口开始的。用户可以直接在 MATLAB 命令窗口中输入 MATLAB 命令，实现其相应的功能。此命令窗口主要包括文本的编辑区域和菜单栏，如图 6-17 所示。

二、M 文件编辑/调试器窗口（Editor→Debugger）

M 文件编辑/调试器是用户在 MATLAB 中进行程序设计，实现函数功能的重要编辑器之一，在命令窗口中，使用 File 菜单下的 New→M-File 或工具栏中的第一个按钮就可以打开 M 文件编辑器，并建立一个空的、没有命名的 M 文件编辑窗口，其窗口界面如图 6-18 所示。

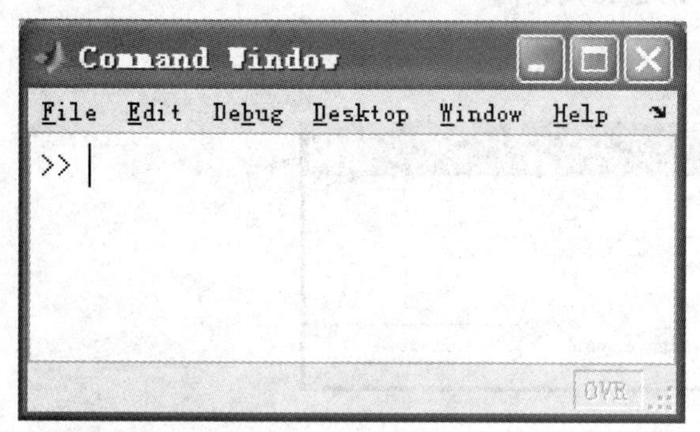

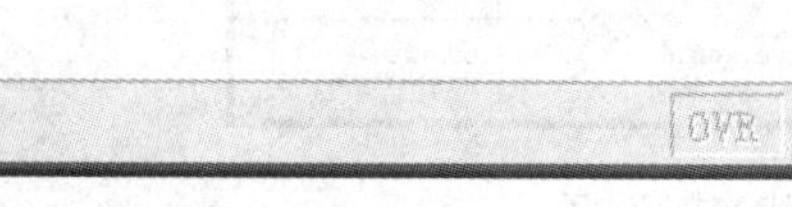

图 6-17　MATLAB 命令窗口

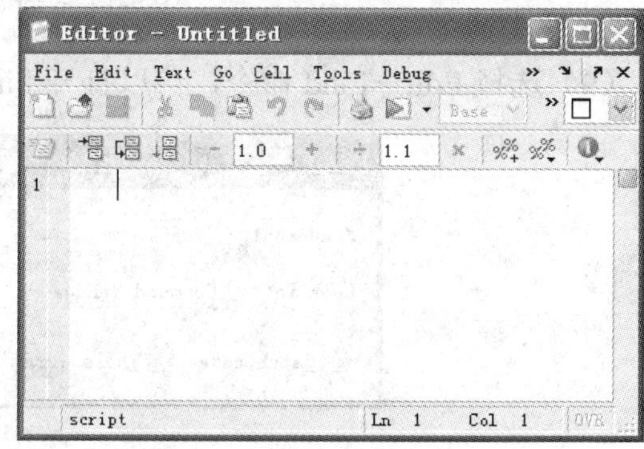

图 6-18　M 文件编辑/调试器窗口

M 文件编辑器主要由标题栏、菜单栏、工具栏、编辑区和状态栏构成，是一个集成了 M 文件编辑、运行、调试功能的文本编辑器。

6.4　M 文 件 简 介

MATLAB 提供了 M 命令文件和 M 函数文件的功能，使用者可以利用已有的函数编制自己的 M 函数和 M 文件，完成复杂的计算。MATLAB 中已有的许多函数是由 M 函数构成的 M 文件。

6.4.1　M 命令文件

命令文件也称作脚本文件，是由 MATLAB 语句构成的文本文件，以.m 为扩展名。运行命令文件的效果等价于从 MATLAB 命令窗口中按顺序条输入并运行文件中的指令。执行时使用者只要键入文件名即可，MATLAB 会自动执行 M 文件中的语句。在命令窗口中键入的指令也可放到一个文件中构成 M 文件。命令文件运行过程中所产生的变量保留在 MATLAB 的工作空间中，命令文件也可以访问 MATLAB 当前工作空间的变量，其他命令文件和函数可以共享这些变量。因此，命令文件常用于主程序的设计。

在［例 6-1］中，将观测到命令文件和工作空间数据的共享。

【例 6-1】　已知圆柱的底半径 r=1，高 h=2。编写命令文件求该圆柱的表面积和体积。

解　方法一　在 MATLAB 命令窗口中输入圆柱表面积和体积计算的参数和指令，即

```
r=1;h=2;
S=2*pi*r*h;V=pi*r^2*h;
```

```
disp(S);disp(V);
```

在命令窗口中就显示出计算结果，如图 6-19 所示。

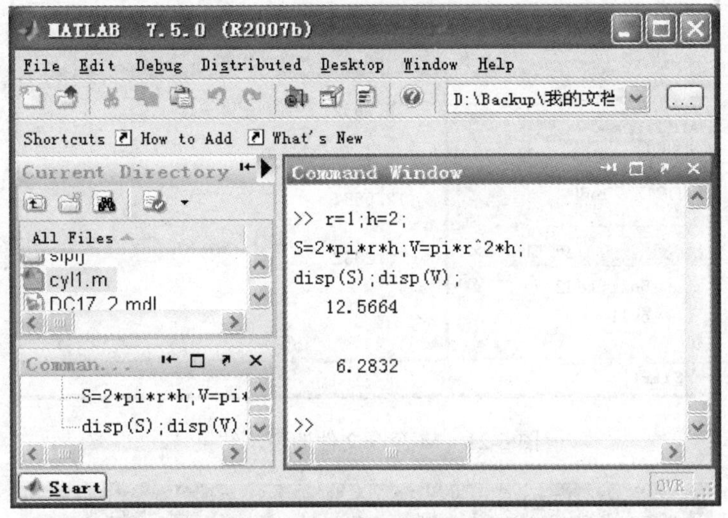

图 6-19　M 命令窗口显示

方法二　(1) 新建一个文本文件，在该文本编辑窗口中输入求取圆柱的表面积和体积的指令，如图 6-20 所示。选择文件编辑器的菜单栏 File→Save As，以文件名 cyl1.m 保存在默认的当前工作目录中。

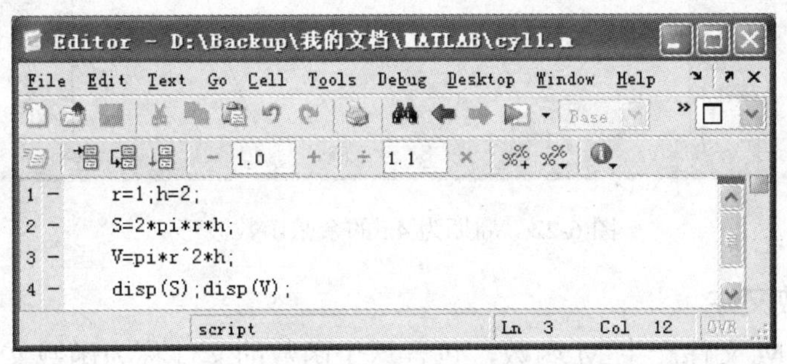

图 6-20　M 命令文件编辑窗口

(2) 在 MATLAB 工作窗口中输入 M 文件名，得到计算结果如图 6-21 所示。也可在 M 命令文件窗口中，按运行键后，命令窗口就会显示出计算结果。

【例 6-2】　编写 M 命令文件绘制一个从 0 开始的余弦函数（周期为 4π）的波形。

解　使用 M 命令文件编辑器编辑 M 文件，内容如下

```
t=0:2*pi/39:4*pi;
plot(t,cos(t));
```

选择 File 菜单下的 Save As 命令打开“另存为”对话框，命名为 my_plotcos.m（扩展名是自动加入的）保存后，以上内容便存储为 M 文件。在命令窗口中键入 my_plotcos 后回车，即可实验绘图功能，如图 6-22 所示。

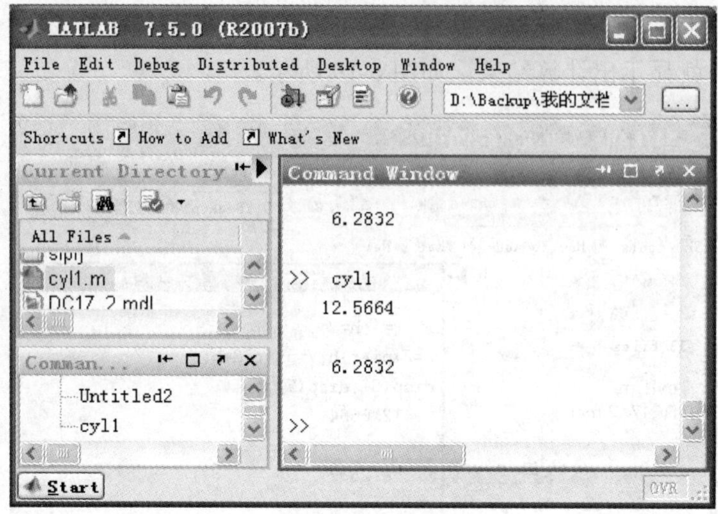

图 6-21 M 命令文件调用及结果

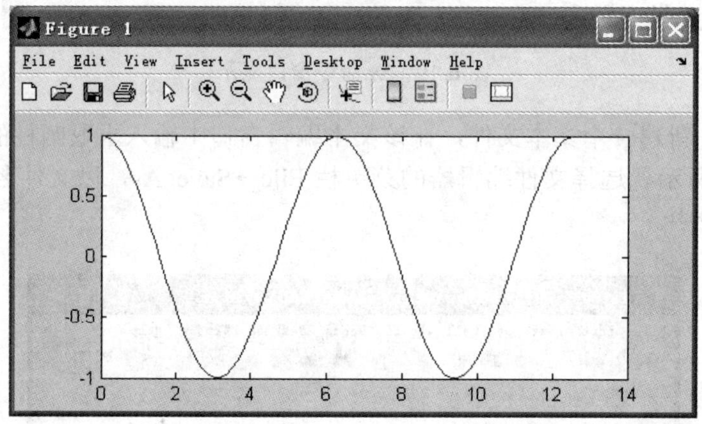

图 6-22 周期为 4π 的余弦函数波形

6.4.2 M 函数文件

可以通过一个 M 文件产生 M 函数，包含这个函数的文件称为函数文件。M 函数文件是一种特殊的按照一定规则编写的 M 文件，函数名和文件名必须相同。M 函数有自己局限性的工作空间，M 函数的变量称为局部变量，与工作空间中的联系可以通过输入输出变量或全局变量来实现。M 函数可以调用其他的 M 文件，还可以调用自己，即为递归调用。

MATLAB 的 M 函数文件的基本格式为

```
Function[y1,y2,…]=函数名(x1,x2, …)
```

其中，x_1，x_2，…为输入变量列表；y_1，y_2，…为输出变量。输入、输出参数可以是任何类型的 MATLAB 变量（字符串、标量、数组、矩阵等）。

［思考题］编制一个 M 函数文件来实现查找数组中最小元素。

第7章 SIMULINK 基 础

SIMULINK 是 MATLAB 的一个分支产品，主要是用来实现对工程问题的模型化及动态仿真。SIMULINK 体现了模块化设计和系统级仿真的思想，采用模块组合的方法使用户能够快速、准确地创建动态系统的计算机模型，使得建模仿真如同搭积木一样简单。SIMULINK 现已成为仿真领域首选的计算机环境。具体到电力系统仿真而言，原来的 MATLAB 编程仿真是在文本命令窗口中进行的，编制的程序是一行行的命令和 MATLAB 函数，不直观也难以与实际电力模型建立形象的联系，在 SIMULINK 环境中，电力系统元器件的模型都用框图来表达，框图之间的连线表示了信号流动的方向。对用户而言，只要熟悉了 SIMULINK 仿真平台的使用方法以及模型库的内容，就可以使用鼠标和键盘绘制和组织系统模型，并实现系统的仿真，完全不必从头设计模型函数或死记那些复杂的函数。

SIMULINK 是一个实现动态系统建模、仿真的集成环境。它的存在使得 MATLAB 的功能进一步增强，主要表现在：①模型的可视化。在 Windows 环境下，用户通过鼠标就可以完成模型的建立与仿真；②实现了多工作环境间文件互用和数据交换；③把理论与工程有机地结合起来。

1990 年，MathWorks 软件公司为 MATLAB 提供了新的控制系统模型化图形输入与仿真工具,并命名为 SIMULAB，该工具很快就在控制工程界获得了广泛的认可，使得仿真软件进入了模型化图形组态阶段。1992 年正式将该软件更名为 SIMULINK。

SIMULINK 的出现给控制系统分析与设计带来了福音。它有两个主要功能：Simu（仿真）和 Link（连接），即该软件可以利用鼠标在模型窗口上绘制出所需要的控制系统模型，然后利用 SIMULINK 提供的功能来对系统进行仿真和分析。

在实际工程中，控制系统的结构往往很复杂，如果不借助专用的系统建模软件，则很难准确地把一个控制系统的复杂模型输入计算机，对其进行进一步的分析与仿真。因此，熟练掌握 SIMULINK 对于一个当代从事自动控制方面工作的人来说是非常必要的。通过本章讲解将使读者对 SIMULINK 的基本模块和功能有一个全面了解，并能熟练 SIMULINK 的基本操作，为使用 SIMULINK 进行电机控制系统仿真奠定基础。

7.1 SIMULINK 的 工 具 箱

SIMULINK 是 MATLAB 软件的扩展，它是实现动态系统建模和仿真的一个软件包，它与 MATLAB 语言的主要区别在于：它与用户交互模口是基于 Windows 的模型化图形输入的，从而使得用户可以把更多的精力投入到系统模型的构建而非语言的模块上。

所谓模型化图形输入是指 SIMULINK 提供了一些按功能分类的基本系统模块，用户只需要知道这些模块的输入、输出及模块的功能，而不必考虑模块内部是如何实现的，通过对这些基本模块的调用，再将它们连接起来就可以构成所需要的系统模型（以.mdl 文件进行存取），进而进行仿真与分析。SIMULINK 的最新版本是 SIMULINK 7.5（包含在 MATLAB

R2007b 里）。

7.1.1　SIMULINK 起动

SIMULINK 的起动有两种方式。一种是起动 MATLAB 后，单击 MATLAB 主窗口的快捷按钮来打开 Simulink Library Browser 窗口，如图 7-1 所示。

另一种是在 MATLAB 命令窗口中输入“SIMULINK”，结果是在桌面上出现一个名为 Simulink Library Browser 的窗口，在这个窗口中列出了模块功能分类的各种模块的名称。

7.1.2　SIMULINK 模块库

SIMULINK 模块库包括标准模块库和专业模块库两大类。标准模块库是 MATLAB 中最早开发的模块库，包括了连续系统、非连续系统、离散系统、信号源、显示等各类子模块库。由于 SIMULINK 在工程仿真领域的广泛应用，因此各领域专家为满足需要又开发了诸如通信系统、数字信号处理、电力系统、模糊控制、神经网络等二十多种专业模块库。

在图 7-1 所示的界面左侧可以看到，整个 Simulink 工具箱是由若干个模块组构成的。

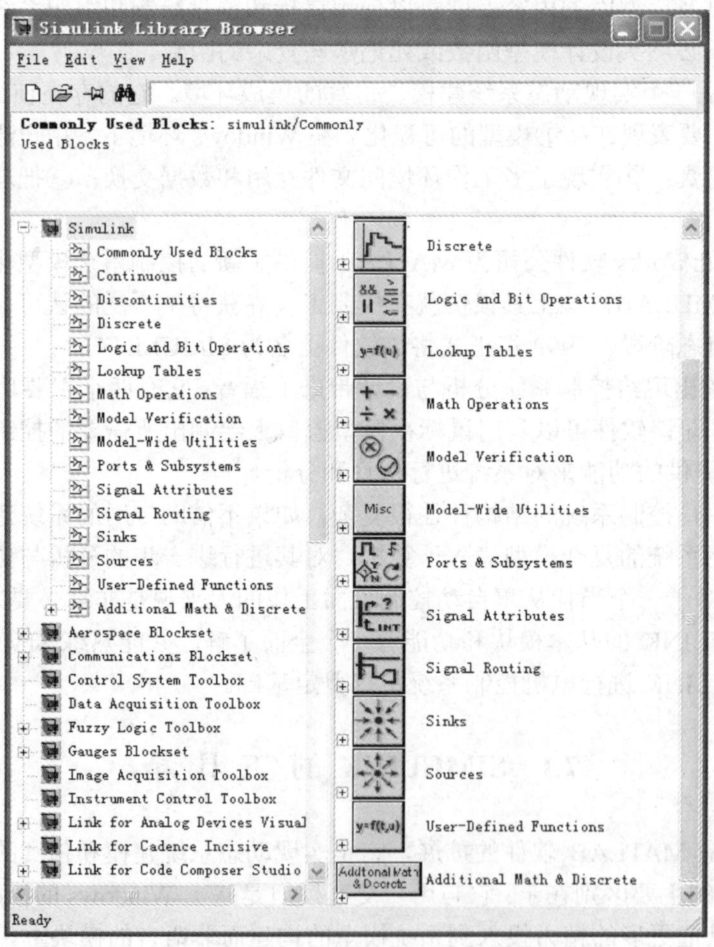

图 7-1　SIMULINK 模块库浏览器

在标准的 Simulink 工具箱中，如图 7-2 所示，包含 Sources（输入源模块）、Sinks（接收器模块）、Continuous（连续系统）、Discrete（离散系统）、Discontinuities（不连续系统）、Signal

Routing（信号路由）、Signal Attributes（信号属性）、Math Operations（数学运算）、Logic and Bit Operations（逻辑与位操作模块）、Look-up Tables（查表）、User-Defined Functions（用户自定义函数）、Model Verification（模型检验模块）和 Commonly Used Blocks（常用模块）等模块组。现将常用的模块组作一简述。

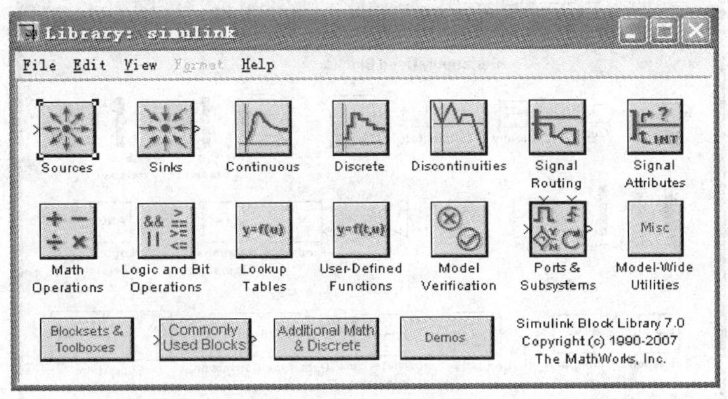

图 7-2　标准模块库

1. Sources（输入源）模块组及其图标

Sources（输入源）模块组及其图标如图 7-3 所示。该模块组共有 22 个标准基本模块。

2. Sinks（接收器）模块组及其图标

Sinks（接收器）模块组及其图标如图 7-4 所示。该模块组共有 9 个标准基本模块。

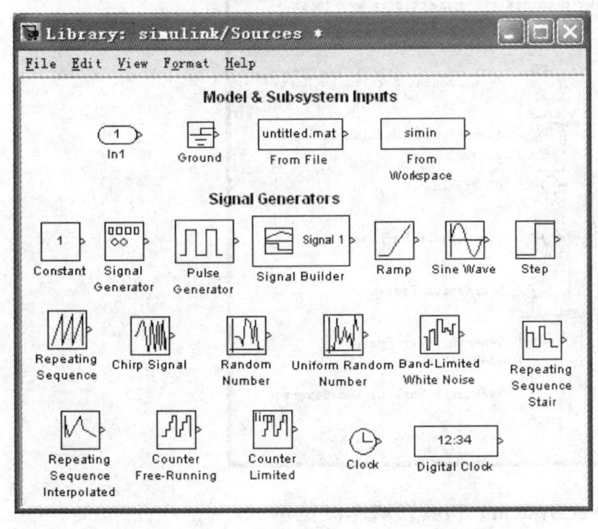

图 7-3　Sources（输入源）模块组

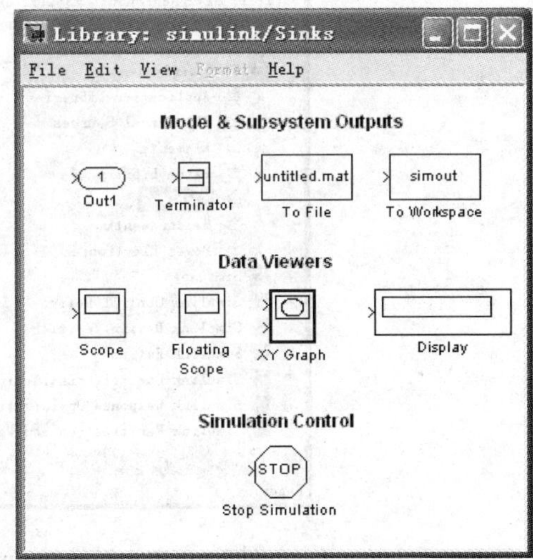

图 7-4　Sinks（接收器）模块组

3. Commonly Used Blocks（常用模块）模块组

Commonly Used Blocks（常用模块）模块组及其图标如图 7-5 所示。该模块组共有 22 个标准基本模块。

7.1.3　SimPower System 工具箱

电机的 SIMULINK 仿真模型构建主要使用 SIMULINK 中的电力系统仿真模块库

(SimPower Systems)。该库是由加拿大的 Hydro Quebec 公司和 TECSIM International 公司共同开发的，功能非常强大，可以应用于电路、电力电子、电机系统、电力系统、输配电系统等领域的仿真。SIMULINK 基本库和电力系统模型库（SimPower System），如图 7-6 所示。

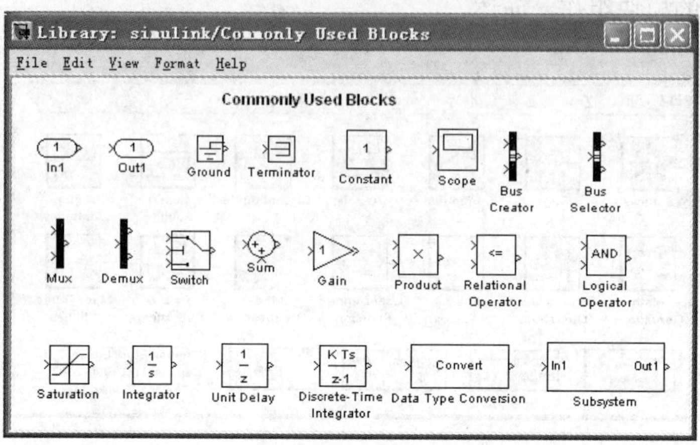

图 7-5 Commonly Used Blocks（常用模块）模块组

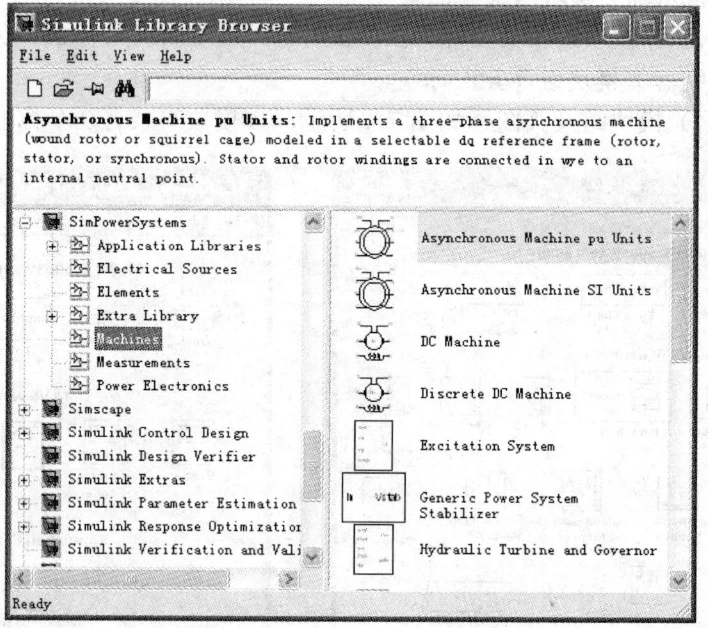

图 7-6 电力系统（SimPower System）仿真模块库浏览器

在 MATLAB 命令窗口中键入“powerlib”命令，则将得到如图 7-7 所示的工具箱。此外，也可从 SIMULINK 模块浏览器的窗口中直接起动电力系统工具箱。在该工具箱中有很多模块组，主要有电源（Electrical Sources）、组件（Elements）、电力电子（Power Electronics）、电机系统（Machines）、测量（Measurements）、应用实例库（Application Libraries）、附加（Extras）、演示（Demos）等模块组。如图 7-7 所示。双击每一个图标都可以打开一个模块组。下面简要介绍各模块组中的模块。

图 7-7　电力系统浏览器（powerlib）中的各主要模块

1. 电源（Electrical Sources）模块组

电源（Electrical Sources）模块组包括直流电压源、交流电压源、交流电流源、三相电源、三相可编程电压源、受控电压源和受控电流源等基本模块。电源模块组中各基本模块及其图标如图 7-8 所示。

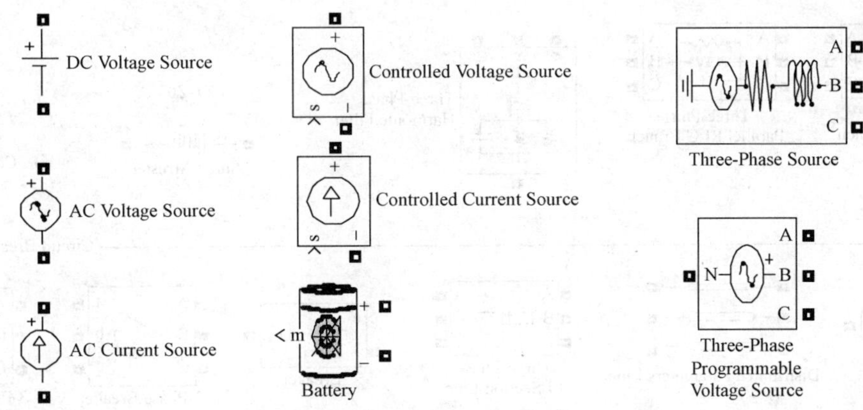

图 7-8　电源（Electrical Sources）模块

2. 组件（Elements）模块组

组件（Elements）模块组包括各种电阻、电容和电感组件，各种传输线组件、断路器、三相短路模块和各种变压器等组件。电阻、电容和电感组件的各种组合可通过串联或并联的 RLC 分支来选择。组件模块组中各基本模块及其图标如图 7-9 所示。

3. 电力电子（Power Electronics）模块组

电力电子（Power Electronics）模块库包括二极管（Diode）、晶闸管（Thyristor）、可关断晶闸管（GTO）、绝缘门极晶体管（IGBT）、MOS 场效应管（MOSFET）、IGBT/Diode、理想开关（Ideal Switch）、三电平变流器桥等模块，此外还有两个附加的控制模块组和一个通用变流器桥。电力电子模块组中各基本模块及其图标如图 7-10 所示。

4. 电机系统（Machines）模块组

电机系统（Machines）模块组包括常用的直流电动机、同步电动机、异步电动机、汽轮机和调节器、电机输出测量分配器等模块。各电机模块的图标如图 7-11 所示。

5. 测量（Measurements）模块组

测量（Measurements）模块组包括电流表、电压表、电阻表、万用表、三相电压/电流表和各种附加的子模块组等基本模块。测量模块组中各基本模块及其图标如图 7-12 所示。

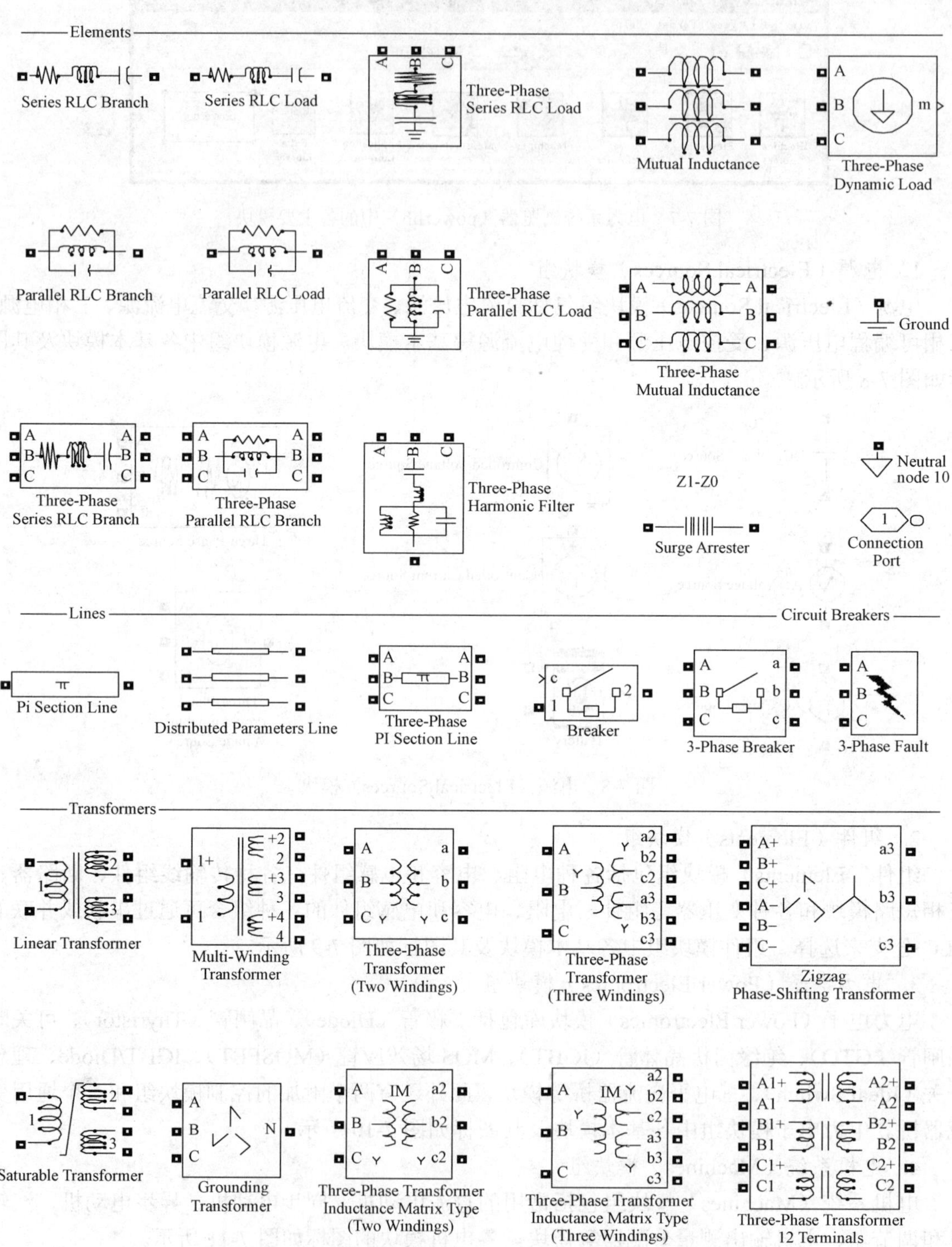

图 7-9 组件（Elements）模块组中各基本模块及其图标

Library: powerlib/Power Electronics
File Edit View Format Help
Devices
Diode
Thyristor
Detailed Thyristor
IGBT/Diode
Universal Bridge
Gto
IGBT
Mosfet
Ideal Switch
Three-Level Bridge
Extras
Discrete Control blocks
Control blocks

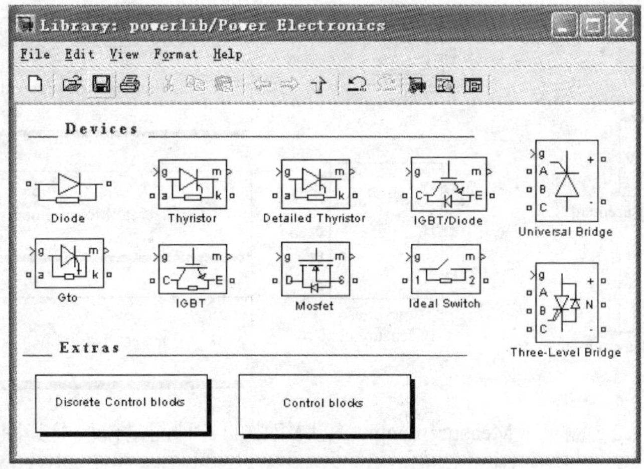

图 7-10　电力电子（Power Electronics）模块组中的各种模块

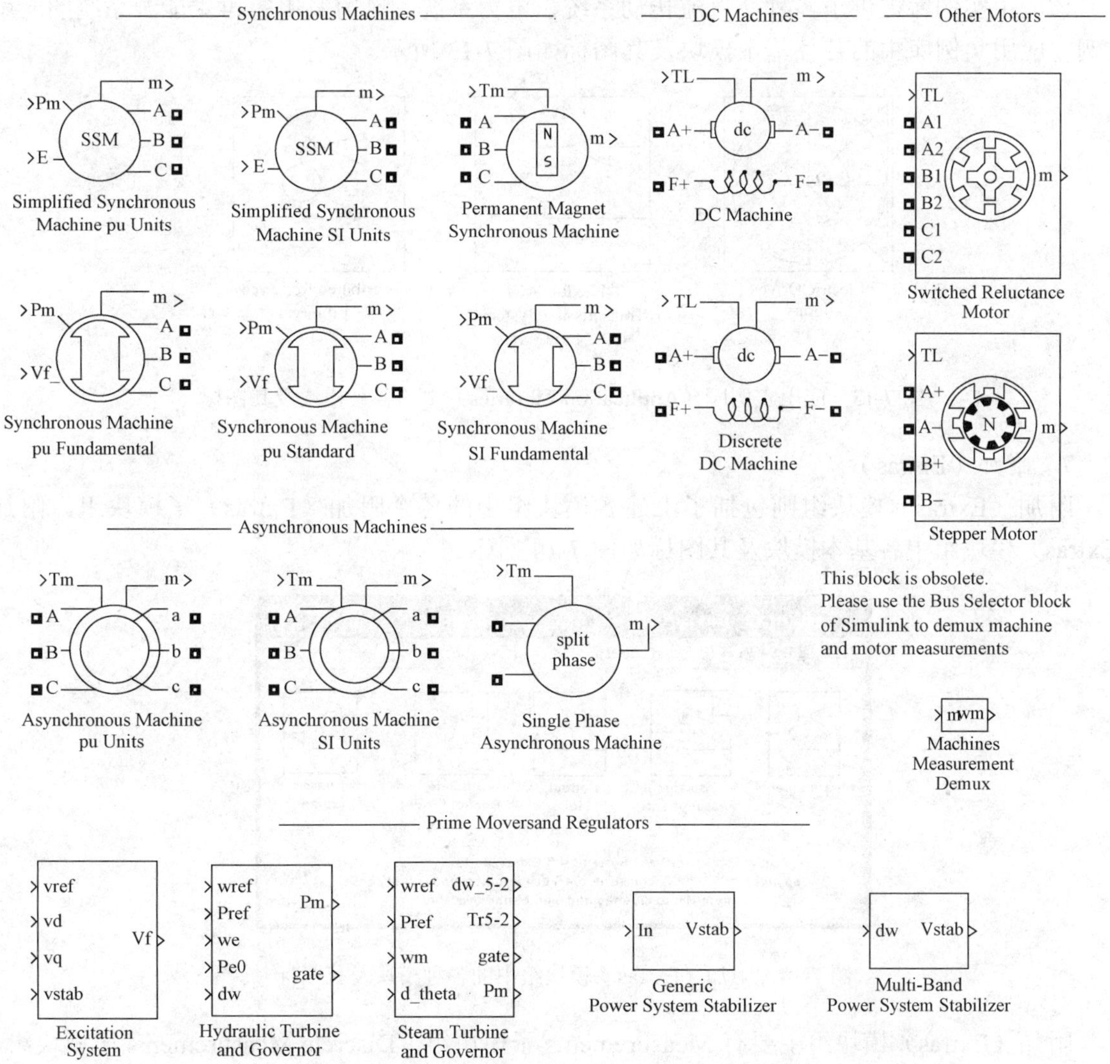

Synchronous Machines
DC Machines
Other Motors
Simplified Synchronous Machine pu Units
Simplified Synchronous Machine SI Units
Permanent Magnet Synchronous Machine
DC Machine
Switched Reluctance Motor
Synchronous Machine pu Fundamental
Synchronous Machine pu Standard
Synchronous Machine SI Fundamental
Discrete DC Machine
Stepper Motor
Asynchronous Machines
Asynchronous Machine pu Units
Asynchronous Machine SI Units
Single Phase Asynchronous Machine
This block is obsolete.
Please use the Bus Selector block
of Simulink to demux machine
and motor measurements
Machines Measurement Demux
Prime Moversand Regulators
Excitation System
Hydraulic Turbine and Governor
Steam Turbine and Governor
Generic Power System Stabilizer
Multi-Band Power System Stabilizer

图 7-11　电机系统（Machines）模块组中的各种电机模块及其图标

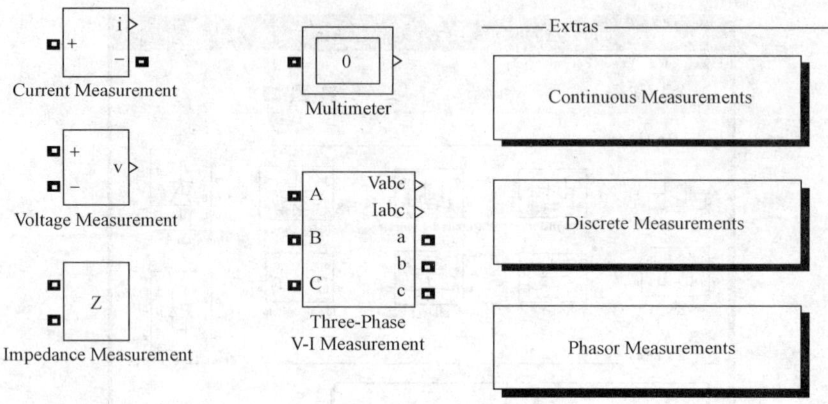

图 7-12 测量（Measurements）模块组中的各种测量模块及其图标

6. 应用实例库（Application Libraries）

该应用实例库提供了多种交直流传动系统、电力系统、风力发电等再生能源系统的应用实例。应用实例库中的各种基本模块及其图标如图 7-13 所示。

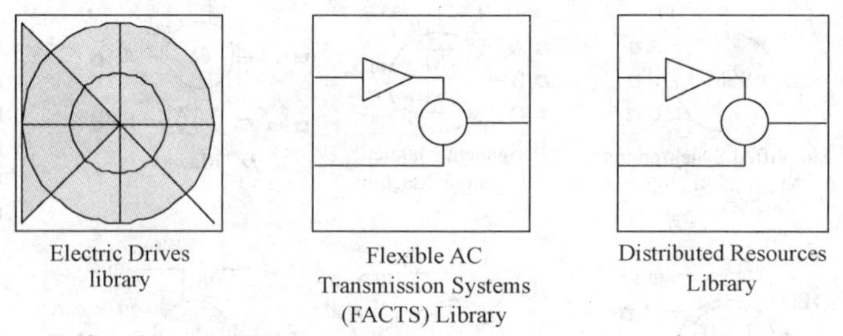

图 7-13 应用实例库（Application Libraries）中的各种模块及其图标

7. 附加（Extras）

附加（Extras）模块组则包括了上述各模块组中的各个附加（Extras）子模块组。附加（Extras）模块组中各基本模块及其图标如图 7-14 所示。

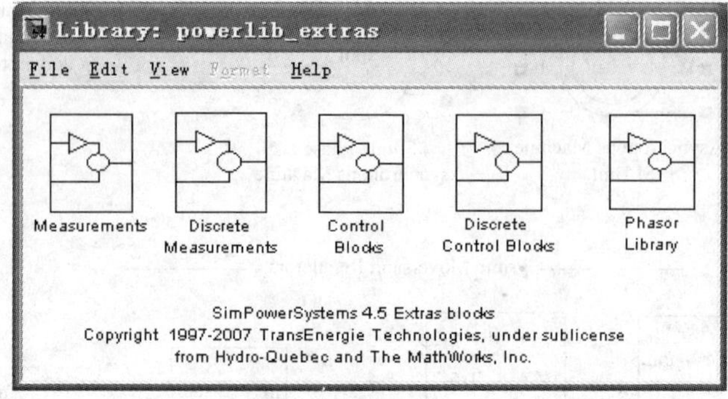

图 7-14 附加（Extras）模块组中的各种模块及其图标

附加（Extras）模块组主要有 Measurements 子模块组、Discrete Measurements 子模块组、Control Blocks 子模块组、Discrete Control Blocks 子模块组、Phasor Library 子模块组。而每个

附加（Extras）子模块组又包含了多个模块。下面就介绍几个常用的附加（Extras）子模块组所包含的子模块图标。图 7-15 是 Measurements 子模块组所包含的模块图标，图 7-16 是 Discrete Measurements 子模块组所包含的模块图标，图 7-17 是 Phasor Library 子模块组所包含的模块图标，图 7-18 是 Discrete Control Blocks 子模块组所包含的模块图标，而图 7-19 则是 Control Blocks 子模块组所包含的模块图标。

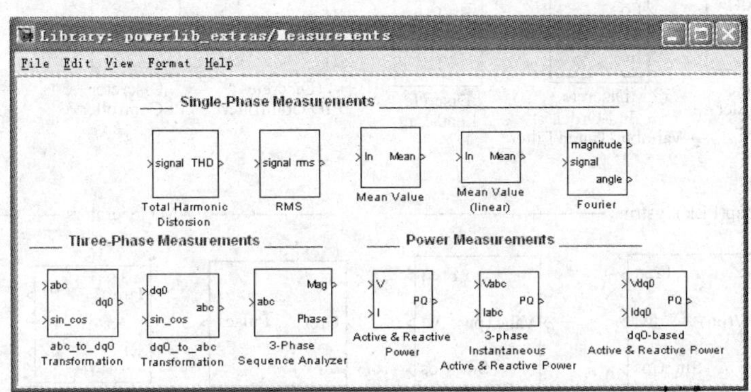

图 7-15　Measurements 子模块组中的各种模块及其图标

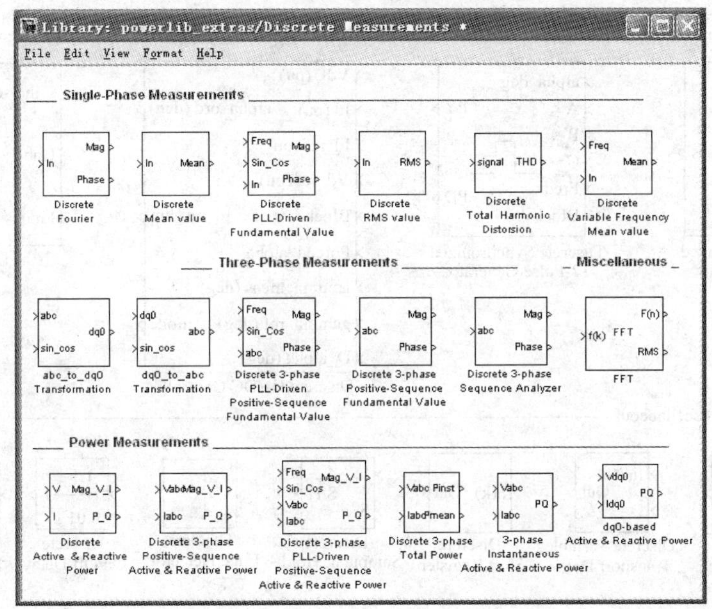

图 7-16　Discrete Measurements 子模块组中的各种模块及其图标

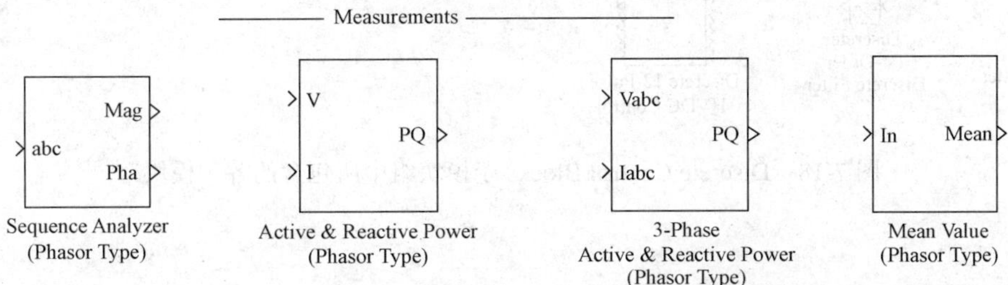

图 7-17　Phasor Library 子模块组所包含的各种模块

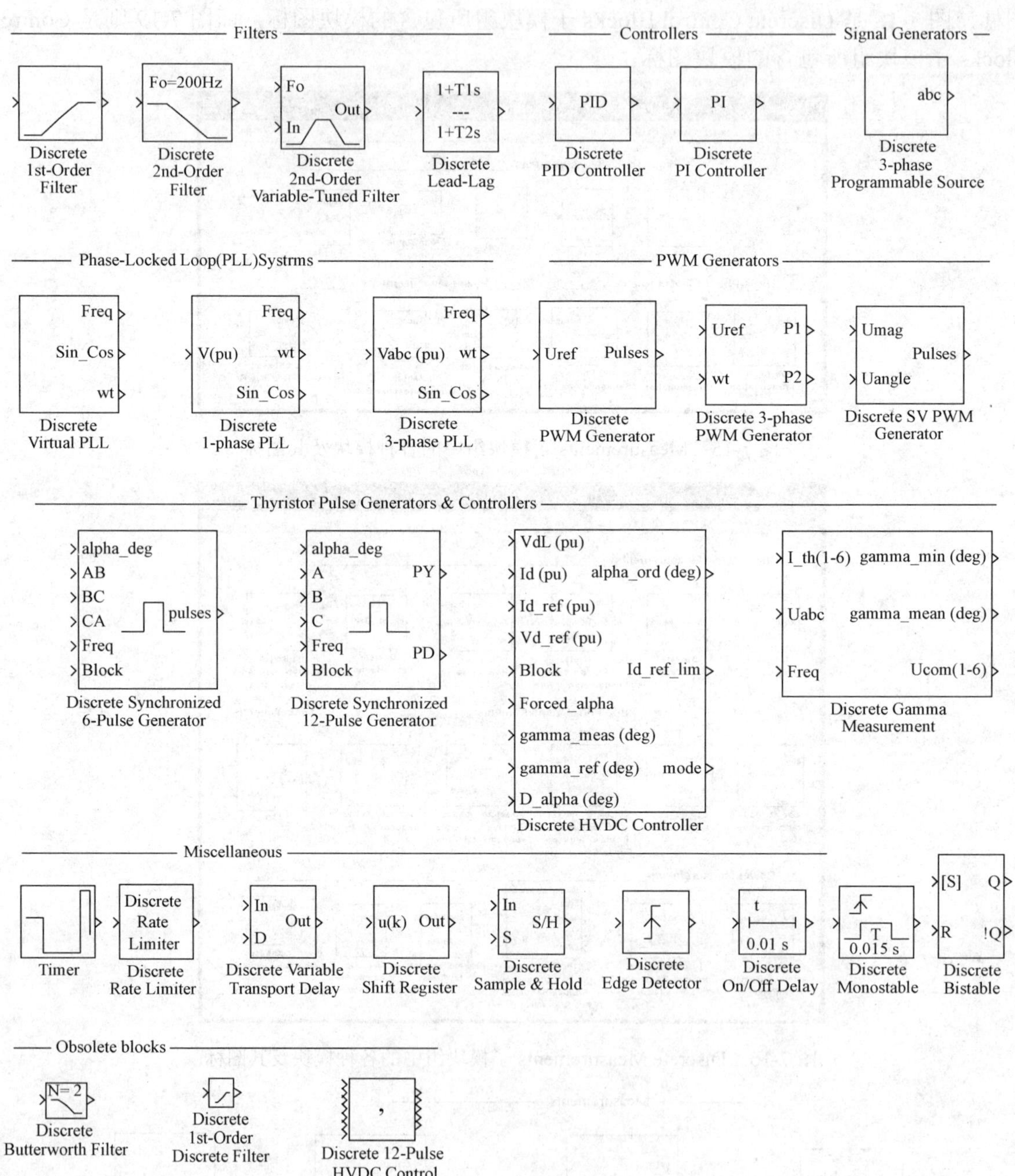

图 7-18 Discrete Control Blocks 子模块组中所包含的各种模块

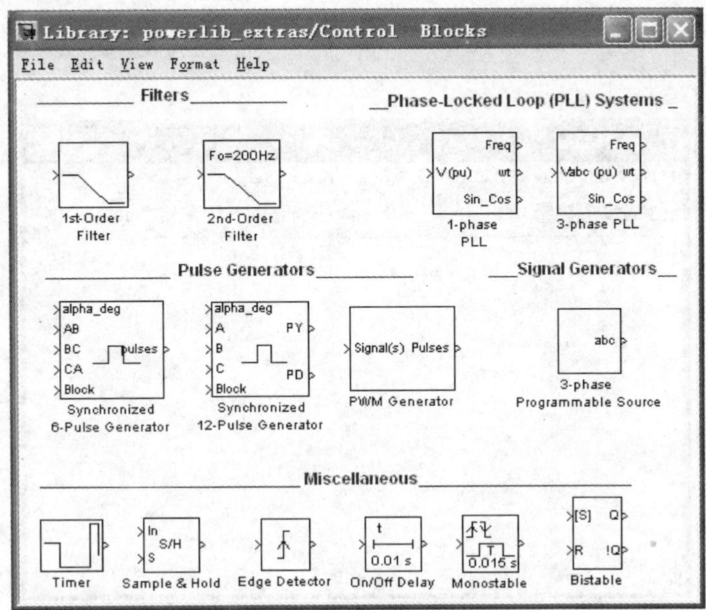

图 7-19　Control Blocks 子模块组所包含的模块

7.2　SIMULINK 的基本操作

7.2.1　SIMULINK 仿真平台菜单栏

从 MATLAB 窗口进入 SIMULINK 仿真平台的方法主要有以下两种。

（1）点击 MATLAB 菜单栏中的 File→New→Model，如图 7-20 所示。

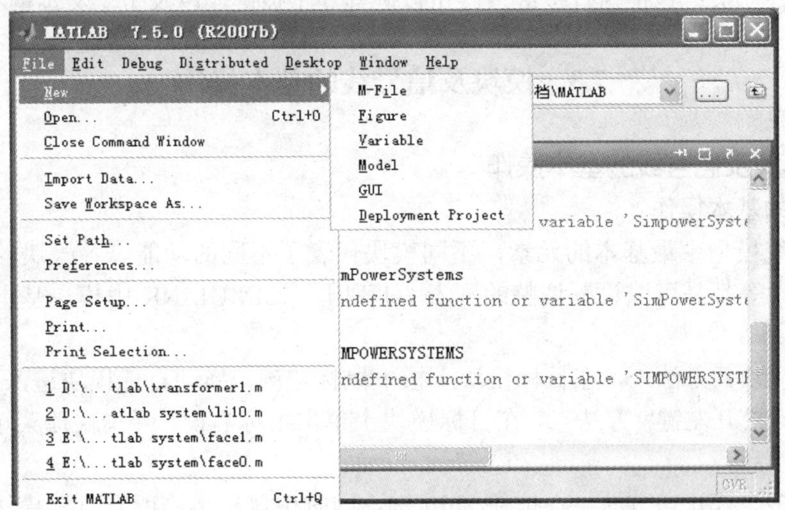

图 7-20　进入 SIMULINK 仿真平台的方法一

（2）点击 SIMULINK 模块库浏览器窗口工具栏上的创建新模型按键。

完成上述操作，将出现图 7-21 所示的 SIMULINK 仿真平台。仿真平台标题栏上的

“untitled”表示一个尚未命名的新模型文件。仿真平台中的菜单栏和工具栏是 SIMULINK 系统仿真的重要工具。

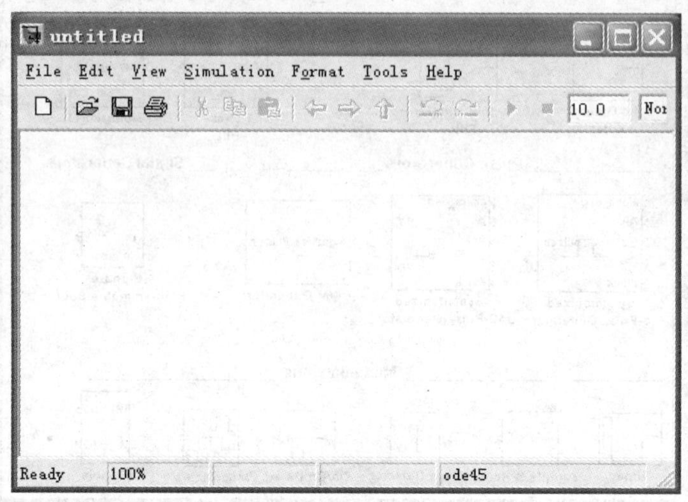

图 7-21 SIMULINK 仿真平台

7.2.2 仿真平台工具栏

SIMULINK 仿真平台中的工具栏归纳起来可以分为以下四类。

（1）文件管理类：包括 4 个按键，分别是新建文件按键、打开按键、保存按键、打印按键。

（2）对象管理类：包括 3 个按键，分别是剪切按键、复制按键、粘贴按键。

（3）命令管理类：包括 2 个按键，分别是撤销按键和重复按键。

（4）仿真控制类：包括执行按键、停止按键等 6 个按键，以及 1 个文本框和 2 个列表框。

7.3 模块及信号线的基本操作

7.3.1 模块及信号线的基本操作

一、模块的基本操作

模块是系统模型中最基本的元素，不同模块代表了不同的功能。各模块的大小、放置方向、标签、属性等都是可以设置调整的。表 7-1 列出了 SIMULINK 中模块基本操作方法的简单描述。

（1）选取模块：方法一，在目标模块上按下鼠标左键，拖动目标模块进入 SIMULINK 仿真平台窗口中，松开左键；方法二，在目标模块上单击鼠标右键，弹出快捷菜单，选择 Add to Untitled 选项。

（2）选中多个模块：方法一，按住 Shift 键，同时用鼠标单击所有目标模块；方法二，使用“范围框”，即按住鼠标左键，拖曳鼠标，使用范围框包围所有目标模块。

（3）删除模块：方法一，选中模块，按下 Delete 键；方法二，选中模块，同时按下 Ctrl 键和 X 键，删除模块并保存到剪切板中。

（4）调整模块大小：选中模块，模块四角将出现小方块，单击一个角上的小方块并按住鼠标左键，拖曳鼠标到合理大小的位置。

（5）移动模块：方法一，选中模块，按下 Delete 键；方法二，选中模块，同时按下 Ctrl 键和 X 键，删除模块并保存到剪切板中。

（6）旋转模块：方法一，选中模块，选择菜单命令 Format→Rotate Block，模块顺时针旋转 90°；选择菜单命令 Format→Flip Block，模块顺时针旋转 180°；方法二，右键单击目标模块，在弹出的快捷菜单中进行与方法一同样的菜单项选择。

（7）复制内容模块：方法一，先按住 Ctrl 键，再单击模块，拖曳模块到合理的位置，松开鼠标按键；方法二，选中模块，使用 Edit→Copy 及 Edit→Paste 命令。

（8）改变标签内容：在标签的任何位置上双击鼠标，进入模块标签的编辑状态，输入新的标签，在标签编辑框外的窗口中任何地方点击鼠标退出。

（9）改变标签位置：方法一，选中模块，选择菜单命令 Format→Flip name，翻转标签和模块的位置，选择菜单命令 Format→Hide name，隐藏标签；方法二，右键单击目标模块，在弹出的快捷菜单中进行与方法一同样的菜单选择。如图 7-22 所示，将模块进行了三种操作：模块顺时针旋转 270°、标签内容修改和标签位置改变。

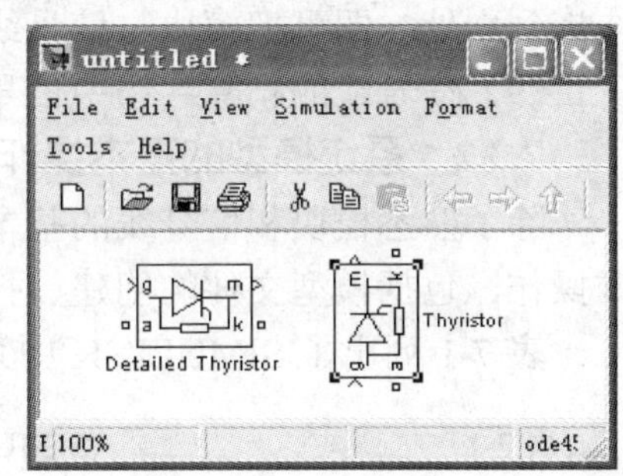

图 7-22 模块的旋转操作

（10）设定模块颜色：模块的前景颜色和背景颜色也可以改变，选择 Format→Foreground Color 命令可以改变模块的前景颜色，选择 Format→Background Color 命令可以改变模块的背景颜色。

二、信号线的基本操作

（1）信号线的产生。信号线将各个模块图标连接在一起，形成一个能够描述一个控制系统的仿真模型。在模型窗口里拖动鼠标，可以在模块的输入与输出端口之间连接信号线。连接两个模块的方法是：鼠标左键点住输入或输出端不放，看到鼠标指针变为十字形以后，拖到另外一个端口，鼠标指针将变为双十字形状，然后松开鼠标左键，于是一根最简单的信号线将两模块连接起来，信号线的箭头方向表示信号的流向。

单击信号线，可以选中该信号线，被选中的信号线的两端出现两个小黑块，然后，就可以对该信号线进行操作，如改变其粗细、对其设置标签，也可以把信号线折弯、分支，甚至于将该信号线删除等。

（2）在模块间连线。在两个模块之间建立信号联系，在上级模块输出端按住鼠标左键，拖动至下级模块的输入端，松开鼠标键。

（3）向量信号线与线型设定。对于向量信号线，在模型窗口里，单击菜单命令 Format→Wide Nonscalar Lines，线的粗细会根据在线上传输的数据是数值（scalar）还是向量（vector）而改受。数值用细线，相量则均粗线。

（4）信号线标签设置。双击信号线，该信号线的下面会出现一个矩形框，在矩形框内的光标处可以输入该信号线的说明文字，既可输入西文字符也可以输入汉字字符。标签信息内容也可以重新选中再编辑。

（5）信号线折弯。选中信号线，按住 Shift 键，再单击信号线要折弯的地方，在此处就会出现一个小圆圈“○”表示折点，利用折点就可以改变信号线的形状。

对选中的信号线，将鼠标指针放到线段端点的小黑块上，直到鼠标指针变为“○”，拖动线段，即可将线段以转直角的方式折弯。如果不想以直角的方式折弯，则可以在线段的任意位置，按住 Shift 键与鼠标左键，将线段以任意角度折弯。

（6）信号线分支。方法一，选中信号线，按住 Ctrl 键，并在要建立分支的地方按他鼠标左键拖出即可。方法二，将鼠标指针放到要引出分支的信号线段上，按住鼠标右键拖动鼠标，也可拖出分支线段。

（7）信号线的平行移动。将鼠标指针放到需要平行移动的信号线段上，按住鼠标左键不放，直到鼠标指引变为十字箭头形状，水平或者垂直方向拖动鼠标到目的地，松开鼠标左键，即完成信号线的平行移动。

（8）信号线与模块分离。将鼠标指针放在想要分离的模块上，按住 Shift 键不放，再把模块拖到别处，即可把模块与信号线分离。

（9）信号线的删除。选中信号线，按 Delete 键，即可把选中的信号线删除。

7.3.2 系统模型的基本操作

除了熟悉模块和信号线的基本操作方法，用户还需要熟悉 SIMULINK 系统模型本身的基本操作，包括模型文件的创建、打开、保持以及模型的注释等。

表 7-1 列出了 SIMULINK 中系统模型的基本操作方法的简单描述。

表 7-1　SIMULINK 中系统模型的基本操作方法

操作内容	操作目的	操 作 方 法
创建模型	创建一个新的模型	方法一：运行 MATLAB 菜单命令[Flie→New→Modle]； 方法二：点击 SIMULINK 模块库浏览器窗口工具栏按键新建
打开模型	打开一个已有的模型	方法一：运行 MATLAB 菜单命令[Flie→Open]； 方法二：点击 SIMULINK 模块库浏览器窗口工具栏按键打开
保存模型	保存仿真平台中模型	方法一：运行模块库浏览器窗口菜单命令[Flie→Save]； 方法二：点击 SIMULINK 模块库浏览器窗口工具栏按键保存
注释模型	使模型更易读懂	在模型窗口中的任何想要加注释的位置双击鼠标，进入注释文字编辑框，输入注释内容，在窗口中任何其他位置单击鼠标退出

7.3.3 子系统的建立和封装

一、子系统的建立

一般而言，电力系统仿真模型都比较复杂，规模很大，包含了数量可观的各种模块。如果这些模块都直接显示在 SIMULINK 仿真平台窗口中，将显得拥挤、杂乱，不利于用户建模和分析。可以把实现同一种功能或几种功能的多个模块组合成一个子系统，从而简化模型，其效果如同其他高级语言中的子程序和函数功能。

在 SIMULINK 中创建子系统一般有两种方法。

（1）通过“子系统”模块的方法。

该方法要求在用户的模型里添加一个人称为 subsystem 的子系统模块，然后再往该模块里加入组成子系统的各种模块。这种方法适合于采用自上而下设计方式的用户，具体实现步骤如下：

1）新建一个空白模型。

2）打开“端口和子系统”（Ports&Subsystems）模块库，选择其中的“子系统”（subsystem）

模块并将其复制到新建的仿真平台窗口中。

3）双击“子系统”模块，弹出一个子系统编辑窗口。系统自动在该窗口中添加一个输入和输出端子，名为 In1 和 Out1，这是子系统和外部联系的窗口。

4）将组成子系统的所有模块都添加到子系统的编辑窗口中，合理排列。

5）按要求用信号线连接各模块。

6）修改外接端子标签并重新定义子系统标签，使子系统更具可读性。

（2）通过组合已存在模块的方法。

该方法要求在用户的模型中已有组成子系统所需的所有模块，并且已做好正确的连接。

这种方法适合于采用自下而上设计方式的用户，具体实现步骤如下。

1）打开已存在的模型。

2）选中要组合到子系统中的所有对象，包括各模块和连接线。

3）选中菜单命令[Edit→Create Subsystem]，模型自动转换成子系统。

4）修改外接端子标签并重新定义子系统标签，使子系统更具可读性。

将图 7-23 所示的 $u=10+311\sin\omega t$ 模型用第二种方法创建子系统，创建过程如图 7-24 所示。可见，子系统的创建过程比较简单，但非常有用。值得注意的是，仿真系统的信号源和输出显示模块一般不放进子系统内部。

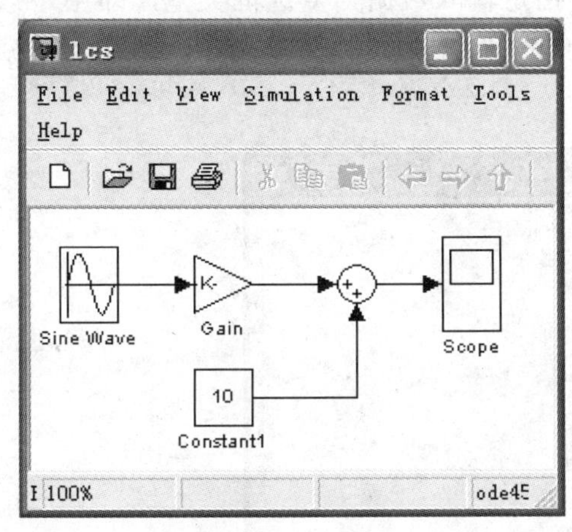

图 7-23 选中组合子系统的所有对象

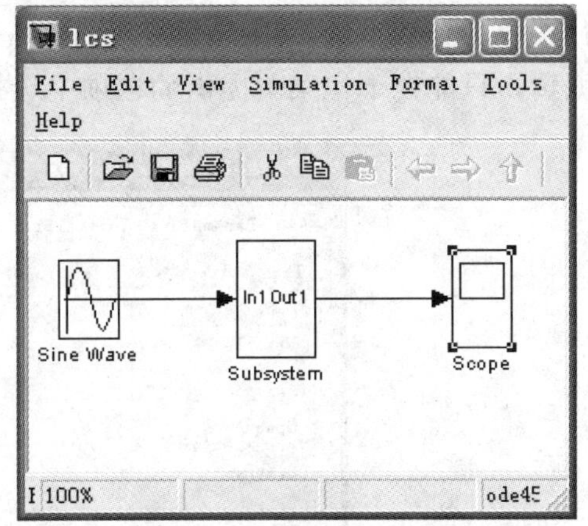

图 7-24 转换为子系统

二、子系统封装

所谓封装（Mask），就是将 SIMULINK 的子系统“包装”成一个模块，并隐藏全部的内部结构。访问该模块时只出现了一个参数设置对话框，模块中所有需要设置的参数都可通过该对话框来统一设置。

创建一个子系统封装模块的主要步骤如下。

（1）创建一个子系统。

（2）选中目标子系统，选择仿真平台窗口菜单中的 Edit→Mask Subsystem 选项，将弹出 Mask 编辑器窗口，窗口中包含四个标签页，如图 7-23 所示。

（3）使用封装编辑器不同的标签页进行封装图标、参数、初始化和文本的设置。四个标签页的主要功能如下。

1）图标（Icon）标签页：用来给封装模块设计自定义图标。Drawing commands 命令窗口以 MATLAB 语句来绘制图标的编辑区，通过在 Drawing commands 命令窗口中填写函数设置封装模块的图标。图标标签页的常用绘制命令见表 7-2。

表 7-2 图标标签页的常用绘制命令

绘 制 命 令	说 明
Plot(x_vector,y_vector)	在图标上绘制曲线
Disp(string)	在图标的中心显示字符串
Text(x,y,string)	在（x,y）坐标处显示字符串
Image(picture.jpg)	在图标上嵌入目标图片（JPG 格式）
Dploy(num,den)	要图标的中心显示传递函数

2）参数（Parameters）标签页：最关键的标签页，可增加或删除子系统参数对话框中的变量以及属性，如图 7-25 所示。其中，Variable 项至关重要，必须和子系统中对应模块内设置的变量名一致，才能建立起封装模块内部变量和封装对话框之间的联系。变量类型可选三类："可编辑型"（Edit）指令输入数据为可编辑类型，即该变量可由用户自定义输入数据，这是最普遍的一种类型；"复选框型"（Checkbox）指定输入数据为复选框类型，即用户只能进行选中与否的设置；"下拉菜单型"（Popup）指定输入数据为下拉菜单类型，即输入数据不可编辑，只能在下拉菜单提供的选项中选择。

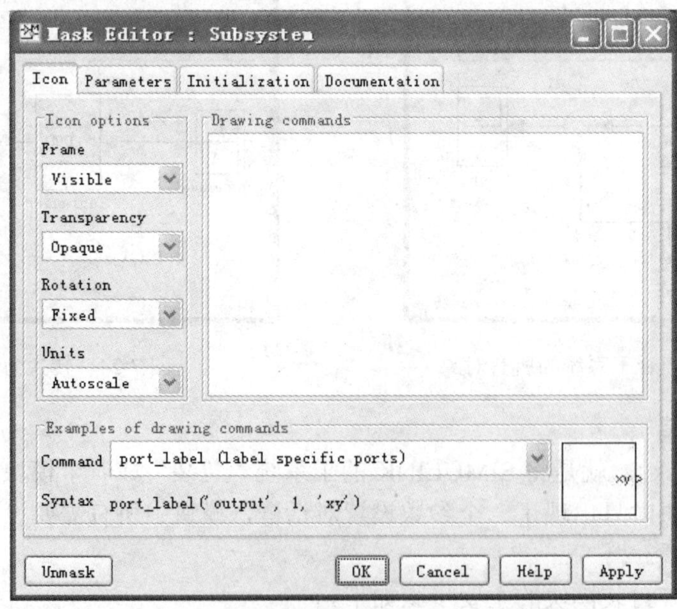

图 7-25 封装编辑器窗口

3）初始（Initialization）标签页：通过命令函数，允许用户在调用子系统前通过 MATLAB 命令窗口进行子系统参数值的初始设定，还可以对图标绘制函数初始的值进行设置。

4）文本（Documentation）标签页：可设定封装子系统的类型、描述和帮助等文字说明。其中，"封装类型"（mask type）文本框中的内容将作为模块的类型显示在封装模块的参数对话框中；“封装模块描述”（mask description）多行文本框中的内容将显示在封装模块参数对话框的上部，对封装模块的功用和其他注意事项进行描述；“封装模块帮助”（mask help）多行文本框中输入关于该模块的帮助，在参数对话框中的“help”按键按下时，MATLAB 的帮助系统将显示此封装模块帮助多行文本框中的内容。

7.4　SIMULINK 系统建模与运行仿真

7.4.1　SIMULINK 系统建模

前节已讲述了 SIMULINK 建模中的一些基本操作方法，下面将简单介绍 SIMULINK 的建模步骤。

（1）分析待仿真系统，确定待建模型的功能和结构。

（2）起动模块库浏览器窗口，选择菜单中的 File→New→Model 选项，新建一个模型文件。

（3）在模块库浏览器中找到模型所需要的各模块，并分别将其拖到新建的仿真平台的窗口中。

（4）将各模块适当排列，并用信号线将其正确连接。需要注意的是：①在建模之前应对模块和信号线有一个整体清晰和合理的安排，这样在建模时会省下很多不必要的麻烦；②模块的输入只能和上级模块的输出端相连接；③模块的每个输入端必须要有指定的输入信号，不过，输出端可以空置。

（5）对模块和信号重新标注。

（6）依据实际需要对相应的模块设置合适的参数值。

（7）如有必要，可对模型进行子系统建立和封装处理，详见前节有关内容。

（8）保存模型文件。

电动机系统中的变压器建模、三相异步电动机建模、同步电动机建模、直流电动机建模可以分别参见第 8 章、第 9 章、第 10 章和第 11 章的相关内容。由于篇幅限制，这里就不再作详细介绍了。

7.4.2　SIMULINK 运行仿真

SIMULINK 一般使用窗口菜单命令进行仿真，方便且人机交互性强，用户可容易地进行仿真解法及仿真参数的选择、定义和修改等操作。

使用窗口菜单命令进行仿真主要可以完成以下一些操作过程。

1. 设置仿真参数

选择菜单选项 Simulation→Configuration Parameters 可以进行仿真参数及算法的设置。选择此选项后会显示仿真参数对话框，如图 7-26 所示。

此对话框包含的主要属性页的内容及功能如下：

（1）Solver：设置仿真的起始和终止时间，设置积分解法以及步长等参数。

（2）Data Import/Export：SIMULINK 和 MATLAB 工作间数据的输入和输出设定，以及数据存储时的格式、长度等参数设置。

（3）Diagnostics：允许用户选择在仿真过程中警告信息显示等级。

选择适当的算法并设置好其他仿真参数后，点击对话框中的 OK 或 Apply 按钮，修改的设置即可生效。

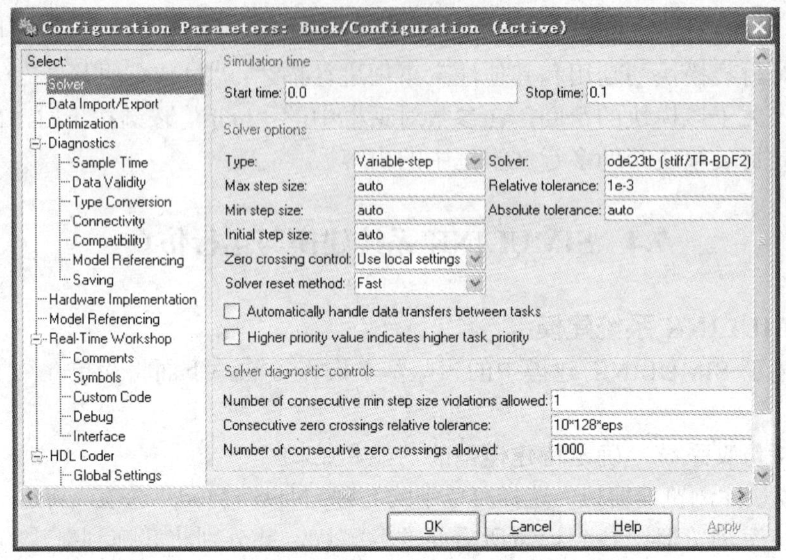

图 7-26 仿真参数对话框

2. 起动仿真

完成仿真参数的设置后，就可以开始仿真了。确认待仿真的仿真平台窗口为当前窗口，选择菜单选项 Simulation→Start 或电动机工具栏中的▲图标起动仿真。

3. 显示仿真结果

如果建立的模型没有错误，选择的参数合适，则仿真过程将顺利进行。这时，双击模型中用来显示输出的模块（如 Scope 模块），就可以观察到仿真的结果。当然，也可以在仿真开始前先双击打开显示输出模块，再开始仿真。

4. 停止仿真

对于仿真时间较长的模型，如果在仿真过程结束之前，用户想停止此次仿真过程，可以选择菜单选项 Simulation→Stop 停止仿真。

5. 仿真诊断

在仿真过程中若出现错误，SIMULINK 将会终止仿真并弹出一个标题为“Error Dialog”的带有明显出错图标的错误提示框。点击提示框中的 OK 按钮，将显示如图 7-27 所示的错误信息对话框。该对话框分为如下三部分。

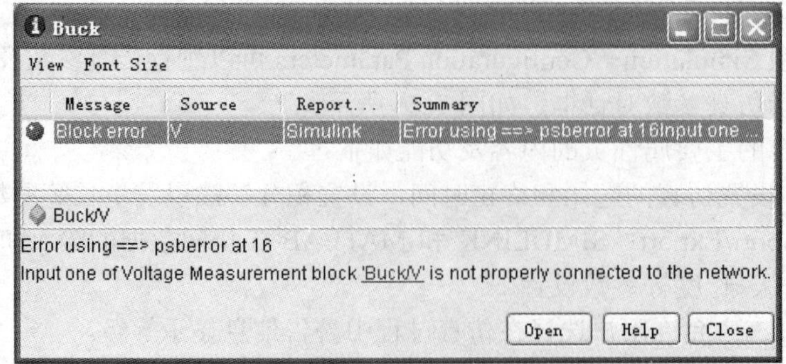

图 7-27 错误信息对话框

（1）出错信息列表。显示所有出错信息，包含以下四个列项。

1）Message：信息类型，如模块错误、连线警告等。

2）Source：模型中出错的模块名。

3）Reported by：出错信息来源，如 SIMULINK、Stateflow、Workshop 等。

4）Summary：出错信息概括。

（2）当前错误详细信息显示。用户可以在出错信息类表中选择任意一条错误，当前所选错误的详细信息将显示在本区域。

（3）命令按键部分。点击 Open 按钮可打开出错模型并以黄色突出显示。

6. 设置仿真时间

设置仿真时间非常重要，它决定了模型仿真的时间或取值区域，其设置完全根据待仿真系统的特性确定，反映在输入显示上就是示波器的横轴坐标值的取值范围。“Start time”和“Stop time”项分别用以设置仿真开始时间（或取值区域下限）和终止时间（或取值区域上限），默认值分别为 0.0 和 10.0。

7. 选择仿真算法

在 SIMULINK 的仿真过程中选择合适的算法是很重要的。仿真算法是求常微分方程、传递函数、状态方程解的数值计算方法，主要有欧拉法（Eular）、阿达姆斯法（Adams）和龙格-库塔法（Runge-Kutta）。由于动态系统的差异性，使得某种算法对某类问题比较有效，而另外算法对另一类问题更有效。因此，对不同的问题，可以选择不同的适应算法和相应的参数，以得到更准确、快速的解。

根据仿真步长，SIMULINK 中提供的常微分方程数值计算的算法大致可以分两类。

（1）Variable Step：可变步长类算法，在仿真过程中可以自动调整步长，并通过减小步长来提高计算精度。

（2）Fixed Step：固定步长类算法，在仿真过程中采取基准采样时间作为固定步长。

一般来说，使用变步长的自适应算法是比较好的选择。这类算法会按照设定的精确度在各积分段内自适应地寻找最大步长进行计算，从而使得效率最高。

7.4.3　示波器的使用

示波器（Scope）模块是 SIMULINK 仿真中非常重要的一个模块，不仅可以实现仿真结果波形的显示，而且可以同时保存波形数据，是人机交互的重要手段。

双击示波器模块图标，即可弹出示波器的窗口界面，如图 7-28 所示。示波器模块属性的设置对用户观察和分析仿真结果影响很大，必须进行合适的属性设置才能得到满意的显示效果。

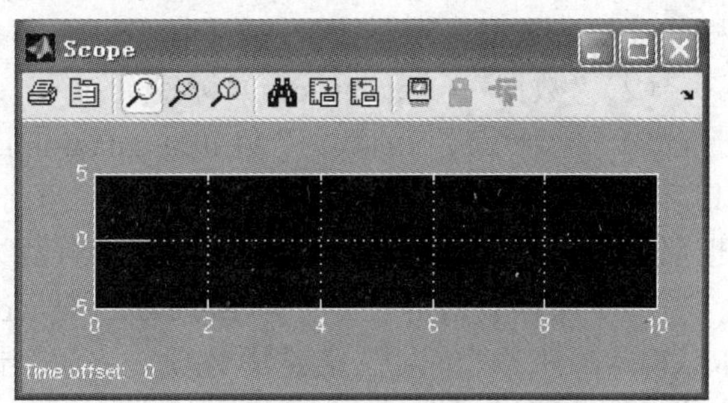

图 7-28　示波器窗口界面

1. 示波器参数

点击“示波器参数”按钮，弹出示波器参数对话框，该对话框中含有两个标签页，分别是“常规”（General）和“数据”（Data history）标签页，如图 7-29 所示。

（1）“常规”（General）标签页。

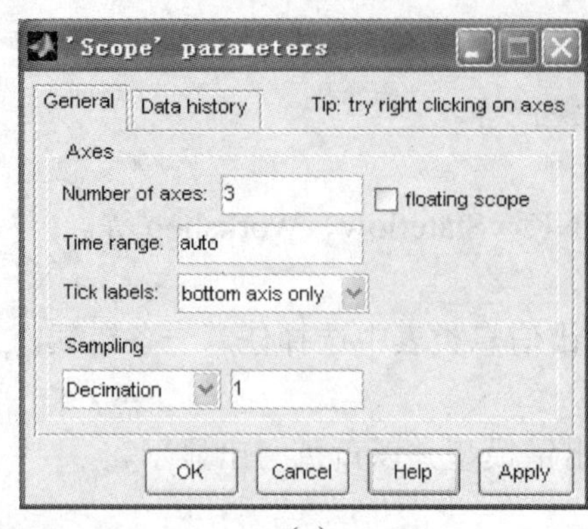

（a）

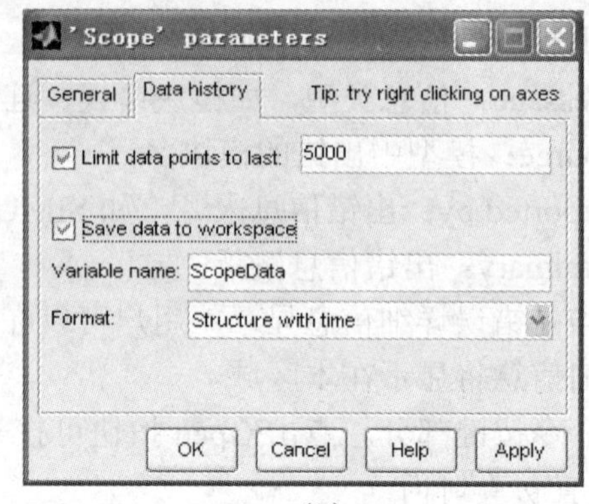

（b）

图 7-29　示波器参数对话框

（a）常规标签页；（b）数据标签页

1）Number of axes——“坐标个数”文本框：用于设定示波器的 y 轴数量，即示波器的输入信号端口的个数，默认值是 1，即该示波器用以观察一路信号。若将其设为 2，则可以同时观察两路信号，示波器的图标也自动变为两个输入端口。以此类推，一个示波器可设置为同时观察多路信号。将该项参数设定为 3 后的示波器模块图标如图 7-30 所示。

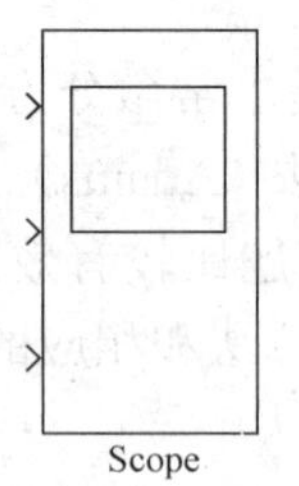

图 7-30　三路数据的示波器模块图标

2）Time range——“时间范围”文本框：用于设定示波器时间轴的最大值，一般可选“自动”（auto），这样 x 轴可以自动以系统的仿真起始和终止时间作为示波器的时间显示范围。

3）Tick labels——“单位标签”下拉框：用于选择标签的贴放位置。

4）Sampling——“采样”下拉框：用于选择数据取样方式，包括“抽取”（Decimation）和“采样时间”（Sample time）两种方式。“抽取”方式表示当采样下拉框右侧文本框输入数据 *N* 时，每 *N* 个输入数据中抽取一个用来显示。可见，设定的数字 *N* 越大。显示的波形就越粗糙，但数据存储的空间可以减少，一般该文本框保持默认值 1，表示所有输入数据均显示。若采用“采样时间”方式，则需要在采样下拉框右侧文本框中输入采样的时间间隔，并按采样间隔提取数据显示。

（2）“数据”（Data history）标签页。

1）“仅显示最新的数据”（Limit data points to last）复选框：用于数据点数设置。选中后，其后的文本框被激活，默认值为 5000，表示示波器显示 5000 个数据，若超过 5000 个数据，也仅显示 5000 个数据。若不选该项，所有数据都显示，但对计算机内存要求较高。

2）“保存数据至工作间”（Save data to workspace）复选框：数据在显示的同时被保存到 MATLAB 工作空间中。若选中该项，将激活该复选框下的另两个参数设置项：“变量名”文本框用于设置保存数据的名称，以便在 MATLAB 工作空间中识别和调用该数据；“格式”文本框用于设置数据的保存格式。数据的保存格式有三种：“数组”（Array）格式，用于只有一个输入变量的数据保存格式；“带时间变量的结构”（Structure with time ）格式，用于同时保存波形数据和时间；“结构”（Structure）格式，用于仅保存波形数据。

2. 图形缩放

仿真波形在显示器中显示，有时用户需要对波形显示区域和大小进行适当的调整，达到最佳观察效果。示波器窗口的工具栏提供了四个工具按键用以图形缩放操作。

（1）区域放大按键：首先在工具栏中点击区域放大按键，然后在窗口中需要放大的区域上按住鼠标左键并拖曳一个矩形框，用矩形框框住需要放大的图形区域，松开鼠标左键，该区域被放大显示。

（2）x 轴放大按键：首先在工具栏中点击 x 轴放大按键，然后在窗口中需要放大的区域按住鼠标左键，并沿着 x 轴方向拖拉即可。

（3）y 轴放大按键：首先在工具栏中点击 y 轴放大按键，然后在窗口中需要放大的区域上按住鼠标左键，并沿着 y 轴方向拖拉即可。

（4）自动尺寸按键：能自动地调整示波器的横轴和纵轴，既可完全显示用户设置的仿真时间域以及对应的结果数值域，又能取得合理的显示结果，应用非常方便。

3. 坐标轴范围

示波器的 x 轴和 y 轴的最大取值范围一般是自动设定的，利用图形缩放中的放大镜功能可以在 x 轴和 y 轴的范围内选取其中一部分显示。当需要进一步放大 y 轴的范围或更精确地标定 y 轴的坐标范围时，可以利用轴参数设置来进行设置。

在示波器窗口的图形区域内单击鼠标左键，在弹出的快捷菜单中选择 Axes parameters 选项，出现一个名为“scope properties：axis1”的轴属性对话框，如图 7-31 所示。其中的 Y-min 与 Y-max 用来设置纵轴显示数值范围；Title 项用来给显示信号命名。

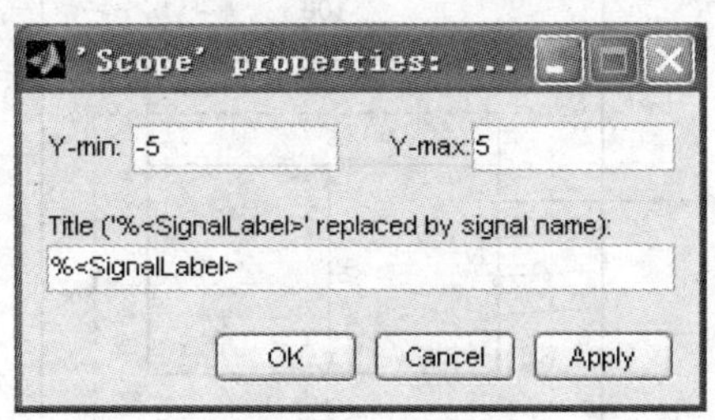

图 7-31　示波器 y 轴范围设定

第8章 变压器仿真

8.1 变压器的磁路计算

电力变压器是一种静止的电气设备，它通过电磁感应原理，把一种电压等级交流电转换成同频率的另外一种电压等级的交流电，从而实现电能的传输或信号的传递。对变压器进行分析要涉及磁路方法，还要用电路方法。

在变压器内部，磁路起引导磁通的作用，磁路及磁性材料的基本特性包括磁化曲线、磁滞回线，以及电磁感应过程中由于非线性引起的电流畸变。本节运用 MATLAB 中的 M 语言来研究和解决变压器的磁路分析。

8.1.1 利用磁路计算变压器的空载电流

【例 8-1】 如图 8-1 所示为一单相变压器的磁路，铁心由电工硅钢片叠压而成，铁心的叠压系数（叠片的净长与包含绝缘的总长之比）为 $k_{Fe}=0.96$，各铁心的截面积相同，均为 $A=0.8\times10^{-3}\text{m}^2$，各铁心的平均长度分别如图 8-1 所示（单位为 mm）。已知铁心的相对磁导率为 1900，一次绕组的匝数 N=1600，如果要在铁心中产生 0.0012 的磁通，求需要在一次绕组加多大的励磁电流。用 M 语言编写计算的程序。

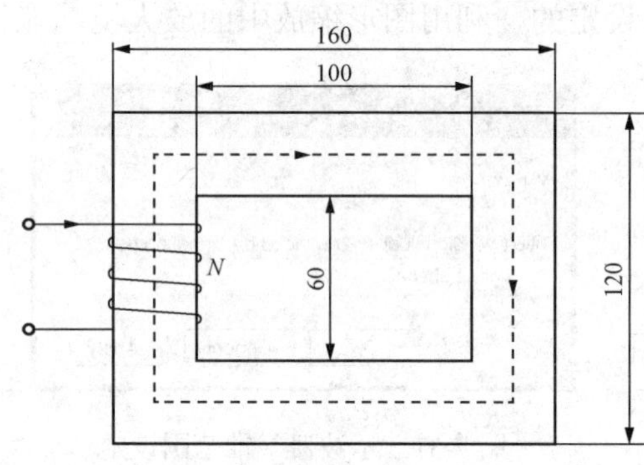

图 8-1 单相变压器的铁心磁路

解 用 M 语言编写计算程序及相关注释如下。

```
clear;                              %磁路计算求解励磁电流
A=0.8*1e-3;                         %已知铁心截面积 m^2，1e-3 表示 10^-3
kfe=0.96;                           %已知铁心叠片系数
Ph=1.2*1e-3;                        %要求产生的磁通量，Wb
u0=4*pi*1e-7;                       %已知空气磁导率，H/m
L1=2*(160+100)/2=0.26;L2=0.18;      %已知各段磁路长度，m
N=1600;                             %已知励磁绕组匝数
d=0;                                %已知气隙长度
Ak=kfe*A;                           %计算净面积
B=Ph/Ak;                            %计算铁心磁密度
ufe=1900*u0;                        %求铁心磁导率
Hc=B/ufe;                           %计算铁心磁场强度
Fc=Hc*(L1+L2);                      %计算铁心中磁压降
Ha=Ph/u0/A;                         %计算气隙磁场强度
Fa=Ha*d;                            %计算气隙磁压降
F=Fc+Fa;                            %计算总磁压降
i=F/N;                              %用安培定律计算励磁电流
s=num2str(i);                       %将数字转换成字符串
s1='空载电流为：';                  %定义字符串
```

```
s=strcat(s1,s,'A');                    %合并字符串
disp(s);                               %显示计算结果
```

程序运行输出结果为：

空载电流为：0.17997A

8.1.2 绘制基本磁化曲线及磁饱和时的励磁电流波形

【例 8-2】 已知铁磁材料的基本磁化曲线数据见表 8-1。画出基本磁化曲线。

表 8-1 基本磁化曲线数据

B（T）	0.1	0.2	0.3	0.4	0.5	0.6	0.7	0.8	0.9	1.0	1.1	1.2	1.3
H（A/m）	5	10	20	30	40	45	50	60	80	100	140	180	280
B（T）	1.35	1.39	1.44	1.48	1.5	1.51	1.52	1.55	1.56	1.6			
H（A/m）	440	560	760	970	1000	1500	3300	4800	5500	10000			

```
%磁化曲线拟合，绘制基本磁化曲线及磁饱和时的励磁电流波形
%H=a*sinh(b*B);
clear;                                 %清除工作空间的变量
b_data=[0.1,0.2,0.3,0.4,0.5,0.6,0.7,0.8,0.9,1,1.1,1.2,1.3,1.34,1.38,...
      1.41,1.43,1.45,1.47,1.48,1.49,1.495,1.5,1.55,1.6];
h_data=[5,10,20,25,40,50,60,70,90,110,150,200,300,...
      400,500,600,700,800,900,1000,1100,1200,1700,5000,10000];
B=[-b_data,0,b_data];                  %将磁通密度数据扩展为正负值
H=[-h_data,0,h_data];                  %将磁场密度数据扩展为正负值
B=sort(B);                             %对磁通密度数据进行排序
H=sort(H);                             %对磁场密度数据进行排序
%绘制磁通密度波形
subplot(2,2,1);                        %将窗口划分成2行2列，使用第1个子窗口
Bx=0:0.01:2*pi                         %形成正弦函数自变量从0到2Pi,间隔为0.01的数据
Bsin=1.5*sin(Bx);                      %计算正弦值磁密度值，幅值为1.5
plot(Bx,Bsin);                         %在选定的子窗口中绘制磁通密度正弦曲线
grid on;
xlim([0,2*pi]);                        %限定横坐标显示范围为0～2Pi
xlabel('角度\omegat/rad');             %在横坐标上标注'角度\omegat/rad'
ylabel('磁通密度B/T');                 %在纵坐标上标注'磁通密度B/T'
%绘制BH基本磁化曲线原始数据点
subplot(2,2,2);                        %在2行2列子窗口，使用第2个子窗口
hold on;
plot(H,B,'ro');                        %画原始数据点
grid on;
xlabel('磁化强度H/(A/m)');             %在横坐标上标注'磁化强度H/(A/m)'
ylabel('磁化密度B/T');                 %在纵坐标上标注'磁化密度B/T'
%绘制拟合的基本磁化曲线
mymodel=fittype('a*sinh(b*x)');%选择sinh为拟合模型
opts=fitoptions(mymodel);
set(opts,'Robust','LAR','Normalize','Off');
fit=fit(B',H',mymodel,opts);           %拟合
bt=B;                                  %拟合曲线临时磁通密度数据
ht=fit.a.*sinh(fit.b.*bt);             %拟合曲线临时磁场强度数据
plot(ht,bt);                           %在原始数据窗口画拟合曲线
```

```
%绘制磁化电流波形
subplot(2,2,3);                          %在 2 行 2 列子窗口，使用第 3 个子窗口
hold on;
M_X=1.6;                                 %磁场强度最大值
BI1=sin((-M_X:0.01:M_X)./M_X.*pi).*M_X;  %磁通正弦变化
HI1=fit.a.*sinh(fit.b.*BI1);             %拟合曲线映射后的磁场强度
XI1=1:length(BI1);
XI1=XI1/length(BI1)*2*pi;                %折算到 0～2pi 之间
YI1=HI1;                                 %计算磁化电流
plot(XI1,YI1);                           %画磁化电流波形
grid on;
xlim([0,2*pi]);                          %限定横坐标显示范围
xlabel('角度\omegat/rad');               %在横坐标上标注'角度\omegat/rad'
ylabel('磁化电流 I/安匝');               %在纵坐标上标注'磁化电流 I/安匝'
```

程序运行后所得基本磁化曲线如图 8-2 所示。

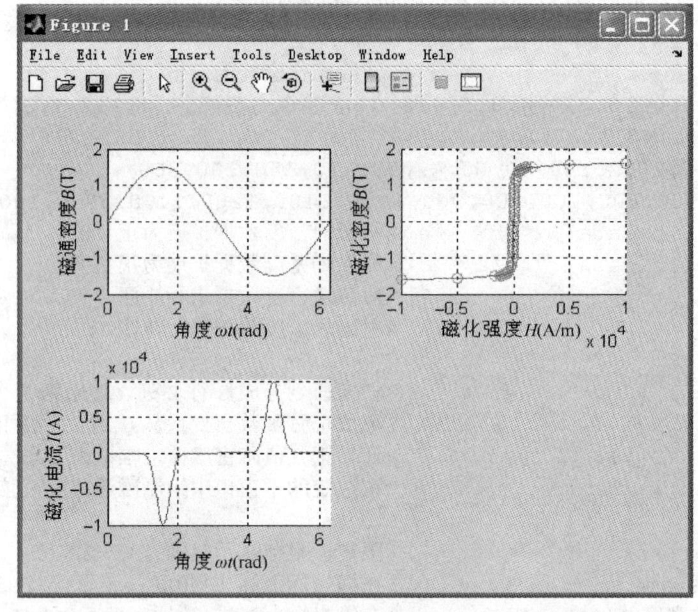

图 8-2 变压器基本磁化曲线及磁路饱和所引起的磁化电流畸变

8.2 单相变压器空载合闸时的瞬态过程仿真

当变压器突然改变负载、空载合闸到电源、二次绕组突发短路或受到过电压冲击等，变压器各电磁量就要发生骤烈的变化，其持续过程称为过渡过程。分析变压器的过渡过程，主要是由于此过程会出现过电压或过电流，在极短的时间内也会对变压器造成破坏。

变压器二次侧开路空载，一次侧合闸接到电源称为空载合闸。

当时间 t=0 时空载合闸，电源电压为

$$u_1=\sqrt{2}U_1\sin(\omega t+\alpha) \tag{8-1}$$

式中：α 为合闸时电压 u_1 的初相角。

合闸后微分方程式为

$$N_1 \frac{\mathrm{d}\Phi}{\mathrm{d}t} + i_0 r_1 = \sqrt{2} U_1 \sin(\omega t + \alpha) \tag{8-2}$$

式中：Φ 为链过一次绕组的总磁通，Wb；N_1 为一次绕组的匝数；α 为合闸瞬间电源电压的初相角；U_1 为一次侧电压有效值，V；r_1 为一次绕组的漏电阻，Ω。

瞬变过程中励磁电流 i_0 与一次绕组的漏电感 L_1 的关系为

$$i_0 = \frac{N_1}{L_1} \Phi \tag{8-3}$$

代入式（8-2），得到以 Φ_1 为变量的常系数微分方程（设稳态空载运行时不考虑铁心饱和问题）

$$N_1 \frac{\mathrm{d}\phi_1}{\mathrm{d}t} + N_1 \frac{r_1}{L_1} \Phi_1 = \sqrt{2} U_1 \sin(\omega t + \alpha) \tag{8-4}$$

解此方程，有两个分量，稳态分量和暂态分量，即

$$\begin{aligned} \Phi_1 &= \Phi_{\mathrm{m}} \sin(\omega t + \alpha - 90°) + C\mathrm{e}^{-\frac{r_1}{L_1}t} \\ &= -\Phi_{\mathrm{m}} \cos(\omega t + \alpha) + C\mathrm{e}^{-\frac{r_1}{L_1}t} \end{aligned} \tag{8-5}$$

式中：Φ_{m} 为稳态时的磁通幅值；C 为积分常数，由初始条件决定。

为了简化起见，假设铁心无剩磁，即 $t=0$，$\Phi_1=0$。代入式（8-5）可求积分常数 C，即

$$C = \Phi_{\mathrm{m}} \cos\alpha \tag{8-6}$$

代入式（8-5）得到，空载合闸时磁通随时间的关系式为

$$\phi_1 = -\Phi_{\mathrm{m}} \cos(\omega t + \alpha) + (\Phi_{\mathrm{m}} \cos\alpha)\,\mathrm{e}^{-\frac{r_1}{L_1}t} \tag{8-7}$$

在变压器空载接通电源的过程中，随着自由分量磁通的衰减，励磁电流也要衰减，衰减的时间常数为 $\tau = -\frac{L_1}{\gamma_1}$。

（1）当电源电压初相位角 α=90°时合闸（t=0 断路器 1 接通，断路器参数设置参见图 8-5），则

$$\Phi_1 = \Phi_{\mathrm{m}} \sin\omega t \tag{8-8}$$

在这种情况下，没有暂态分量磁通，合闸后立即进入稳态，从而避免了冲击电流。

（2）当电源电压初相位角 α=0°时合闸，则

$$\Phi_1 = -\Phi_{\mathrm{m}} \cos\omega t + \Phi_{\mathrm{m}} \mathrm{e}^{-\frac{r_1}{L_1}t} \tag{8-9}$$

在这种情况下，瞬态分量的幅值最大，是最不利的情形。显然这时的铁心非常和，相应的励磁电流急剧增大，可达正常励磁电流的几百倍，也是额定电流的几倍。

8.2.1　单相变压器空载合闸时的瞬态过程仿真电路

单相变压器空载合闸时的瞬态过程仿真电路如图 8-3 所示。

8.2.2　模块参数设置

电源电压幅值、初相与频率等参数和控制电源投入的断路器 1 参数设置分别如图 8-4、图 8-5 所示。

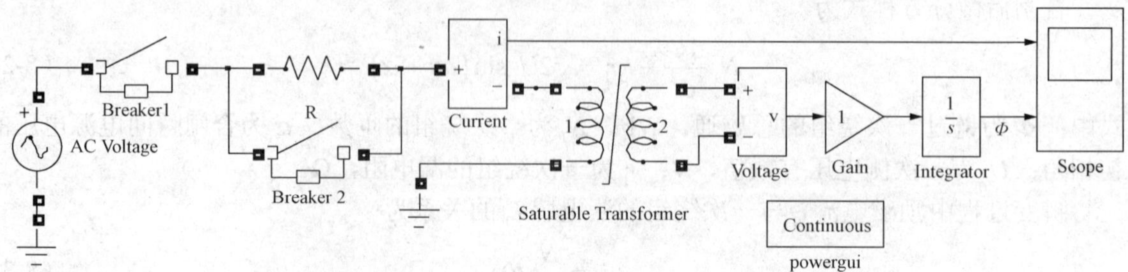

图 8-3 单相变压器空载合闸时的瞬态过程仿真电路

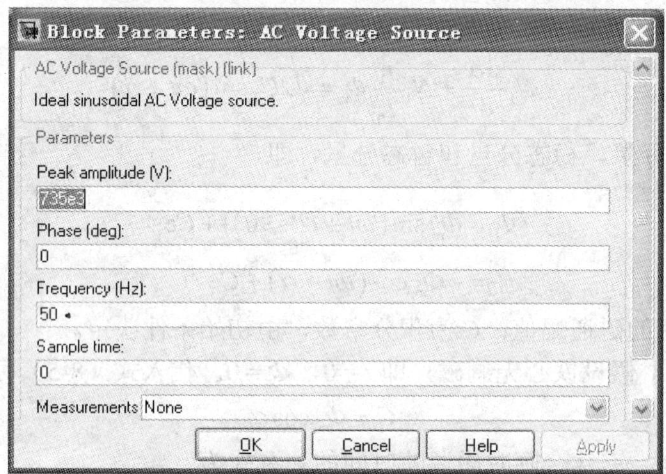

图 8-4 电源电压幅值、初相与频率等参数设置

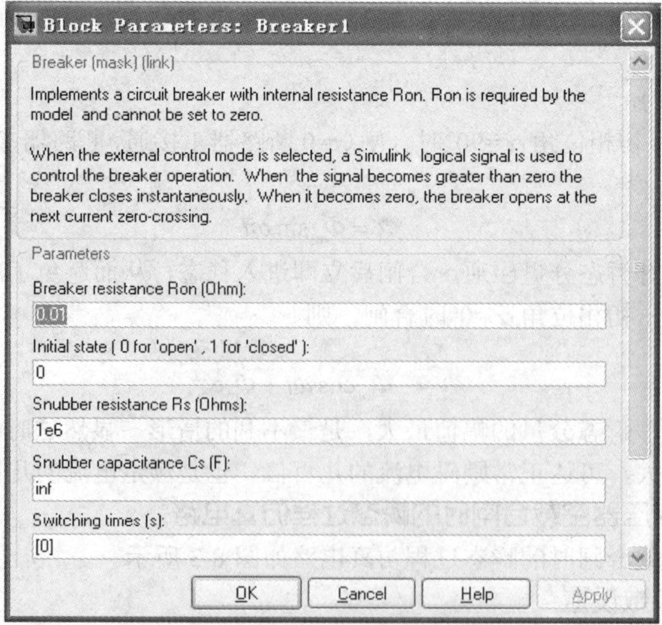

图 8-5 控制电源投入的断路器 1 参数设置

8.2.3 仿真结果及分析

单相变压器空载合闸时的瞬态过程仿真电流和主磁通波形如图 8-6 和图 8-7 所示。

从图 8-7 中可以看出，随着时间推移，自由分量磁通会衰减（因有电阻 r_1），最后只有强制分量，励磁涌流也恢复到正常值，瞬变过程结束。一般小型变压器的自由分量约几个周期即会全部衰减完毕，大型电力变压器有时需要几秒到十几秒。空载合闸电流对变压器本身没有多大危害，但若衰减较慢时，可能引起过电流保护装置动作而跳闸。为了避免这种情况，在变压器一次侧串一个附加电阻 R，这样可减少冲击量，也可使冲击迅速衰减，合闸完毕后，再闭合断路器 2 将该电阻切除。

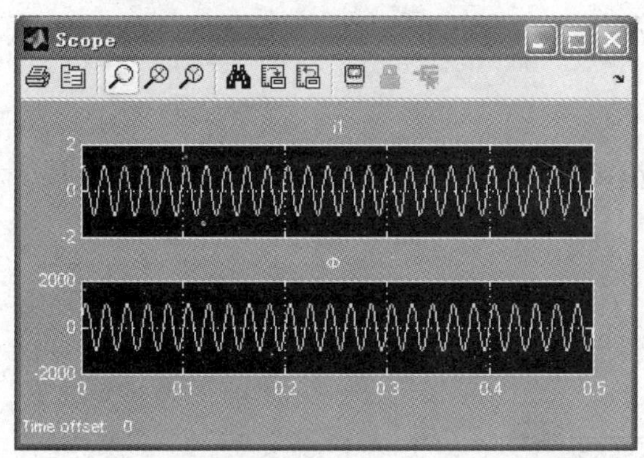

图 8-6 单相变压器空载合闸时的瞬态过程仿真电流和主磁通波形（α=90°时）

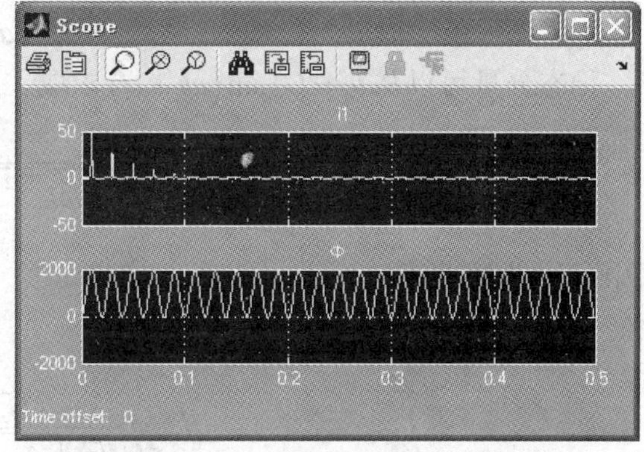

图 8-7 单相变压器空载合闸时的瞬态过程仿真电流和主磁通波形（α=0°时）

8.3 单相变压器二次侧突然短路仿真

8.3.1 单相变压器突发短路时的瞬变过程

本节以单相变压器为例来分析变压器突发短路时的瞬变过程。分析时作如下假设。

（1）变压器绕组均折算到同一匝数，即 $N_1 = N_2$；

（2）忽略励磁电流，即 $I_0 = 0$；

（3）当二次短路时，一次侧端电压 u_1 为电感压降与电阻压降之和，即

$$u_1 = U_{1m}\sin\left(\omega t + \alpha\right) = L_k \frac{di_1}{dt} + i_1 r_k \tag{8-10}$$

式中：L_k 为一次侧绕组漏感，H，$L_k = L_1 + L_2 - 2M_{12}$ 或 $L_k = \dfrac{X_k}{\omega}$；$L_1$、$L_2$ 分别为一、二次侧绕组自感，H；M_{12} 为一、二次侧间互感，H；x_k 为短路漏抗，Ω，$x_k = x_1 + x_2'$；r_k 为短路漏电阻，Ω，$r_k = r_1 + r_2'$。

式（8-8）为一阶线性微分方程，有稳态分量 i_k' 与暂态分量 i_k'' 两个解，故短路电流 i_k 为

$$i_k = i_k' + i_k'' \tag{8-11}$$

通常，变压器在发生短路之前已带有负载。由于负载电流比短路电流小得多，故可忽略负载电流，或者认为短路是在空载情况下发生的，即 $t = 0$，$i_k = 0$。根据这个起始条件，且

认为 $r_k << \omega L_k$ 时，简化计算如下：令式（8-10）中 $u_1=0$，则可求出暂态分量 i''_k，设 $L_k\dfrac{\mathrm{d}i''_k}{\mathrm{d}t}+i''_k r_k=0$

$$\int\frac{\mathrm{d}i''_k}{i''_k}=\int\left(-\frac{r_k}{L_k}\right)\mathrm{d}t \tag{8-12}$$

上式方程两边积分得

$$\ln i''_k=\frac{r_k}{L_k}t+C \tag{8-13}$$

$$i''_k=a\mathrm{e}^{-\frac{r_k}{L_k}t} \tag{8-14}$$

稳态分量可以从 $u_1=U_m\sin(\omega t+\alpha)$ 求取

$$i'_k=\frac{U_m}{\sqrt{{r_k}^2+(\omega L_k)^2}}\sin(\omega t+\alpha-\varphi_k) \tag{8-15}$$

式中：φ_k 为短路阻抗角，$\varphi_k=\arctan\dfrac{\omega L_k}{r_k}$。

设 I_{1k} 为稳态短路电流值，则

$$I_{1k}=\frac{U_m}{\sqrt{2}\sqrt{{r_k}^2+(\omega L_k)^2}}=\frac{U_1}{Z_k} \tag{8-16}$$

$$i'_k=\sqrt{2}I_{1k}\sin(\omega t+\alpha-\varphi_k) \tag{8-17}$$

因此

$$i_k=i'_k+i''_k=\sqrt{2}I_{1k}\sin(\omega t+\alpha-\varphi_k)+a\mathrm{e}^{-\frac{r_k}{L_k}t} \tag{8-18}$$

当 $t=0$ 时，$i_k=0$，可得

$$a=-\sqrt{2}I_{1k}\sin(\alpha-\varphi_k) \tag{8-19}$$

$$i_k=\sqrt{2}I_{1k}\left[\sin(\omega t+\alpha-\varphi_k)-\sin(\alpha-\varphi_k)\mathrm{e}^{-\frac{r_k}{L_k}t}\right] \tag{8-20}$$

当 $r_k << \omega L_k$ 时，$\varphi_k\approx 90°$，代入上式，则得

$$i_k=\sqrt{2}I_{1k}\left[\cos\alpha\mathrm{e}^{-\frac{r_k}{L_k}t}-\cos(\omega t+\alpha)\right] \tag{8-21}$$

由式（8-21）可知，突然短路电流变化情况也与短路发生时的初相角 α 有关。

（1）当 $\alpha=90°$ 时发生短路，自由分量为 0，即突然短路电流立即进入稳态。此时，$i_k=\sqrt{2}I_{1k}\sin\omega t$。

（2）当 $\alpha=0$ 时发生短路，i_k 最大，即端电压在经过零值时发生突然短路，短路电流的瞬时值在 $\omega t=\pi$ 时，达到最大值 I_{km}，即

$$I_{km}=\sqrt{2}I_{1k}\left(\mathrm{e}^{-\frac{r_k}{L_k}\frac{\pi}{\omega}}-\cos\pi\right)=K\sqrt{2}I_{1k} \tag{8-22}$$

式中：K 为短路电流的最大值与稳态短路电流的幅值之比，$K=1+\mathrm{e}^{-\frac{r_k}{L_k}\frac{\pi}{\omega}}=1+\mathrm{e}^{-\frac{r_k}{X_k}\pi}$，它主要取决于衰减系数 $\frac{r_k}{L_k}$（时间常数 T 的倒数，T=0.03～0.05s）。

8.3.2 单相变压器二次侧突然短路仿真电路

单相变压器二次侧突然短路仿真电路如图 8-8 所示。

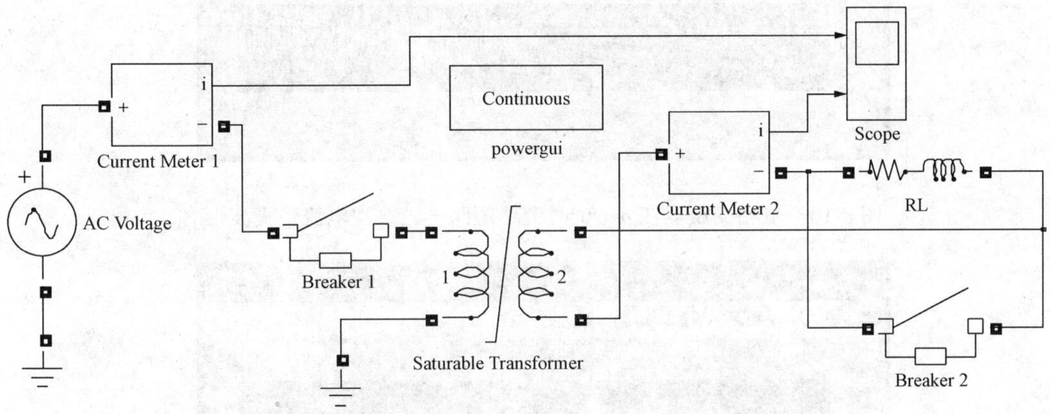

图 8-8 单相变压器二次侧突然短路仿真电路

8.3.3 模块参数设置

本电路变压器的参数设置同前节所设，本电路仿真参数主要设置电源的初相，如图 8-9 所示。

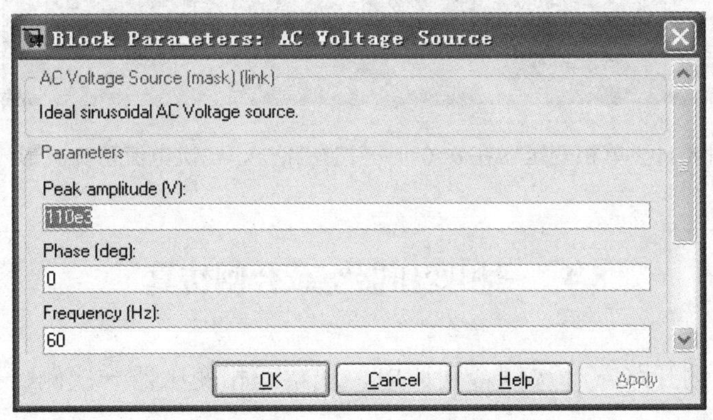

图 8-9 突然发生短路时的初相角 α 设置

8.3.4 仿真结果及分析

仿真结果如图 8-10 和图 8-11 所示。

（1）当 $\alpha=90°$ 时发生短路，自由分量为 0，即突然短路电流立即进入稳态，如图 8-10 所示。

（2）当 $\alpha=0°$ 时发生短路，i_k 最大，即端电压在经过零值时发生突然短路，短路电流的瞬时值在 $\omega t=\pi$ 时，达到最大值 I_{km}，如图 8-11 所示。

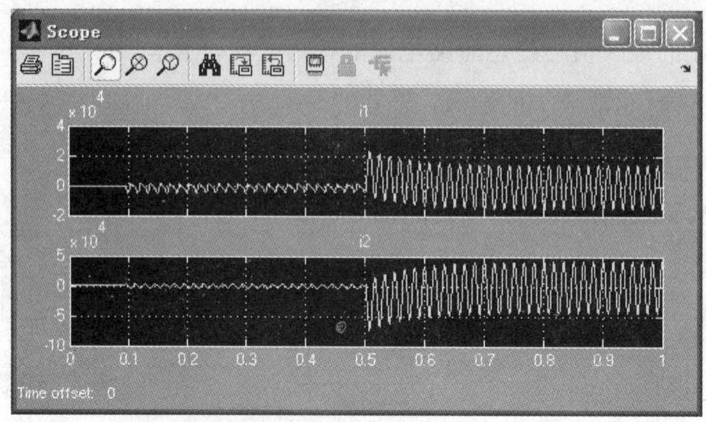

图 8-10 单相变压器在 α=90°时突然短路一、二次电流仿真波形

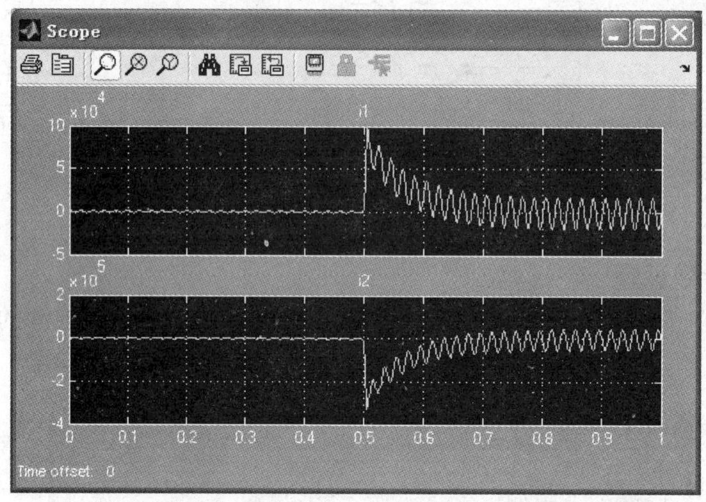

图 8-11 单相变压器在 α=0°时突然短路一、二次电流仿真波形

8.4 三相变压器空载合闸仿真

三相变压器二次侧开路，一次侧合闸通电，观察三相变压器一次侧、二次侧电流波形和铁心内主磁通的变化。

8.4.1 建立仿真电路

三相变压器空载仿真电路如图 8-12 所示。

8.4.2 模块参数设置

三相变压器模块的参数设定如图 8-13 所示。各种参数如下。

Nominal power and frequency——额定容量和额定频率。

Winding 1 parameters ［V1（Vrms），R1（pu），L1（pu）］——一次侧绕组 1 参数，电压有效值、电阻标幺值、漏电抗标幺值。标记为 pu 的参数表明其参数为标幺值。

Winding 2 parameters ［V2（Vrms），R2（pu），L2（pu）］——二次侧绕组 2 参数，电压有效值、电阻标幺值、漏电抗标幺值。标记为 pu 的参数表明其参数为标幺值。

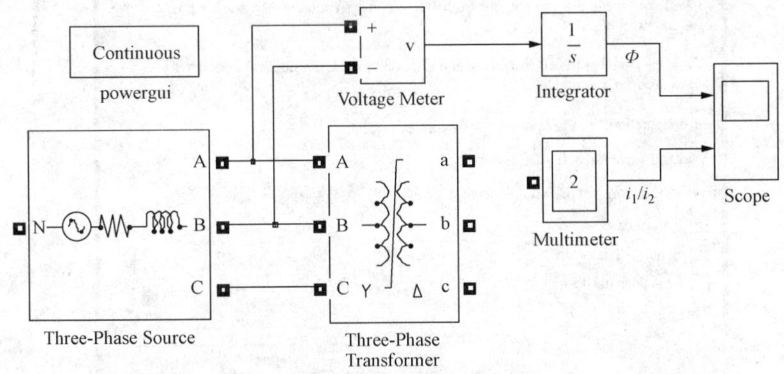

图 8-12　三相变压器空载仿真电路

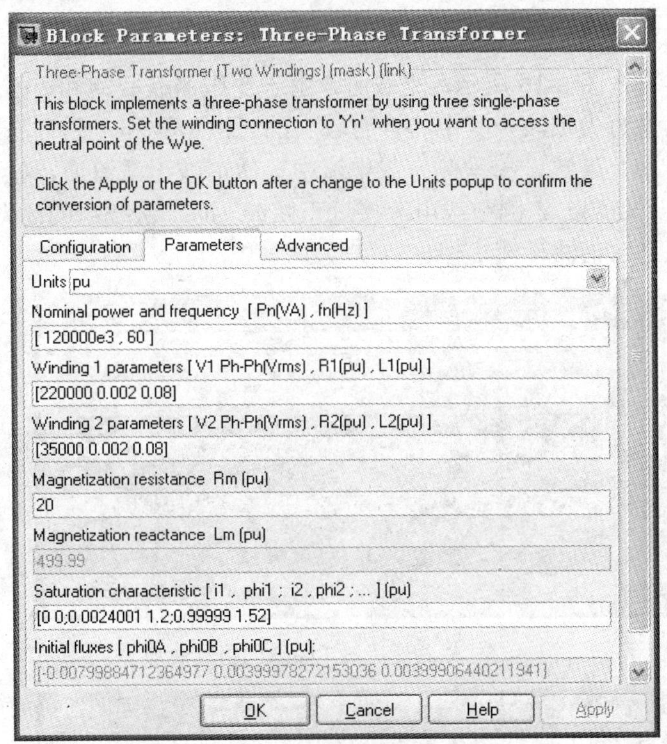

图 8-13　三相双绕组变压器参数设定（一）

Three windings Transformer——变压器第三绕组选项。

Magnetization resistance and reactance——励磁电阻和励磁电抗。

Measurements——测量选项。

此外，三相双绕组变压器参数还可以选定铁心饱和类型和连接组别，三相变压器的连接方式设置为 Yd11，铁心设置为饱和式。如图 8-14 所示。

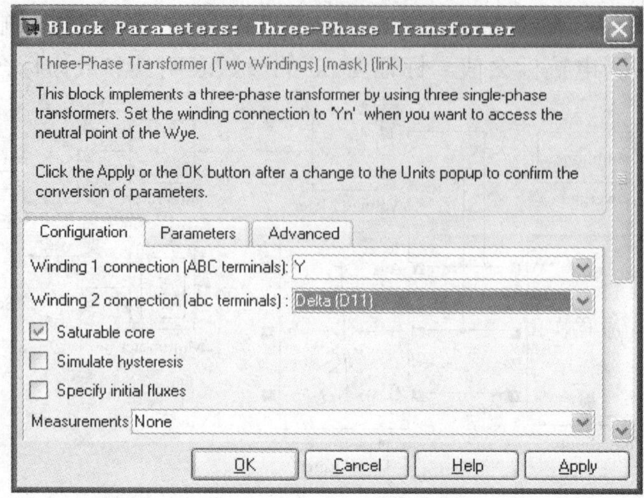

图 8-14 三相双绕组变压器参数设定（二）

8.4.3 仿真结果及分析

仿真结果如图 8-15、图 8-16 所示，空载时，由于变压器铁心饱和，因此当相电压和主磁通是正弦时，空载电流为尖顶波，其中将含有较大的三次谐波和一系列高次谐波。但是，因为三相变压器采用 Yd11 连接，一次侧空载电流中三次谐波无法流通，且五次以上的谐波电流很小，可以忽略不计，所以 Y 侧空载电流接近正弦波。而二次绕组的闭合的三角形回路中，由一次感应电流产生三次谐波环流，但电流值较小。

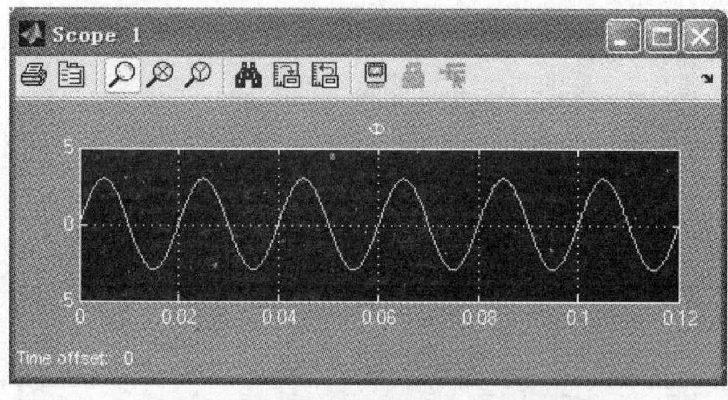

图 8-15 三相变压器主磁通的仿真波形

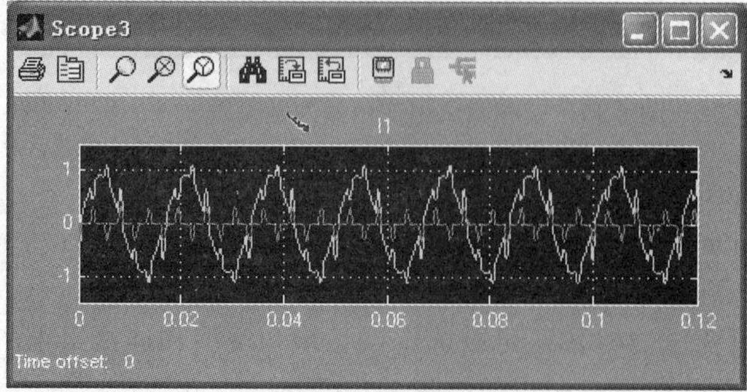

图 8-16 三相变压器一、二次电流仿真波形

8.5 三相变压器对称短路仿真

三相变压器一次侧合闸通电，二次侧加负载，运行一段时间后，二次侧突然出现三相短路，观察三相变压器一次侧、二次侧电流波形的变化。

8.5.1 建立仿真电路

三相变压器短路仿真电路如图 8-17 所示。

Continuous
powergui
Three-Phase Source
Vabc
Iabc
Three-Phase
V-I Measurement
Scope
Three-Phase
Transformer
Breaker 2
Breaker 1
R Load

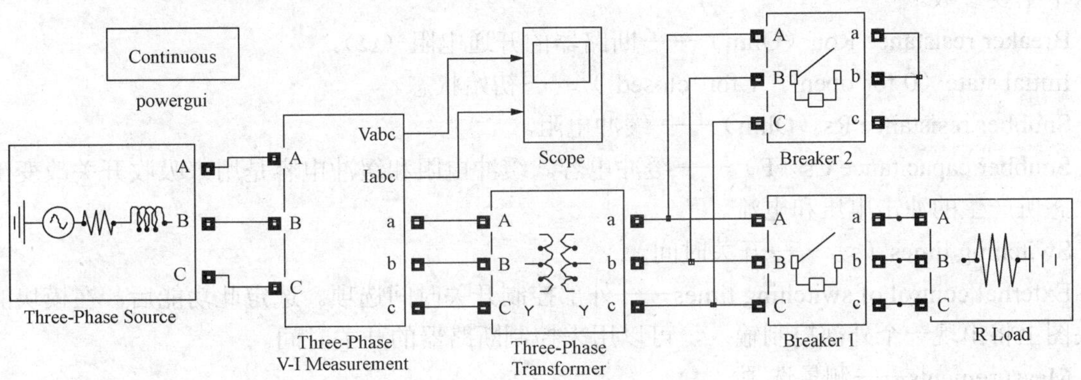

图 8-17　三相变压器短路仿真电路

8.5.2 模块参数设置

（1）三相电压源模块。三相电压源模块内部有串联的阻抗分支，其模块内部可设置的参数如图 8-18 所示，包括以下内容。

Phase-Phase rms Voltage（V）——线电压。

Phase angle of phase A（degrees）——A 相初相角。

Frequency（Hz）——频率。

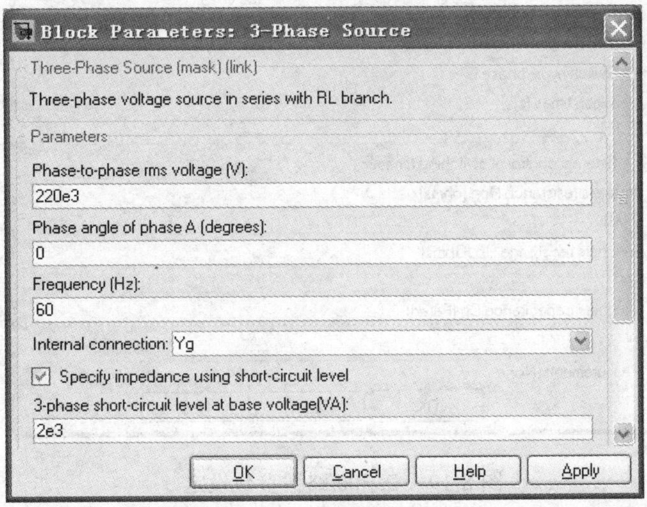

Block Parameters: 3-Phase Source
Three-Phase Source (mask) (link)
Three-phase voltage source in series with RL branch.
Parameters
Phase-to-phase rms voltage (V):
220e3
Phase angle of phase A (degrees):
0
Frequency (Hz):
60
Internal connection: Yg
Specify impedance using short-circuit level
3-phase short-circuit level at base voltage(VA):
2e3
OK
Cancel
Help
Apply

图 8-18　三相电源参数设定

Internal connection——内部连接方式选项。

Specify impedance using short-circuit level——使用短路水平指定短路阻抗选项。选定后会出现短路基础电压值和电抗率参数。

Source resistance（Ω）——电源内电阻。

Source inductance（H）——电源内电抗值。

（2）三相断路器参数设置。为控制电源和负载的投入时间，使用两个断路器（Breaker）模块，分别控制变压器和负载的投入时刻。该模块的参数设定如图 8-19 所示。断路器可设定的以下主要参数。

Breaker resistance Ron（Ohm）——断路器的开通电阻（Ω）。

Initial state（0 for‘open’，1 for ‘closed’）——初始状态。

Snubber resistance Rs（Ohm）——缓冲电阻。

Snubber capacitance Cs（F）——缓冲电容。缓冲电阻和缓冲电容是用来吸收开关改变工作状态所产生的冲击电压和电流。

Switching times（s）——开关时间。

External control of switching times——外部控制开关时间选项。选定此功能后，在模块的方块图上将出现一个外部控制输入，可以用来控制断路器的开关时间。

Measurements——测量选项。

Show additional parameters——显示附加参数选项。

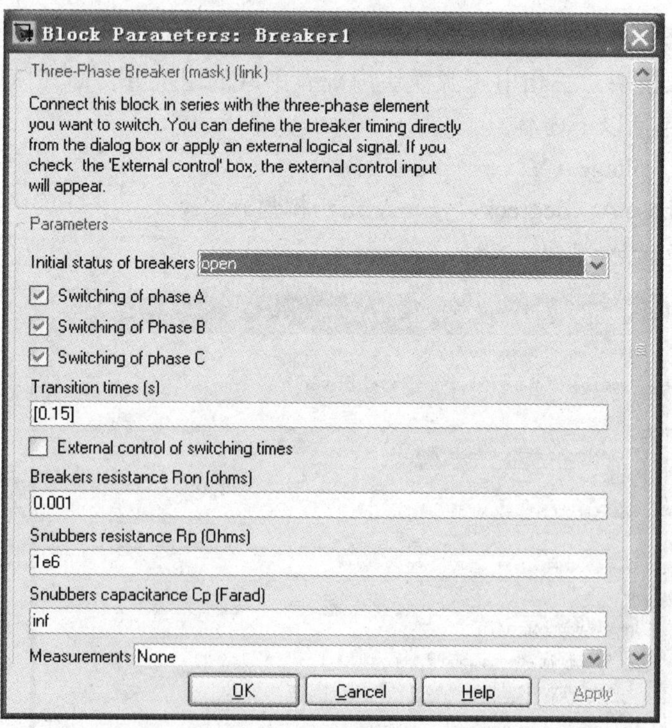

图 8-19 三相断路器参数设定

除此之外还包括了可以分相控制的选项 Switching of phase A-A 相受控、Switching of phase

B-B 相受控、Switching of phase C-C 相受控。

3 个选项，选定表示该相被激活，受时间或外部触发控制；未选定表明该选项将一直保持在由初始状态选项指定的状态。

（3）三相电压/电流测量模块参数和三相电阻参数分别如图 8-20 和图 8-21 所示。仿真时间：变压器在 0.05s 时投入负载，在 0.15s 时变压器突然发生三相对称短路。

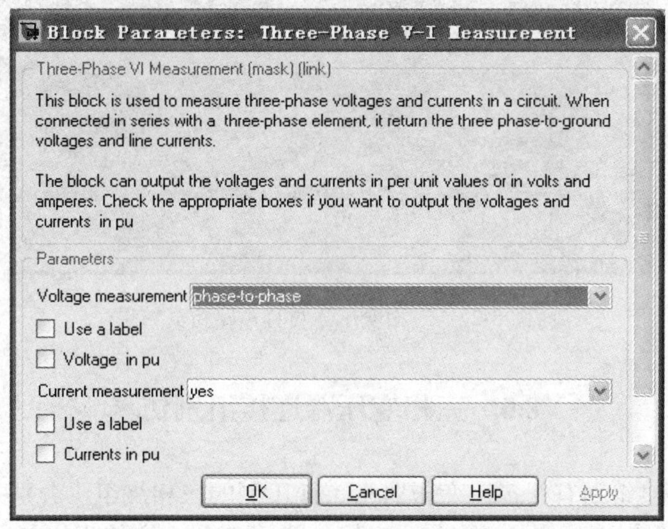

图 8-20　三相电压/电流测量模块参数设定

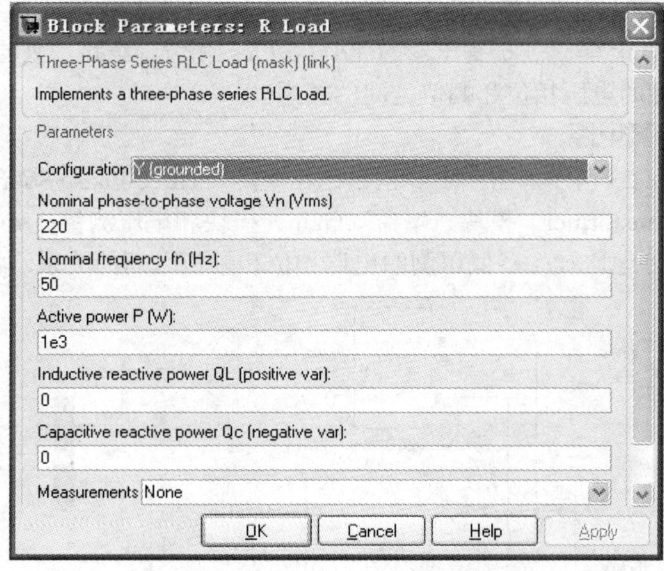

图 8-21　三相电阻模块参数设定

8.5.3　仿真结果及分析

仿真结果如图 8-22 所示，从二次电流波形中可以看出，三相短路电流很大，但是，三相短路稳态电流是对称的。

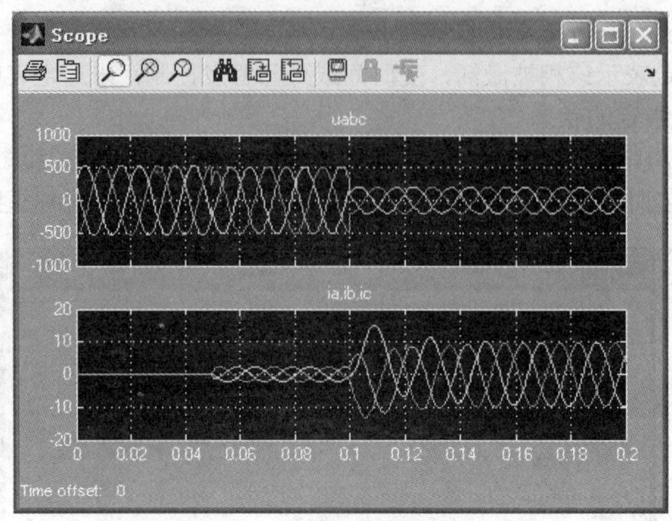

图 8-22　三相变压器对称短路仿真结果

8.6　三相变压器连接组别仿真

三相变压器连接组别有很多，变压器高、低压侧的三相绕组，分别采用各自的连接法，组合后的高、低压侧对应线电压间（如 u_{AB} 与 u_{ab}）会产生一定的相位差。不同的连接组别时，对变压器的运行有很大影响。因此，对三相变压器连接组别进行仿真，能很好分析变压器高、低压侧的电压相位和幅值之间的关系。

本节使用 Simulink 建立三相变压器的 Yd11 和 Yy12 仿真电路，来验证三相变压器 Yd11 和 Yy12 高、低压侧的电压相位和幅值之间的关系。

8.6.1　建立仿真电路

仿真电路如图 8-23 所示。图中主要包括三相电源（Three-Phase Source）模块、三相变压器（Three-Phase Transformer）模块、增益（Gain）模块和电压测量（Voltage Measurement）模块。为了可以更好地比较高、低压侧的电压相位和幅值之间的关系，将两个电压信号通过

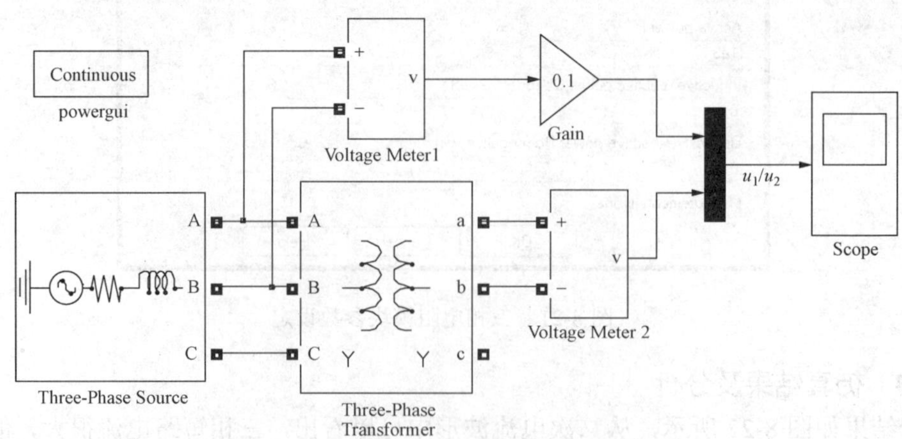

图 8-23　三相变压器连接组别仿真电路

信号汇总模块后输出到示波器，这样能够将两个电压波形放在一个窗口中显示。增益模块将高压侧的电压测量值经过按比例缩小，便于在示波器中进行比较电压大小。

8.6.2 模块参数设定

（1）三相变压器模块。变压器的连接组别可以设定为 Yy12 或 Yd11，如图 8-24 所示。其他参数可参见前节内容进行设定。

（2）增益模块。增益模块的参数设定如图 8-24 所示，其中主标签（Main）中：

Gain——增益值。

Multiplication——增益计算方法。有 Element-wise（K*u）（元素乘积）、Matrix K*u（矩阵乘积）、u*K Matrix（矩阵乘积）和 Matrix（K*u）（u vector）（向量乘积）四个备选项，用于设定增益的计算方法。

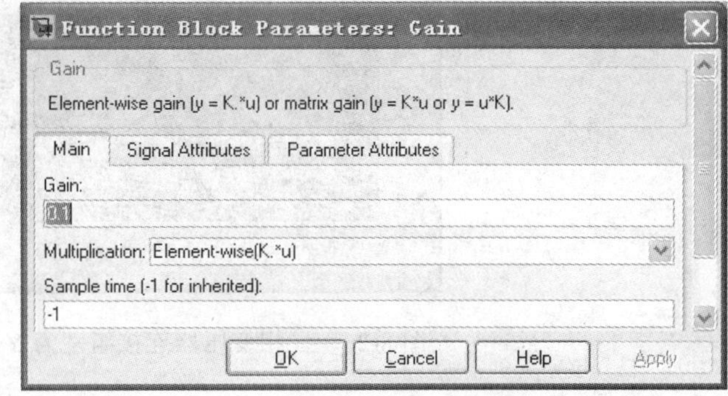

图 8-24 增益模块的参数设置

Sample time（–1 for inherited）——采样时间使用默认值（–1），表示其采样时间继承输入数据的采样时间。

Signal data types 标签中可以设定信号类型。

Parameter data types 标签中可以设定参数数据类型；一般无需设定，使用默认值即可。其中具体设定参数含义本书不作详细介绍。

（3）信号汇总（MUX）模块。将不同波形显示在一个示波器窗口，通过将变压器的高、低压侧波形显示在同一个窗口，能够清楚地分析变压器高、低压侧的电压相位和幅值之间的关系。

（4）仿真时间设定。为了能够清楚地分析变压器高、低压侧的电压相位和幅值之间的关系，本电路仿真时间设置为 0.1s。

8.6.3 仿真结果及分析

三相变压器连接组别为 Yd11、Yy12，仿真结果分别如图 8-25 和图 8-26 所示。通过一次侧电压和二次侧电压波形的对比，可以很清楚地看出高低侧电压的幅值关系和相位关系，变压器的结果分析请读者结合所学的理论进行讨论。

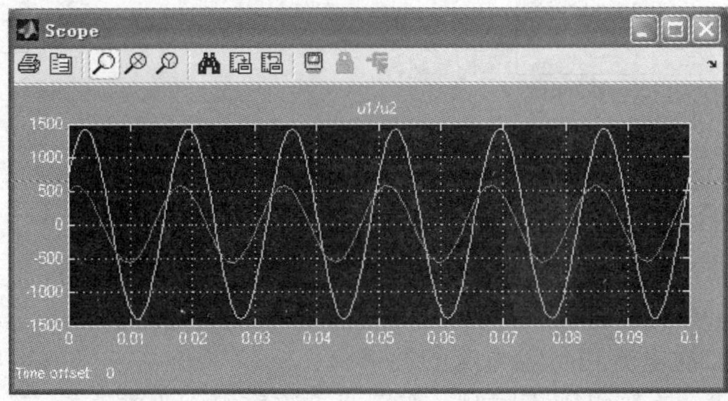

图 8-25 三相变压器连接组别为 Yd11 时高低压侧电压波形

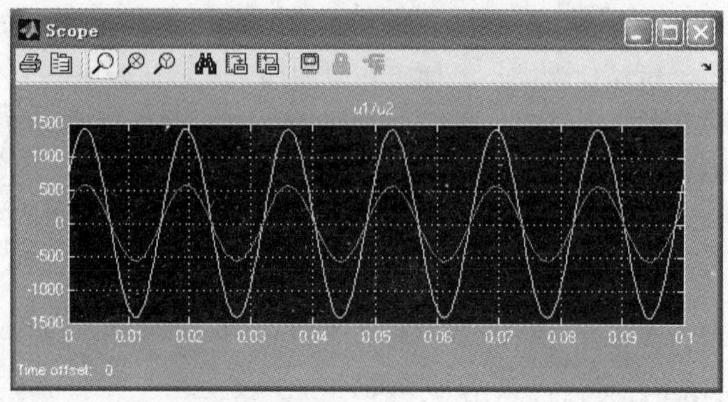

图 8-26 三相变压器连接组别为 Yy12 时高低压侧电压波形

8.7 三相变压器并联运行仿真

分析三相变压器在各种条件下，并联运行中的变压器电压、电流变化情况。

8.7.1 建立仿真电路

三相变压器并联运行仿真电路如图 8-27 所示。用断路器 1（Breaker 1）来控制两台变压器并联，用断路器 2（Breaker 2）来控制负载的投入运行。

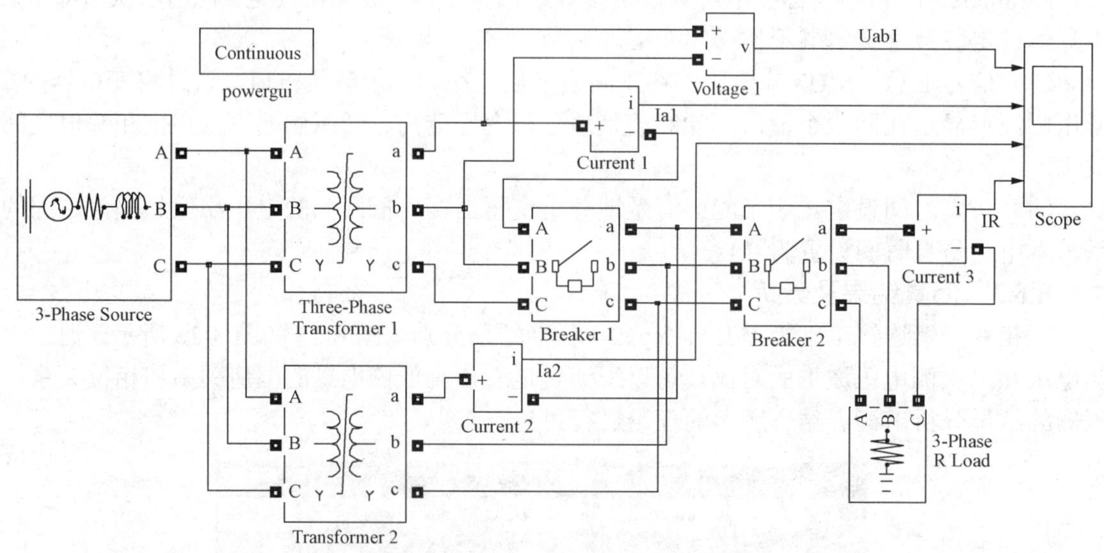

图 8-27 三相变压器并联运行仿真电路

8.7.2 设定变压器并联运行的条件

（1）当变比不相等时（设变压器 2 的变比是变压器 1 的 2 倍），两个三相变压器并联运行，则二次侧出现很大的环流。如图 8-28 所示，从上到下分别是变压器 1 二次电压、变压器 2 二次电压、变压器 1 二次电流和负载电流的波形。

（2）当变比相等，连接组别不同时（变压器 1 连接组别为 Yy12，而变压器 2 的连接组别为 Yd11），两个三相变压器并联运行，则二次侧也出现很大的环流。如图 8-29 所示。

（3）当变比相等，连接组别也相同，而变压器的短路阻抗不同时（变压器 1 的比变压器 2 的小），两个三相变压器并联运行，则两台变压器二次侧分配负载的电流不同。变压器 1 短路阻抗小，分配的负载电流要大些，变压器 2 分配的负载电流要小些。电流波形如图 8-30 所示。

（4）当变比相等，连接组别相同，变压器的短路阻抗也相同时，两个三相变压器才可以进行并联运行，则两台变压器二次侧的电流波形如图 8-31 所示。

8.7.3 仿真结果及分析

在上述不同的并联条件下，仿真波形分别如图 8-28～图 8-31 所示。仿真结果分析，请读者结合所学的理论进行讨论。

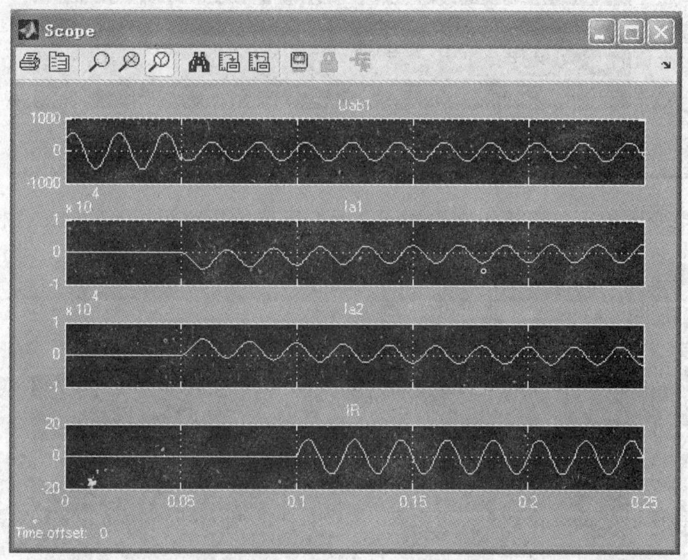

图 8-28 两个三相变压器并联运行（变比不相等）时的二次侧电流波形

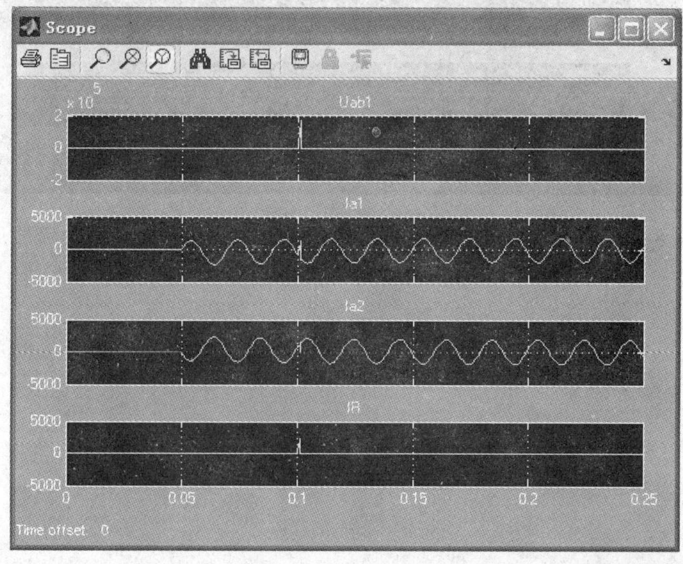

图 8-29 两个三相变压器并联运行（连接组不相同）时的二次侧电流波形

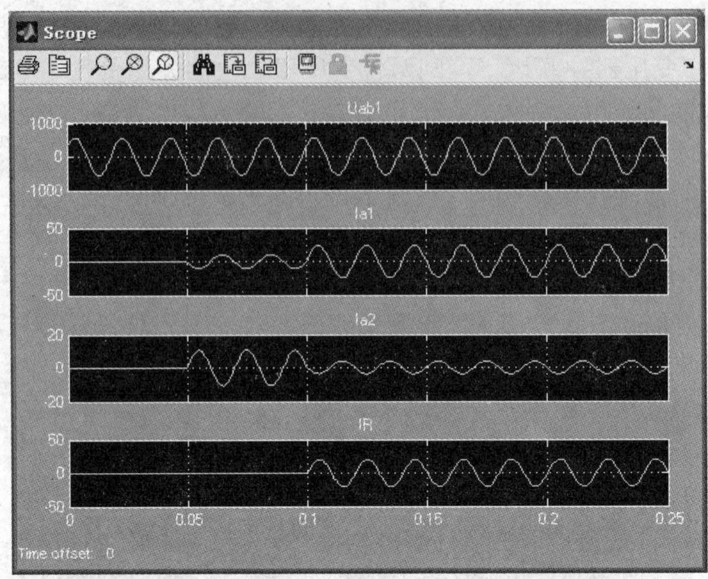

图 8-30 当变比相等，连接组别也相同，而变压器的短路阻抗不同时二次侧电流波形

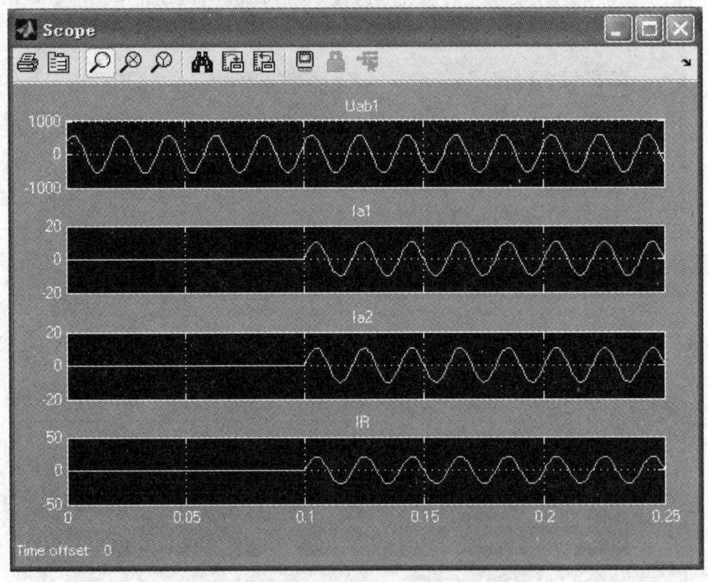

图 8-31 两个三相变压器并联运行时的二次侧电流及负载电流波形

第 9 章　三相异步电动机仿真

三相异步电动机和其他电动机比较具有结构简单、坚固耐用、使用方便、运行可靠、效率高、易于制造和维修、价格低廉等优点，在工农业生产及日常生活中有着广泛应用，是常见的一种电动机。本章介绍三相异步电动机的人为机械特性绘制以及各种起动、制动以及调速等暂态过程的仿真。

9.1　三相异步电动机人为机械特性仿真

异步电动机在电源电压，频率一定的条件下，其转速和电磁矩的关系称为异步电动机的机械特性。通过降低异步电动机的定子电压，改变磁极对数，调节频率，定子串联电阻或电抗器以及绕线转子异步电动机转子串联电阻等方法可以获得异步电动机的各种人为机械特性。

【例 9-1】 一台 4 极三相异步电动机，定子绕组 Y 形连接，额定电压 U=380V，额定频率 f=50Hz，额定转速 n=1487r/min，已知每相参数为 R_1=0.055Ω，$X_{1\sigma}$=0.234Ω，R_2'=0.06Ω，$X_{2\sigma}'$=0.548Ω。编制 M 文件程序，画出降低定子电压和改变转子电阻的人为机械特性曲线。

解　（1）三相异步电动机的电磁转矩 T_e 和转差率 s 之间的关系为

$$T_e = \frac{m_1 p U_1^2 R_2' / s}{2\pi f_1 \left[\left(R_1 + R_2'/s \right)^2 + \left(X_{1\sigma} + X_{2\sigma}' \right)^2 \right]} \tag{9-1}$$

式中：m_1 和 f_1 分别为交流电源的相数和频率；p 为磁极对数；U_1 为定子绕组相电压；R_1 和 $X_{1\sigma}$ 为定子绕组电阻和漏电抗；R_2' 和 $X_{2\sigma}'$ 为转子绕组折算后电阻和漏电抗。

1）利用式（9-1）求固有机械特性曲线。

2）利用式（9-1）计算不同电压电源 U_1 情况下的人为机械特性曲线。

3）利用式（9-1）计算不同电枢电阻 R_2 情况下的人为机械特性曲线。

（2）用 M 语言编写计算程序及相关注释如下：

```
%machine characteristic         %p109 machine parameter
clear;                          %清除工作空间的变量
m1=3;                           %已知定子电源相数
U1=380;                         %已知定子电源电压
R1=0.055;                       %已知定子绕组电阻
R2=0.05;                        %已知转子绕组电阻
P=2;                            %已知极对数
f=50;                           %已知电源频率
omega=2*pi*f/P;                 %计算同步转速，单位为 rad/s
X1=0.234;                       %已知定子绕组漏抗
```

```
X2=0.548;                       %已知转子绕组漏抗
s=0.005:0.005:1;                %设定转差率变化范围 0～1，间隔 0.005
Te=(m1*P*U1^2*R2)./s./(omega.*((R1+R2./s).^2.+(X1+X2)^2));
                                %计算电磁转矩
%绘制改变定子电压时的人为机械特性曲线
figure(1)                       %打开 1 号图形窗口
plot(s,Te,'k-');                %绘制电磁转矩曲线
xlabel('转差率 s');             %横坐标标注"转差率 s"
ylabel('电磁转矩 Te/(N.m)');    %纵坐标标注"电磁转矩 Te/(N·m)"
str_x=0.02;                     %标注字符的横坐标
text(str_x,max(Te)+100,strcat('U1=',num2str(int16(U1)),'V'),'Color','black');
                                %标注基本曲线的电压值
title('改变定子电压时的人为机械特性');
hold on;
for coef=0.8:-0.2:0.3
     U1p=U1*coef;               %降低电压 U1*coef
     Te1=(m1*P*U1p^2*R2)./s ./(omega.*((R1+R2./s).^2.+(X1+X2)^2));
                                %计算电磁转矩
     plot(s,Te1,'k-');          %绘制电磁转矩曲线
     str=strcat('U1=',num2str(int16(U1p)),'V');       %创建标注字符串
     str_y=max(Te1)+100;        %标注字符串的纵坐标值
     text(str_x,str_y,str,'Color','black');           %标注各个曲线的电压值
end
%绘制改变转子电阻时的人为机械特性曲线
figure(2)                       %打开 2 号图形窗口
plot(s,Te,'k-');                %绘制电磁转矩曲线
xlabel('转差率 S');             %横坐标标注"转差率 s"
ylabel('电磁转矩 Te/(N.m)');    %纵坐标标注"电磁转矩 Te/(N·m)"
str_x=0.55;                     %标注字符串的横坐标
str_y=Te(length(Te));           %标注字符串的纵坐标
text(str_x,str_y,strcat('R2=',num2str(R2),'\Omega'),'Color','black');
                                %标注基本曲线的电阻值
title('改变转子电阻时的人为机械特性');
hold on;
for coef=2:2:8
     R2p=R2*coef;               %改变电子电阻 R2*coef
     Te1=(m1*P*U1^2*R2p)./s./(omega.*((R1+R2p./s).^2.+(X1+X2)^2));
                                %计算电磁转矩
     plot(s,Te1,'k-');          %绘制电磁转矩曲线
     str=strcat('R2=',num2str(R2p),'\Omega');         %创建标注字符串
     str_y=Te1(length(Te1));                          %标注字符串的纵坐标值
     text(str_x,str_y,str,'Color','black');           %标注各个曲线的电阻值
end
```

程序运行结果如图 9-1 和图 9-2 所示。

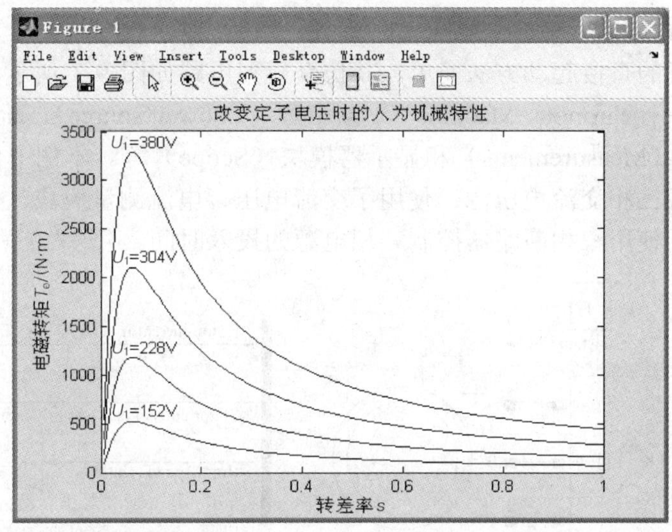

图 9-1　三相异步电动机改变定子电压时的人为机械特性仿真曲线

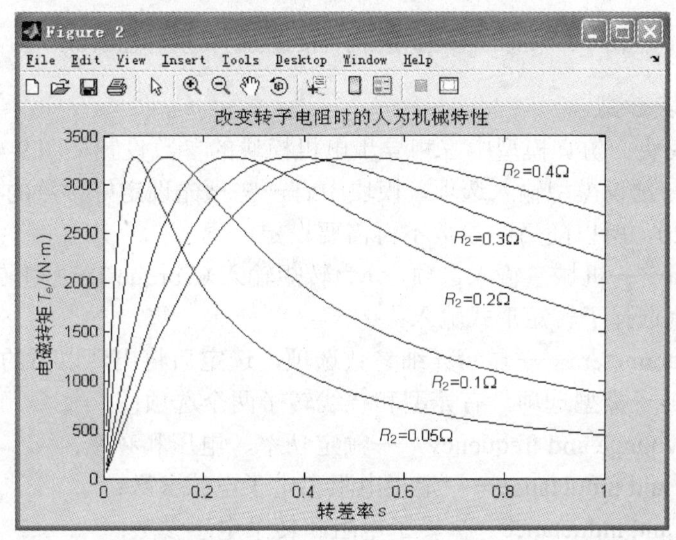

图 9-2　三相异步电动机改变转子电阻时的人为机械特性仿真曲线

9.2　三相异步电动机直接起动的仿真

起动和制动是三相异步电动机的主要运行状态，对于笼型异步电动机，其起动方法常用的有直接起动、减压起动和软起动等三种方式。制动方法有回馈制动、反接制动和能耗制动等三种方法。本节主要介绍三相异步电动机的直接起动和制动方法。由于三相异步电动机直接起动时，定子绕组电流较大，可达额定电流的 5～7 倍，所以，对小容量的三相异步电动机可采取直接起动，其他的要采用降压起动。

应用 Simulink 建立三相异步电动机的直接起动仿真模型来测取三相异步电动机直接起动过程中的定子电流、转子电流、转速和电磁转矩。

9.2.1 建立仿真模型

三相异步电动机的直接起动方法简单，其仿真模型电路如图 9-3 所示。其中，包括三相异步电动机模块（Asynchronous Machine）、电源模块（Power source）、断路器模块（Circuit breaker）、测量模块（Measurements）和显示器模块（Scope）等。本例中使用三个独立的单相交流电压模块构成三相交流电压源；使用了交流电压、电流测量模块，直接测量三相交流电路的电压和电流；使用三相断路器控制三相电源的投入时间。

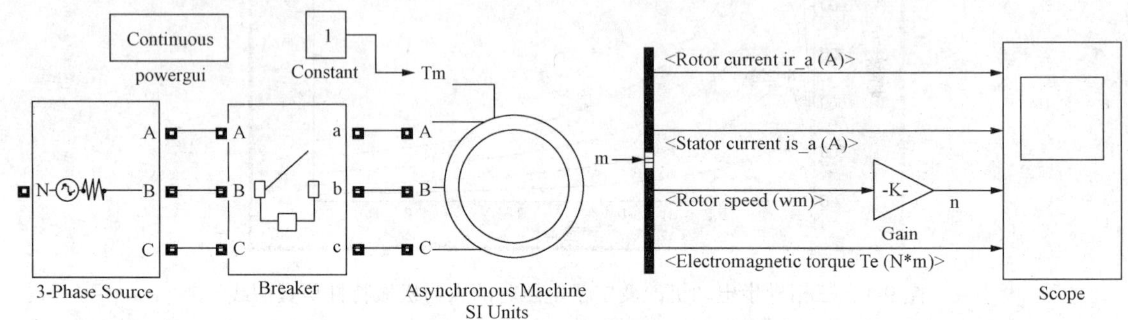

图 9-3 三相异步电动机的直接起动仿真模型电路图

9.2.2 设置模块参数

（1）异步电机模块。仿真模型中三相异步电机模块的参数设置如图 9-4 所示。

Preset model——预设模型输入选项，模块中有一些预先设定好参数的模型可以使用，本例使用了预设模型 20，所以随后的参数不再需要设定；

Machanical input——机械量输入选项，分为转矩输入（Torque Tm）和转速输入（Speed w）两种方式可选，本例选择了转矩形式输入；

Show detailed parameters——显示详细参数选项，选定后将出现以下的可设定参数；

Rotor type——转子类型选项，有笼型和绕线转子两个选项；

Nominal power,voltage and frequency——额定功率、电压和频率；

Stator resistance and inductance——定子电阻和定子电感参数；

Rotor resistance and inductance——转子电阻和转子电感参数；

Mutual inductance Lm——互感参数；

Inertia,friction factor and pair of poles——转动惯量、摩擦系数和极对数参数；

Initial conditions——转差率，转子电角度、定子电流幅值和定子电流相角的初始值；

Simulate saturation——仿真饱和情况选项。读者可以按照需要自行调整相关参数值。

（2）总线选择器模块。总线选择器模块与异步电动机的 m 输出端相连，就可以选择电动机的有关参数进行测量，如图 9-5 所示。本例中，选择了转子电流、定子电流、转子转速和电磁转矩。选定需要测量输出的项目后总线选择器模块会出现相应的输出端线。

（3）三相电压电流测量模块。三相电压电流测量模块参数设置如图 9-6 所示。

Voltage measurements——电压测量选项，有不测量（no）、相电压（phase-to-ground）和线电压（phase-to-phase）三个备选项。

Voltage in pu——电压标幺值测量输出项，有不测量（no）和测量（yes）两个备选项，如果选定了测量选项，其测量方式和电压的测量方式相同。

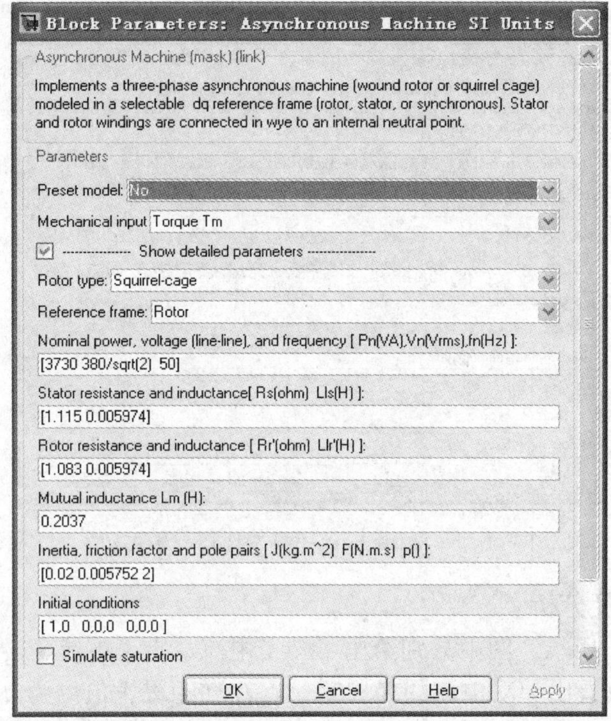

图 9-4　三相异步电动机模块的参数设置

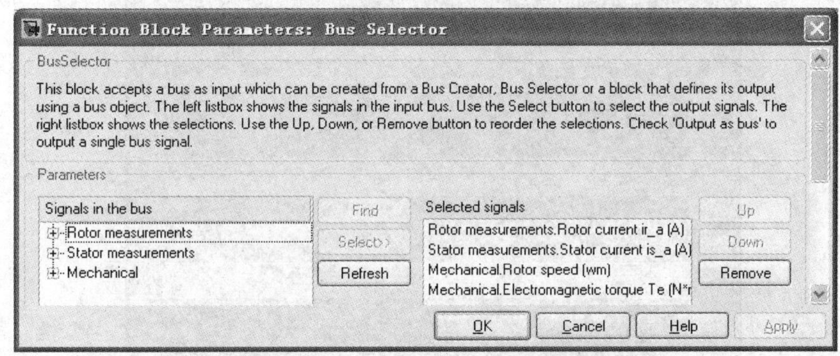

图 9-5　总线选择器模块设置

Use a label——使用标号。

Current in pu——电流标幺值测量输出项。

（4）三相断路器模块。三相断路器模块的参数设置同前，如图 8-19 所示。

（5）交流电压源模块。本节中使用三个独立的单相交流电压源来构成三相交流电压源。单相交流电源模块参数设置参照 12 章中相关内容设置。本例中的电源电压峰值设定为 220*sqrt(2)，在 3 个单相交流电源的参数中，只有初相角不同，互差 120°，其余参数设置值相同，构成三相电源。

（6）终端模块。将没有连接的输出端连接到终端模块（Terminator）可以避免产生警告信息。终端模块没有可以设置的参数。

（7）仿真时间设置，设定仿真时间 0.5s。

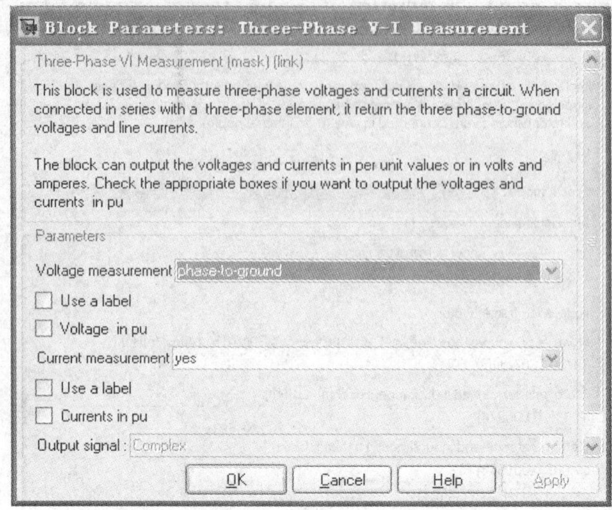

图 9-6 三相电压/电流测量模块参数设置

9.2.3 仿真结果及分析

仿真结果如图 9-7 所示。图中分别给出了转子电流、定子电流、转速和电磁转矩的仿真波形。从仿真波形可以看出起动电流约为 50A，起动转矩最大值约为 50N·m，起动时间 t_s 大约为 0.1s。

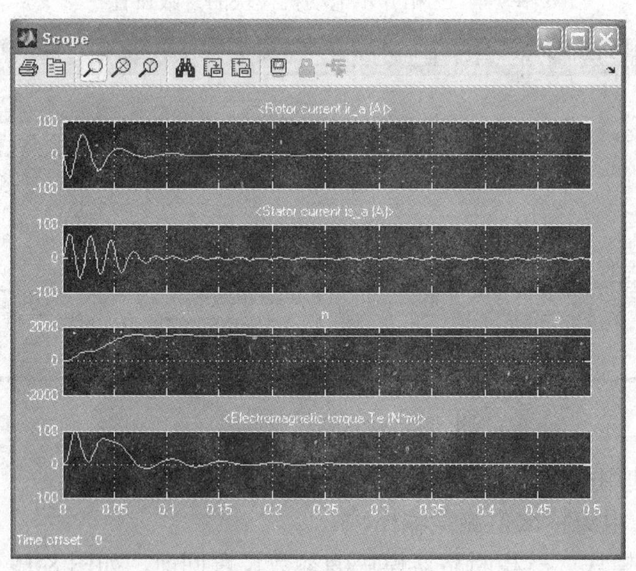

图 9-7 三相异步电动机的直接起动仿真波形

9.3 三相绕组异步电动机转子串电阻起动仿真

三相绕组异步电动机转子串联三相对称电阻起动，属于减压起动的方法之一。这样既可以降低起动电流，还可以增加起动转矩。当起动过程结束时，这些电阻及时切除，使电机工作在正常状态。

9.3.1　建立仿真模型

三相绕组异步电动机转子串电阻仿真原理图如图 9-8 所示。与异步电动机的直接起动仿真模型相比，增加一个与断路器串联的起动电阻。起动过程中使断路器断开，待起动过程结束后使断路器接通电路，从而切除起动电阻，起动过程结束。

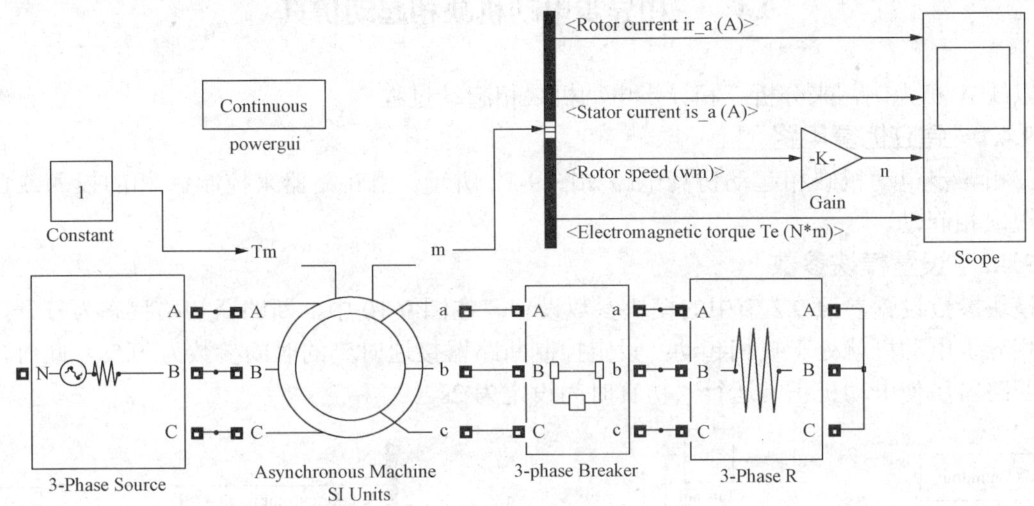

图 9-8　异步电动机转子串联三相对称电阻起动仿真原理电路

9.3.2　设置模块参数

模块参数设置参照 9.2 节中的模块参数设置。设定控制断路器接通时刻的时间参数为 0.2s，设定串联电阻参数为 10Ω。仿真时间设定为 1s。

9.3.3　仿真结果及分析

仿真结果如图 9-9 所示，从上到下，分别是转子电流、定子电流、转速和电磁转矩的仿真波形。

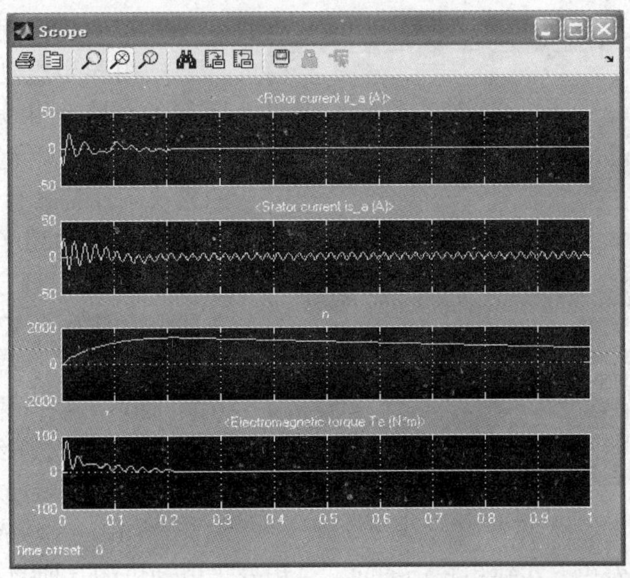

图 9-9　转子电流、定子电流、转速和电磁转矩的仿真波形

转子绕组串电阻起动时，电阻值必须大小合适，其目的应该是为了增加起动转矩，减小起动电流，实现快速起动。如果电阻阻值过大，则可能达不到效果，读者可以尝试修改有关参数并观察起动过程。

9.4 三相异步电动机缺相起动仿真

以缺 A 相为例，来分析三相异步电动机缺相起动过程。

9.4.1 建立仿真电路

三相异步电动机缺相起动仿真电路如图 9-12 所示。用断路器来控制 A 相的投入或切除来实现缺相起动。

9.4.2 设置模块参数

模块参数设置参照 9.2 节中的模块参数设置。在图 9-10 中，断路器初始状态为打开，这样三相异步电动机就处于缺相起动，设定控制断路器接通时刻的时间参数为 0.5s，此时，再合上断路器，使电动机正常运行。仿真时间设定为 2s。

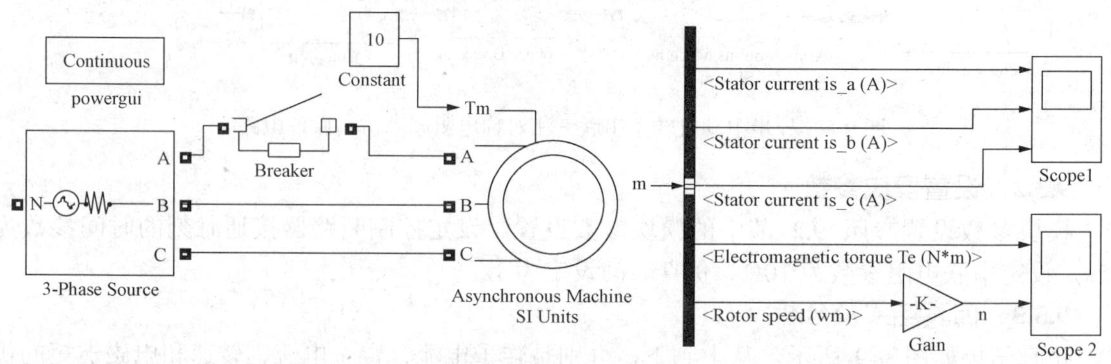

图 9-10 三相异步电动机缺相起动仿真电路

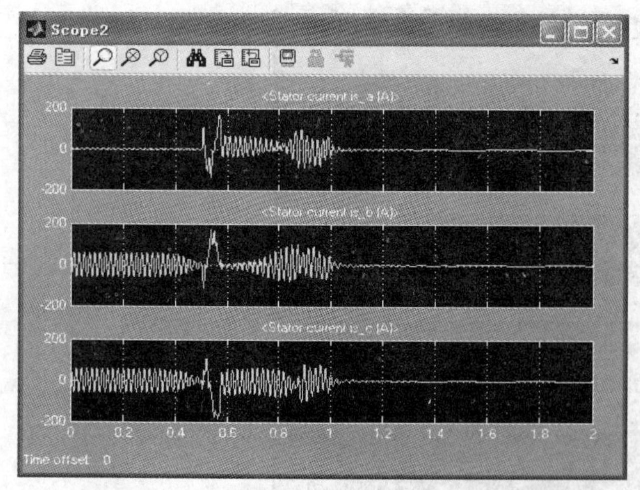

图 9-11 三相异步电动机缺相起动定子电流波形

9.4.3 仿真结果及分析

三相异步电动机缺相起动和缺相运行的仿真结果分别如图 9-11 和图 9-12 所示。三相异步电动机要旋转起来的先决条件是具有一个旋转磁场，三相异步电动机的定子绕组就是用来产生旋转磁场的。我们知道，三相电源电压在相位上是互差 120°的，三相异步电动机定子中的三个绕组在空间方位上也互差 120°，这样，当在定子绕组中通入三相电源时，定子绕组就会产生一个旋转磁场，异步电动机才能起动和运行，因此三相电源缺一相后，电机无起动力矩，从图 9-12 中可以看出，在缺相起动期间，三相异步电动机的其他两相起动电流很大，但由于电动机只能产生脉振磁场，没有起动转矩，同时，由于定子绕组电流很大，静止的电动机无法起动，所以，三相异步电动机不能缺相起动。

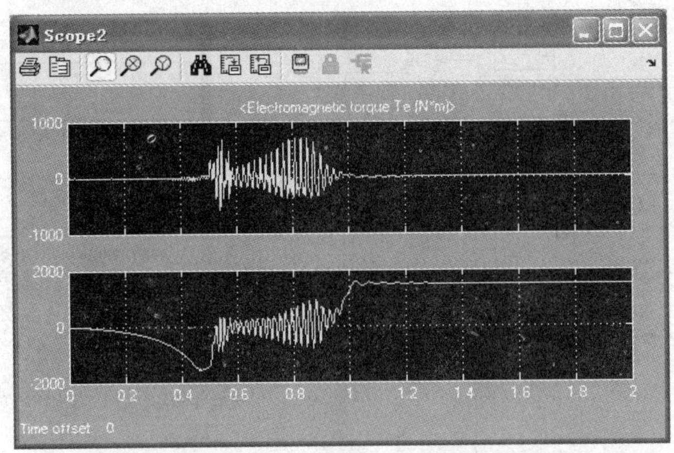

图 9-12　三相异步电动机缺相起动电磁转矩与转速波形

9.5　三相异步电动机能耗制动仿真

三相异步电动机制动的方法一般有两类。

（1）机械制动：利用电磁铁操纵机械装置进行的制动。例如电磁抱闸制动器（在吊车、卷扬机、电梯设备上常用）等，可使电动机在切断电源后迅速停转。

（2）电气制动：实质上能耗制动是在电动机停车过程中，产生一个与转子原来旋转方向相反的电磁制动转矩，迫使电动机转速迅速下降。

能耗制动指切断电动机的三相交流电源后，立即在定子绕组中通入一个直流电源，以产生一个恒定的磁场，而因惯性旋转的转子绕组则切割磁力线产生感应电流，继而产生与惯性转动方向相反的电磁转矩，对转子起到制动作用。当电动机转速降至零时，再切除直流电源。这种消耗转子的机械能，并将其转化成电能，从而产生制动力的制动方法。

三相异步电动机能耗制动时，在三相电源断开的同时需要在定子回路中通入直流电流，在电动机内形成一个固定的直流磁场，当异步电动机因惯性而继续旋转时，转子中将产生感应电流，该电流与直流磁场相互作用产生与转子转向相反的电磁转矩，使电动机迅速停止转动。

异步电动机的能耗制动可以通过在定子电路中施加直流电流实现。使用 Simulink 建立异步电动机的能耗制动仿真模型，测取异步电动机的能耗制动过程中的转速、电磁转矩和电枢电流的仿真曲线。

9.5.1　建立仿真电路

异步电动机能耗制动的仿真原理如图 9-13 所示。与异步电动机直接起动仿真模型（见图 9-3）相比，增加了在定子电路中施加直流励磁电流的控制电路。它由直流电压源和电阻串联组成，用两个单相断路器对其进行控制。图中也可以使用一个阶跃信号同时控制三相断路器的断开和单相断路器 1 的接入，达到在断开异步电动机的同时接入能耗制动电路的目的，而断路器 2 的作用是在电动机制动停机后，及时把定子绕组中的直流回路断开，以便电动机以后起动运行。

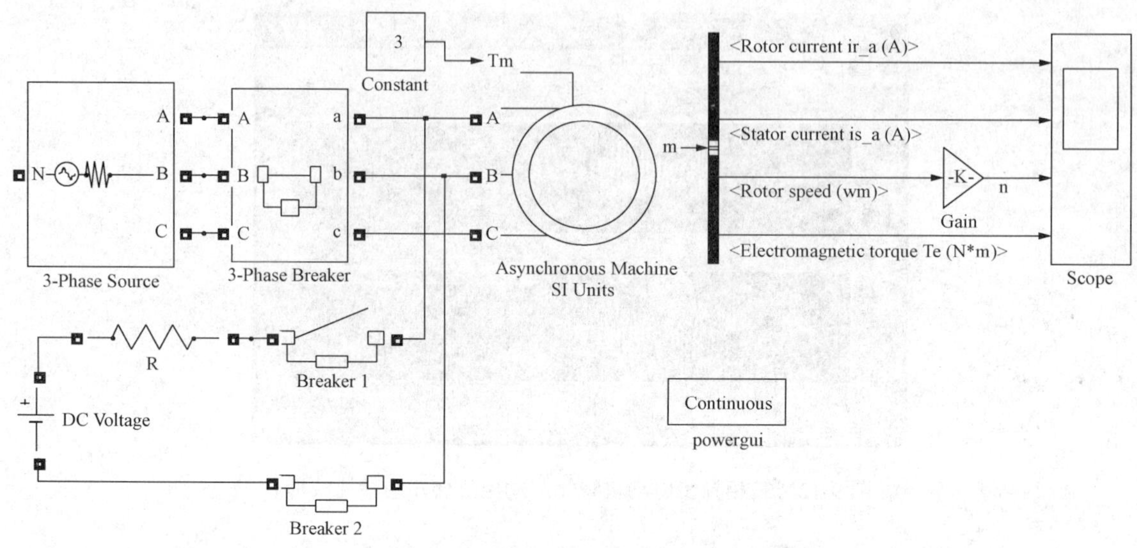

图 9-13　三相异步电动机能耗制动仿真电路

9.5.2　设置模块参数

三相变压器初始状态为闭合，单相断路器 1 的初始状态为断开，而单相断路器 2 的初始状态为闭合，三相断路器和单相断路器 1 的切换动作时间为 2s，电动机开始进入能耗制动阶段。等到电动机制动停机后，再用单相断路器 2 切断直流回路，所以单相断路器 2 的切换动作时间设定为 4s，整个电路仿真时间设定为 4s。

9.5.3　仿真结果及分析

仿真结果如图 9-14 所示。图中给出了转子电流、定子电流、转速和电磁转矩的波形。从

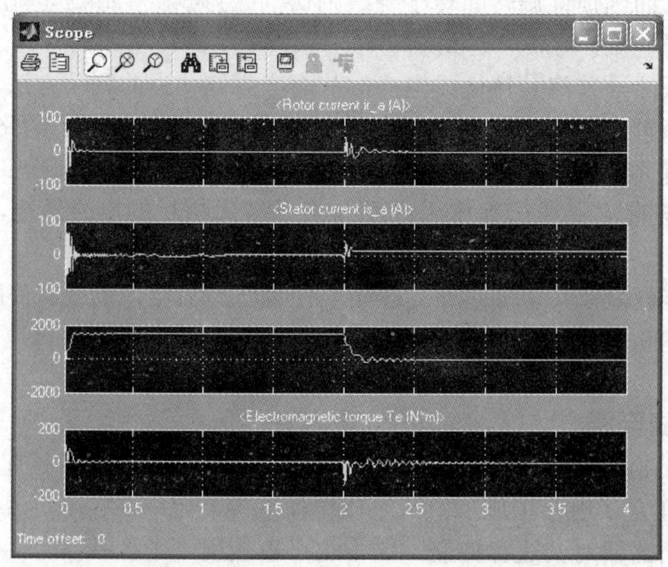

图 9-14　三相异步电动机能耗制动仿真结果

中可以看出制动开始时刻定子电流和电磁转矩有反向的冲击。这是使电动机快速制动的根本原因，制动时间大约在 0.5s 以内。

9.6　三相异步电动机反接制动仿真

反接制动是指为了使三相异步电动机快速停机，可以将正在运行的电动机与电源相连的三根电源线中的任意两根相对调，这时电动机产生的旋转磁场方向改变，从而使电动机的电磁转矩方向也随之改变。这时作用在转子上的电磁转矩与电动机转子转动方向相反，成为制动转矩，起到制动作用。

9.6.1　建立仿真电路

三相异步电动机反接制动是通过改变电动机电源相序，使定子绕组产生与转子旋转方向相反的旋转磁场而产生制动转矩的一种方法。在制动过程中，由于制动转矩，制动电流相当大，通常在电动机定子回路中串接一定阻值的电阻以限制反接制动的电流。仿真电路如图 9-15 所示。

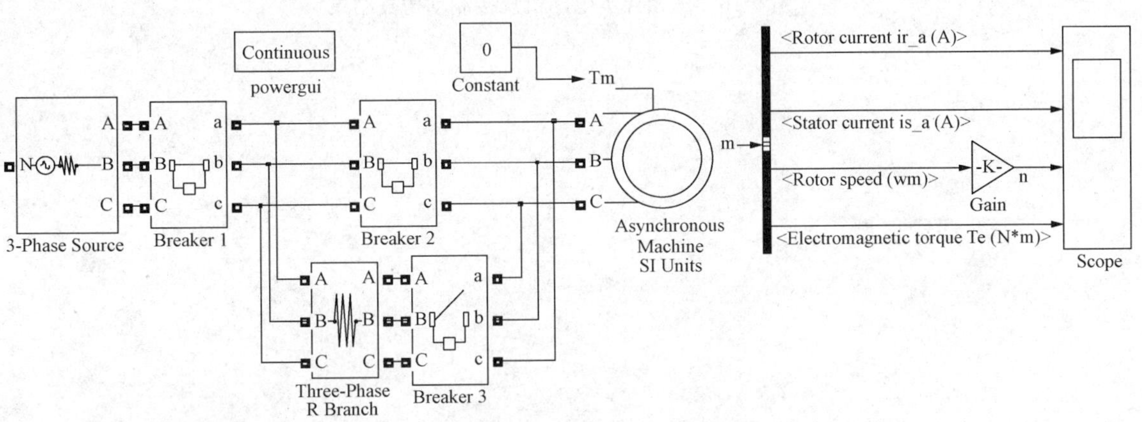

图 9-15　三相异步电动机反接制动仿真电路

9.6.2　设置模块参数

本仿真电路主要设定断路器的投入或切断时间，三相断路器 1 和断路器 2 初始状态是闭合的，断路器 3 的初始状态是断开的，电动机运行一段时间后，设定断路器 2 断开，同时断路器 3 闭合，A 相与 C 相互换，改变电动机电源相序使电动机进入反接制动状态，为了限制定子中反接制动所产生的很大电流，在电动机定子回路中串接一定阻值的电阻。等到电动机转速接近零后，再用断路器 1 进行断电停机。

9.6.3　仿真结果及分析

仿真结果如图 9-16 所示。图中给出了转子电流、定子电流、转速和电磁转矩的波形。从中可以看出制动开始时定子电流和电磁转矩有反向的冲击。这是使电动机快速制动的根本原因。

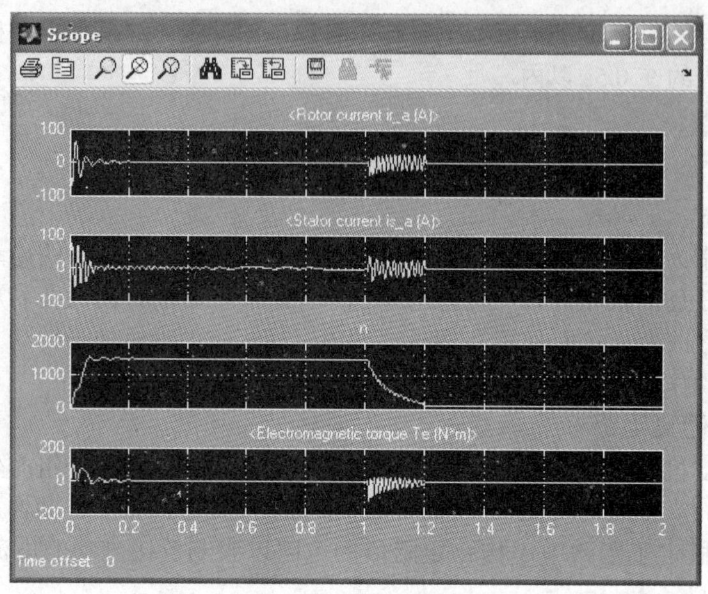

图 9-16 三相异步电动机反接制动仿真结果

第 10 章　三相同步发电机仿真

三相同步电机主要有三相同步电动机和三相同步发电机两大类，三相同步电机的转子转速和电源频率之间满足固定的约束关系，三相同步发电机的功角特性是分析同步发电机稳定运行的基本依据。由于三相同步发电机能够稳定地工作在同步转速，因此直接起动比较困难。三相同步发电机调速只有通过变频方式实现，电子电力变频技术的发展促进了三相同步电动机的应用。

本章介绍三相同步发电机的功角特性、短路特性、起动和制动时的暂态过程的仿真方法，以使读者初步掌握同步发电机的仿真方法。

10.1　同步发电机的功角特性仿真

三相同步发电机的运行特性包括外特性、调整特性和功率特性。这些特性较简单，本节仅对三相同步发电机的功角特性进行仿真，采取 MATLAB 的 M 文件进行计算，画出功角特性曲线。给出不同电枢电阻情况下的功角特性曲线。

三相同步发电机的功率角 δ 是指气隙合成磁动势 F 与励磁磁动势 F_0 的空间角度差。如果忽略电枢漏阻抗压降，则电枢电压 $\dot{U}_1$ 与励磁电动势 $\dot{E}_0$ 的相位差近似为功率角 δ，在空间上，它还是转子磁极轴线和定子合成磁极轴线的空间夹角。功率角 δ 对于研究同步发电机的功率变化和运行稳定性具有重要意义。三相同步发电机的功角特性是指在保持转速 n、励磁电流 I_f 和电枢电压 U_1 为常数时，同步发电机的电磁功率 P_δ 与功率角 δ 之间的关系为 $P_\delta = f(\delta)$。励磁电动势 $\dot{E}_0$ 和电枢电流 $\dot{I}_f$ 之间的相位差角 ψ 为内功率因数角，电枢电压 $\dot{U}_1$ 和电枢电流 $\dot{I}_f$ 之间的相位差角 φ 为负载功率因数角，当同步发电机带电感性负载时，内功率因数角、负载功率因数角与功率角之间有如下关系

$$\delta = \psi - \varphi \tag{10-1}$$

【例 10-1】 某 Y 形连接的汽轮发电机并联在电网上运行，已知额定参数为 $S_N=25000\text{kV}\cdot\text{A}$，$U_N=10.5\text{kV}$，$\cos\varphi_N=0.8$（电感性），$X_s=7\Omega$。使用 MATLAB 计算该同步发电机的额定电磁功率 $P_{\delta e}$，画图分析隐极同步发电机的功角特性曲线并分析电枢电阻对功角特性曲线的影响。

解　(1) 考虑电枢电阻压降的影响，可知隐极同步发电机的相量图如图 10-1 所示。

由图 10-1 中的几何关系可以得到

$$U_1\cos\delta + I_1R\cos\psi + I_1X_s\sin\psi = E_0 \tag{10-2}$$

$$U_1\sin\delta + I_1R\sin\psi = I_1X_s\cos\psi \tag{10-3}$$

两边移项，化简得到

$$I_1R\cos\psi + I_1X_s\sin\psi = E_0 - U_1\cos\delta \tag{10-4}$$

$$I_1X_s\cos\psi - I_1R\sin\psi = U_1\sin\delta \tag{10-5}$$

式（10-4）两边乘以 R，式（10-5）两边乘以 X_s，然后再相加就得到关系式

$$I_1\cos\psi = (RE_0 - RU_1\cos\delta + X_s U_1\sin\delta)/(R^2 + X_s^2) \tag{10-6}$$

根据 $P_\delta = 3E_0 I_1\cos\psi$ 可得

$$P_\delta = 3E_0(RE_0 - RU_1\cos\delta + X_s U_1\sin\delta)/(R^2 + X_s^2) \tag{10-7}$$

（2）根据电磁功率和功率角之间的方程，即式（10-7），编制 MATLAB 的 M 文件。程序如下：

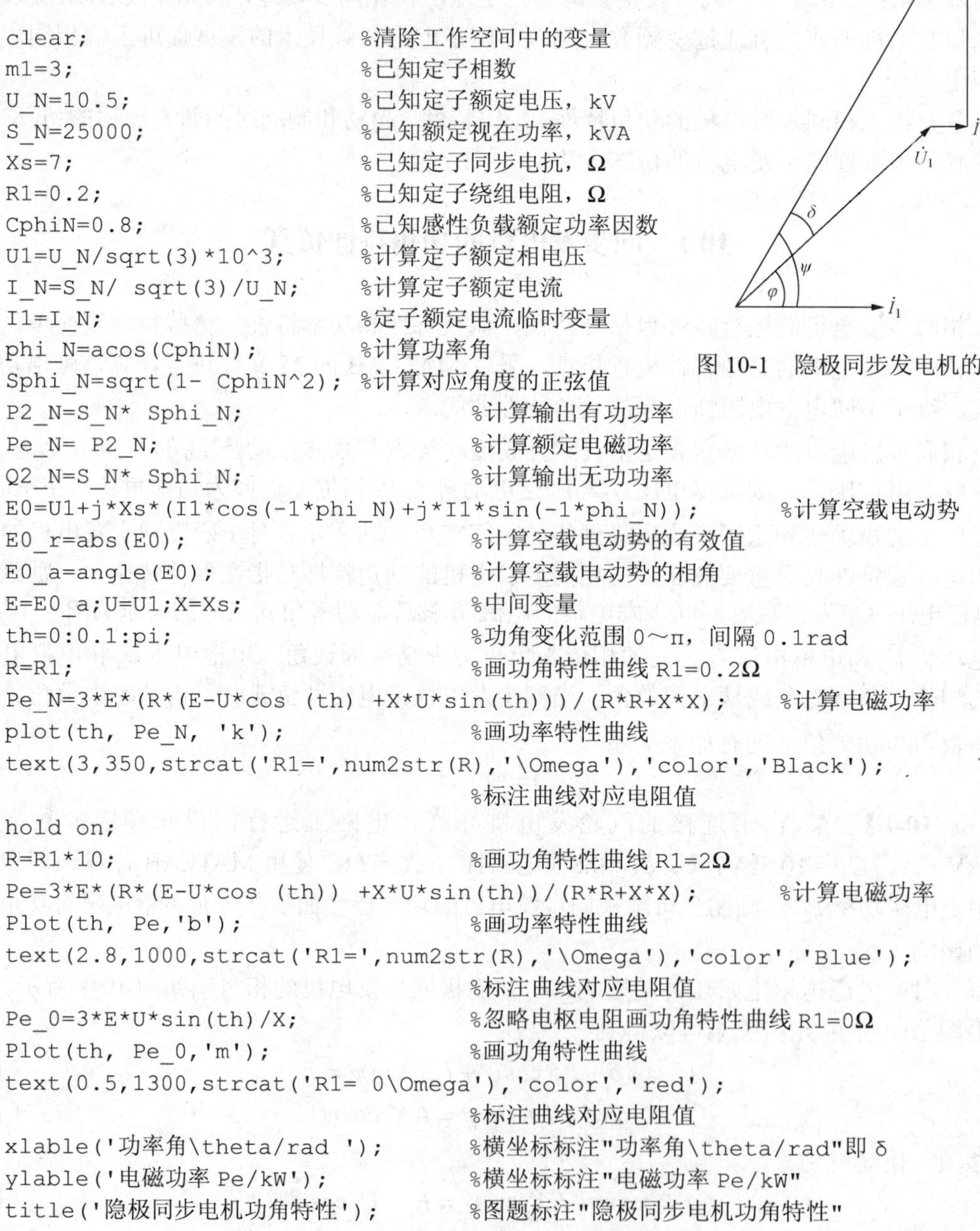

图 10-1　隐极同步发电机的相量图

```
%隐极同步发电机的功率特性曲线，观察电枢电阻对功角特性的
影响
clear;                          %清除工作空间中的变量
m1=3;                           %已知定子相数
U_N=10.5;                       %已知定子额定电压，kV
S_N=25000;                      %已知额定视在功率，kVA
Xs=7;                           %已知定子同步电抗，Ω
R1=0.2;                         %已知定子绕组电阻，Ω
CphiN=0.8;                      %已知感性负载额定功率因数
U1=U_N/sqrt(3)*10^3;            %计算定子额定相电压
I_N=S_N/ sqrt(3)/U_N;           %计算定子额定电流
I1=I_N;                         %定子额定电流临时变量
phi_N=acos(CphiN);              %计算功率角
Sphi_N=sqrt(1- CphiN^2);        %计算对应角度的正弦值
P2_N=S_N* Sphi_N;                       %计算输出有功功率
Pe_N= P2_N;                             %计算额定电磁功率
Q2_N=S_N* Sphi_N;                       %计算输出无功功率
E0=U1+j*Xs*(I1*cos(-1*phi_N)+j*I1*sin(-1*phi_N));        %计算空载电动势
E0_r=abs(E0);                           %计算空载电动势的有效值
E0_a=angle(E0);                         %计算空载电动势的相角
E=E0_a;U=U1;X=Xs;                       %中间变量
th=0:0.1:pi;                            %功角变化范围 0～π，间隔 0.1rad
R=R1;                                   %画功角特性曲线 R1=0.2Ω
Pe_N=3*E*(R*(E-U*cos (th) +X*U*sin(th)))/(R*R+X*X);     %计算电磁功率
plot(th, Pe_N, 'k');                    %画功率特性曲线
text(3,350,strcat('R1=',num2str(R),'\Omega'),'color','Black');
                                        %标注曲线对应电阻值
hold on;
R=R1*10;                                %画功角特性曲线 R1=2Ω
Pe=3*E*(R*(E-U*cos (th)) +X*U*sin(th))/(R*R+X*X);       %计算电磁功率
Plot(th, Pe,'b');                       %画功率特性曲线
text(2.8,1000,strcat('R1=',num2str(R),'\Omega'),'color','Blue');
                                        %标注曲线对应电阻值
Pe_0=3*E*U*sin(th)/X;                   %忽略电枢电阻画功角特性曲线 R1=0Ω
Plot(th, Pe_0,'m');                     %画功角特性曲线
text(0.5,1300,strcat('R1= 0\Omega'),'color','red');
                                        %标注曲线对应电阻值
xlable('功率角\theta/rad ');            %横坐标标注"功率角\theta/rad"即 δ
ylable('电磁功率 Pe/kW');               %横坐标标注"电磁功率 Pe/kW"
title('隐极同步电机功角特性');          %图题标注"隐极同步电机功角特性"
```

程序运行结果如图 10-2 所示。

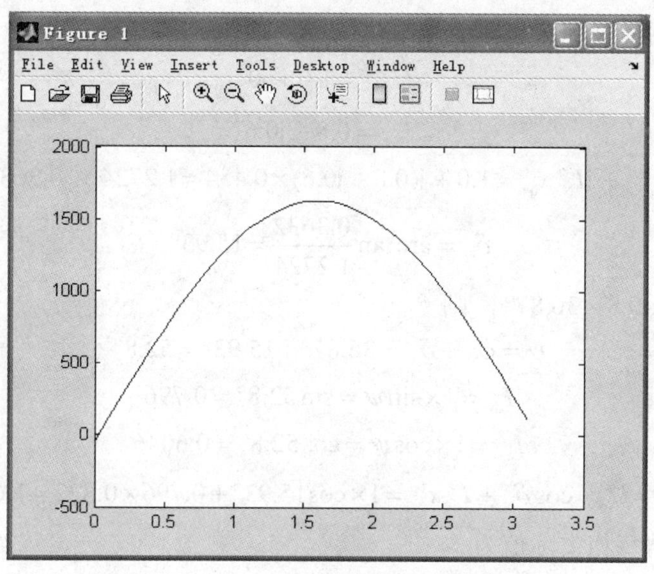

图 10-2　三相隐极同步发电机功角特性曲线

【例 10-2】 一台三相星形连接的凸极水轮发电机，S_N=72500kV·A，U_N=10.5kV，$\cos\varphi_N$ = 0.8（电感性），x_d=1.25Ω，x_q=0.69。忽略电枢电阻的影响，使用 MATLAB 计算该同步发电机的额定电磁功率 $P_{\delta e}$，画图分析凸极同步发电机的功角特性曲线。

解　(1) 额定电流

$$I_N = \frac{S_N}{\sqrt{3}U_N} = \frac{72500}{10.5\sqrt{3}} = 3986.5\,(\text{A}) \tag{10-8}$$

每相额定电压

$$U_{pN} = \frac{U_N}{\sqrt{3}} = \frac{10500}{\sqrt{3}} = 6062.2\,(\text{V}) \tag{10-9}$$

每相同步电抗的标幺值

$$x_{d*} = \frac{I_N}{U_{pN}}x_d = \frac{3986.5}{6062.2}\times 1.25 = 0.822 \tag{10-10}$$

$$x_{q*} = \frac{I_N}{U_{pN}}x_q = 0.454 \tag{10-11}$$

(2) 作出相量图，如图 10-3 所示。

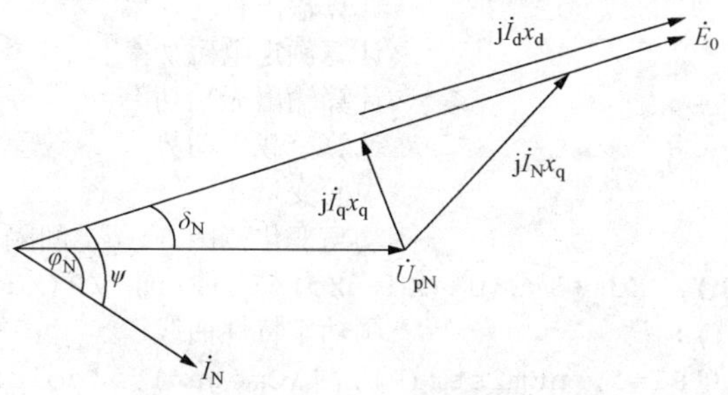

图 10-3　凸极式同步发电机相量图

以下的计算都用的是标幺值。令端电压为参考轴，则

$$\dot{U}_{\text{pN}*}=1.0+\text{j}0$$

$$\dot{I}_{\text{N}*}=0.8-\text{j}0.6$$

$$\dot{U}_{\text{pN}*}+\text{j}\dot{I}_{\text{N}*}x_{\text{q}*}=1.0+\text{j}(0.8-\text{j}0.6)\times0.454=1.2724+\text{j}0.3632$$

$$\delta_{\text{N}}=\arctan\frac{0.3632}{1.2724}=15.93^\circ$$

由于 $\varphi_{\text{N}}=\arccos0.8=36.87^\circ$，则

$$\psi=\varphi_{\text{N}}+\delta_{\text{N}}=36.87^\circ+15.93^\circ=52.8^\circ$$

$$\dot{I}_{\text{d}*}=1\times\sin\psi=\sin52.8^\circ=0.796$$

$$\dot{I}_{\text{q}*}=1\times\cos\psi=\cos52.8^\circ=0.6046$$

$$E_{0*}=U_{\text{pN}*}\cos\delta_{\text{N}}+I_{\text{d}*}x_{\text{d}*}=1\times\cos15.93^\circ+0.796\times0.822=1.616$$

所以空载电动势每相实际值为

$$E_0=E_{0*}\times U_{\text{pN}}=1.616\times6062.2=9796\,(\text{V})$$

（3）将具体数据代入功角特性公式，则

$$P_\delta=3\frac{E_0U_{\text{pN}}}{x_{\text{d}}}\sin\delta+3\frac{U_{\text{pN}}{}^2}{2x_{\text{d}}x_{\text{q}}}(x_{\text{d}}-x_{\text{q}})\sin2\delta \tag{10-12}$$

（4）根据电磁功率和功率角之间的方程即式（10-7），编制 MATLAB 的 M 文件。程序如下：

```
%隐极同步发电机的功率特性曲线，观察电枢电阻对功角特性的影响
clear;                                    %清除工作空间中的变量
m1=3;                                     %已知定子相数
U_N=10.5;                                 %已知定子额定电压，kV
S_N=72500;                                %已知额定视在功率，kVA
Xd=1.25;                                  %已知交轴同步电抗，Ω
Xq=0.69;                                  %已知直轴同步电阻，Ω
CphiN=0.8;                                %已知感性负载额定功率因数
UpN=U_N/sqrt(3)*10^3;                     %计算定子额定相电压
I_N=S_N/ sqrt(3)/U_N;                     %计算定子额定电流
I1=I_N;                                   %定子额定电流临时变量
phi_N=acos(CphiN);                        %计算功率角
Sphi_N=sqrt(1- CphiN^2);                  %计算对应角度的正弦值
P2_N=S_N* Sphi_N;                         %计算输出有功功率
Pe_N= P2_N;                               %计算额定电磁功率
Q2_N=S_N* Sphi_N;                         %计算输出无功功率
E0=9796;                                  %计算空载电动势
E=E0;U=UpN;                               %中间变量
th=0:0.1:pi;                              %功角变化范围 0～π，间隔 0.1rad
Pe_N=3*E*U*sin (th)/ Xd +3 U*U*(Xd- Xq)sin(2th) /2(Xd*Xq); %计算电磁功率
plot(th, Pe_N, 'k');                      %画功率特性曲线
text(3,350,strcat('R1=', num2str(R), '\Omega'), 'color', ' Black');
                                          %标注曲线对应电阻值
```

10.2　同步发电机起动仿真

10.2.1　建立仿真模型

建立三相同步发电机起动的仿真模型，如图 10-4 所示。在仿真模型中，主要由以下几个部分构成：同步发电机（Synchronous Machine）、三相电源（Three-Phase Source）、三相负载（Three-Phase RLC Load）等模块。

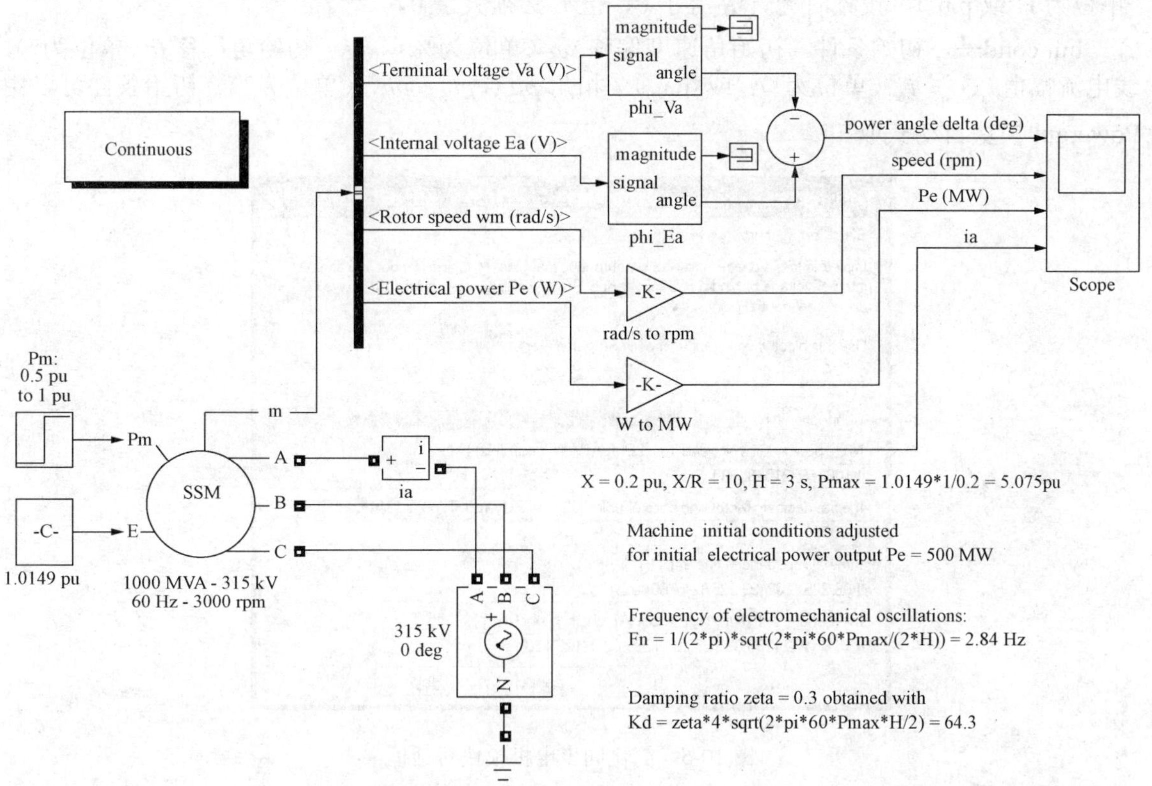

图 10-4　三相同步发电机异步起动仿真电路

10.2.2　设置模块参数

简化同步电机模块忽略电枢反应电感、励磁和阻尼绕组的漏感，仅由理想电压源串联 R、L 线路构成，其中 R 值和 L 值为电机的内部阻抗。它有 2 个输入端子、1 个输出端子和 3 个电气连接端子。

其中，第一个输入端子（Pm）输入电机的机械功率，可以是常数，或者是水轮机和调节器模块的输出。它的第二个输入端子（E）为电机内部电压源的电压，可以是常数，或者是直接与电压调节器模块的输出相连。如果模型为 SI 型的，则输入的机械功率和内电压的单位为 W 和 V（相电压有效值）；如果使用的是 p.u.型，则输入值应为标幺值。

模块的三个电气连接端子（A，B，C）为定子输出电压。输出端子（m）输出一系列同步电机的内部信号，共由 12 路信号组成，可以通过同步电机测量信号分离器（Demux）模块将输出端子中的各路信号分离出来。

（1）简化同步电机模块。双击简化同步电机模块，将弹出该模块的参数对话框，如图 10-5 所示。在这个对话框中可以设置以下参数。

Connection type——定义同步电机的连接类型，有两种可供选择，分别是 3 线Y形和 4 线Y形。

Nom.power，L-L volt and freq——“额定参数”中有以下选项：三相额定视在功率 P_N（单位为 V·A）、额定线电压有效值 U_N（单位为 V）、额定频率 f_N（单位为 Hz）。

Internal impedance——内部阻抗，有以下选项：单相电阻 R（单位为Ω或 p.u.）和电感 L（单位为 H 或 p.u.）。设置时允许 R 等于 0，但 L 必须大于 0。

Init.cond——初始条件，初始角速度偏移$\Delta\omega$（单位为%），转子初始角位移 θ（单位为°），线电流幅值 i_a，i_b，i_c（单位为 A 或 p.u.），相角 ph_a，ph_b，ph_c（单位为°）。初始条件可以由 Powergui 模块自动获取。

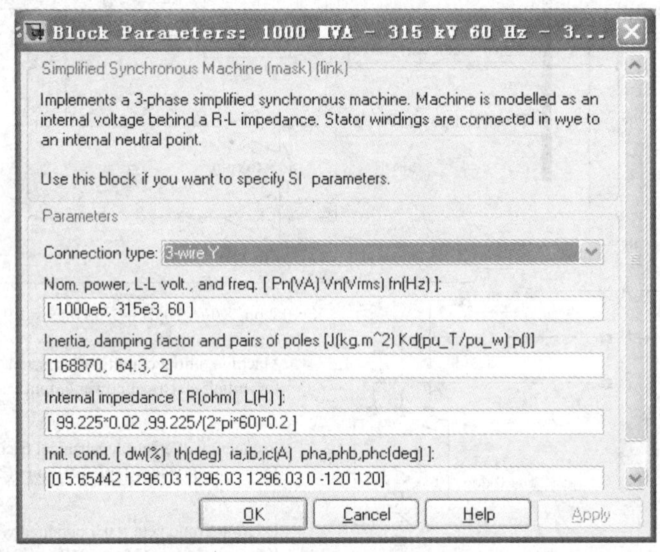

图 10-5　简化同步电机模块对话框

（2）常数模块。在常数模块 Pm 的对话框中输入 0～1p.u.（标幺值），在常数模块 VLLrms 的对话框中输入 1.0149（由 Powergui 计算得到的初始参数）。电机测量信号分离器分离第 4～9、11、12 路信号。选择器模块均选择 A 相参数。由于电机模块输出的转速为标幺值，因此，使用了一个增益模块将标幺值表示的转速转换为由单位表示的转速，所以，增益系数为 K=3000，两个 Fourrier 分析模块均提取 50Hz 的基波分量。

10.2.3　仿真结果及分析

本仿真时间设定为 1s。起动过程的仿真结果如图 10-6 所示。图 10-6 从上到下分别是功率角、转速、电磁转矩和定子 A 相电流的暂态过程曲线，仿真开始时，发电机输出的电磁功率由 0 逐步增大，机械功率大于电磁功率。发电机在加速性过剩功率的作用下，转速迅速增大，随着功率角 δ 增大，发电机的电磁功率也增大，使得过剩功率减小。当 t=0.2s 时，在阻尼作用下，过剩功率成为减速性功率，转子转速开始下降，但转速仍然大于 3000r/min，因此，功率角继续增大，直到转速小于 3000r/min 后（t=0.5s），功率角开始减小，电磁功率也随之减小。t=0.8s 后，在电机的阻尼作用下，转速、电磁转矩和定子 A 相电流在经历起动的暂态过程后，达到稳态。转速稳定在 3000r/min，功率稳定在 0.8p.u.，功率角为 12°。

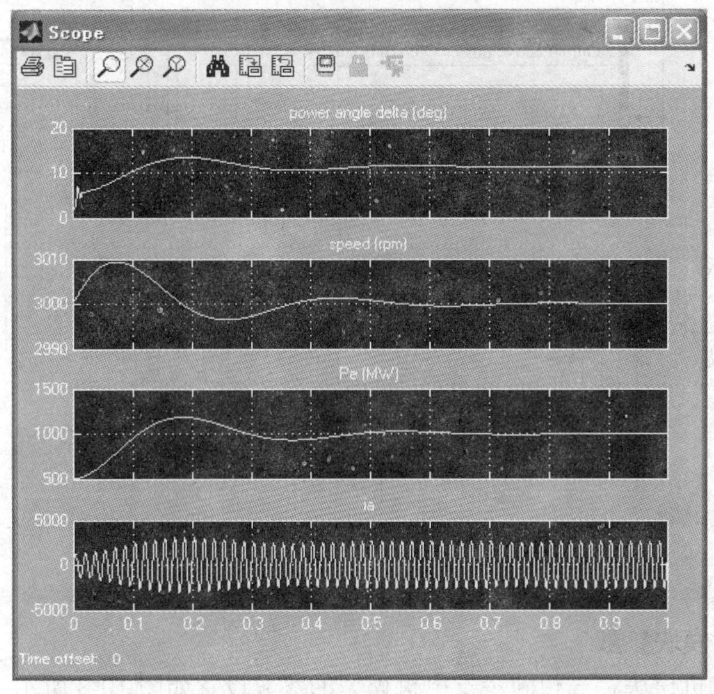

图 10-6　三相同步发电机异步起动仿真波形

10.3　同步发电机突然发生三相对称短路仿真

三相同步发电机运行过程中突然短路会产生冲击电流和冲击转矩，严重时可能对系统运行产生严重影响。因此有必要对同步发电机运行时突然短路的暂态过程进行仿真研究。使用 Simulink 建立同步发电机运行电路模型，仿真获得同步发电机在突然三相对称短路情况下的电流、磁通、电磁功率和转速等的暂态过程仿真曲线。

10.3.1　建立仿真模型

建立三相同步发电机突然短路的仿真模型，如图 10-7 所示。

在仿真模型中，主要由同步电机（Synchronous Machine）、三相电源（Three-Phase Source）、三相负载（Three-Phase RLC Load）、短路模块（Three-Phase Fault）、电机测量信号选择模块（Bus Selector）、锁相环（Discrete 1-Phase PLL）模块和 dq0-abc 变换（dq0 to abc Transformation）模块部分构成。从 Simulink 的库中将相应组件放到 mdl 仿真文件窗口中，按图进行相关组件模型的连接。同步发电机仿真运行，模型需要连接到网络中，所以本例中将同步发电机连接到一个带负载的三相电压源上，增加的负载是为了避免仿真的数值计算不收敛，使仿真能够顺利进行。使用 dq0-abc 变换模块可以把电机输出的 dq 坐标分量转换到 abc 坐标下。由于所测量得到的磁通值只有 d 轴和 q 轴分量，没有 0 轴分量，所以在 dq0-abc 变换模块的输入中增加了常量分量 0。

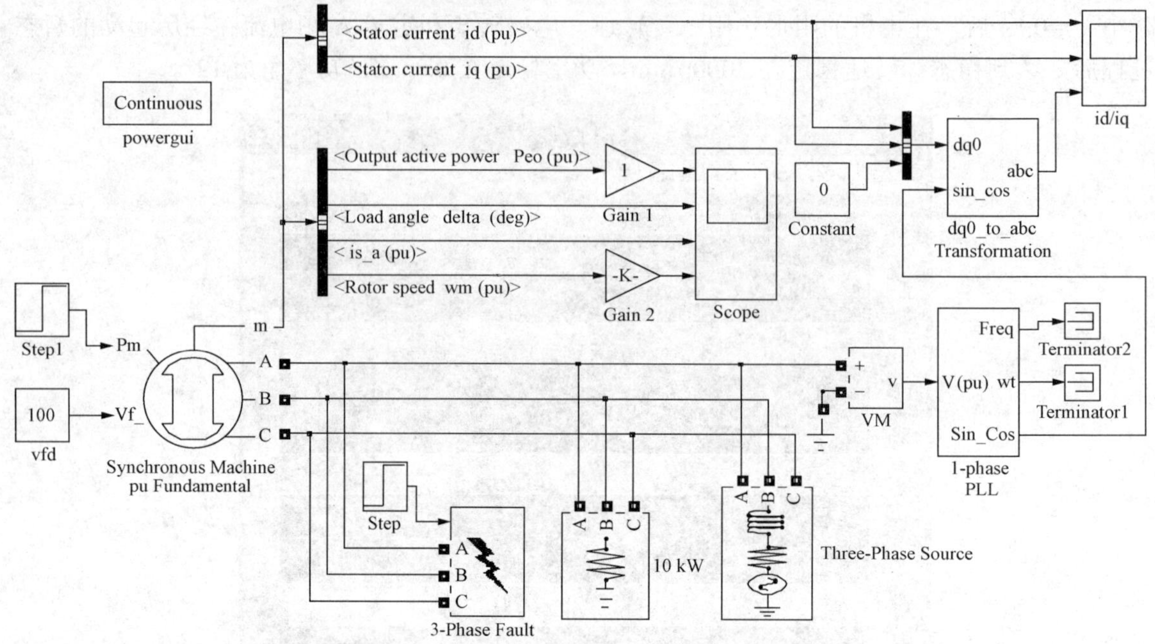

图 10-7 三相同步发电机突然短路的仿真电路

10.3.2 设置模块参数

（1）同步发电机模块。三相同步发电机模型的参数设置如图 10-8 所示。各项说明如下：

Preset model——预设模型选项，有一些模块中预先设定好参数的模型可以使用，本模型中没有使用预设模型，则选定了 NO 选项。

Mechanical input——机械量输入选项，分为功率输入（Mechanical power Pm）和转速输入（Speed w）两种方式，本模型选择了功率输入方式，也就是转矩方式输入。

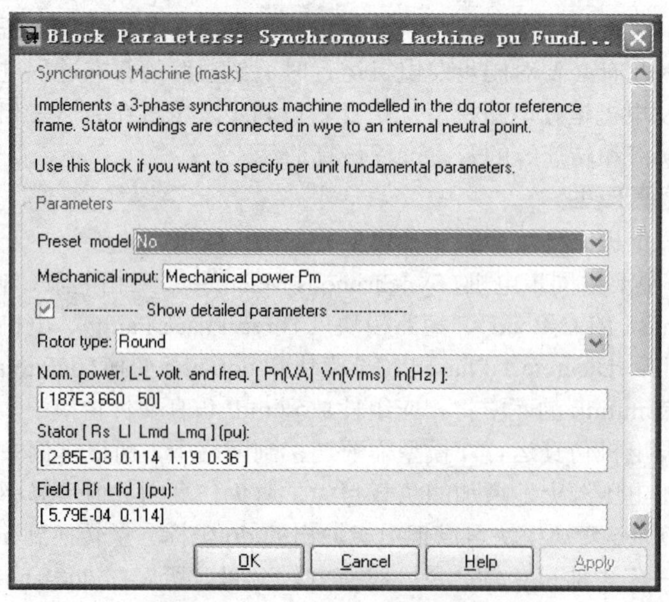

图 10-8 三相同步发电机参数设置

Show detailed parameters——显示详细参数选项。

Rotor type——转子方式选项，有隐极（Round）和凸极（Salient-pole）可选。本模型选择了凸极机。

Nom. Power, volt, freq and field cur［Pn（VA）Vn（Vrms）fn（Hz）ifn（A）］——额定功率，额定电压，额定频率和励磁电流。

Stator ［Rs（ohm）L1，Lmd，Lmq（H）］——定子电阻，定子漏感，定子 d 轴励磁电感，q 轴励磁电感。

Field［Rf（ohm）L1fd（H）］——励磁电阻和励磁电感参数。

Dampers［Rkd，L1kd，Rkq1，L1kq1］——阻尼绕组 d 轴电阻、d 轴电感、d 轴电阻和 q 轴电感参数。

Inertia，Friction factor and poles pairs——转动惯量、摩擦系数和极对数参数。

Init. Cond.［dw（%）th（deg）ia，ib，ic（A）pha，phb，phc（deg）Vf（V）］——初始条件参数，转速偏差、转子电角度、线电流、线电流初相角和励磁电压。

Simulation saturation——仿真饱和情况选项。

Display Vfd which produces nominal Vt——显示产生标称电压的励磁电压选项。

按照本模型的仿真要求设置三相同步电机的各项参数。

（2）定时器模块。本模型中使用了两个定时器模块，分别为 PowerInputs 模块和 TimeInput 模块。

PowerInputs 模块作为同步发电机的转矩输入。由于同步发电机不能自行起动，这里将转矩设定成为分段的方式，便于同步发电机的起动。必须要注意，同步电机的转矩正负表明同步电机工作在发电状态还是在电动状态。本例中输入为负，表明同步电机工作在发电机状态。

TimeInput 模块为短路模块的外部触发时间定时模块，设定其中的值可以控制短路模块的短路动作时间。设置参数为 3s 时短路模块动作，6s 时恢复正常。

（3）故障模块。故障模块（Three-Phase Fault）参数设置如图 10-9 所示。

其参数包括以下选项。

Phase A Fault——A 相故障选项。

Phase B Fault——B 相故障选项。

Phase C Fault——C 相故障选项。

Fault resistance Ron（ohms）——短路电阻。

Ground Fault——接地故障选项，选定后出现接地电阻（Ground resistance）参数。

Ground resistance Rg（ohms）——接地电阻。

External control of fault timing——外部控制选项，选定后模块符号显示外部触发输入端，可以使用外部触发源控制短路模块的发生时刻。

Initial status of fault［Phase A Phase B Phase C］——初始状态，设定三相的初始状态，0 表示没有故障，1 表示有故障。

Snubbers resistance Rp（ohms）——吸收电阻。

Snubbers Capacitance（Farad）——吸收电容。

Measurements——测量选项，其中有故障电压（Fault voltage）、故障电流（Fault current）和故障电压与电流（Fault voltage and current）选项备选。

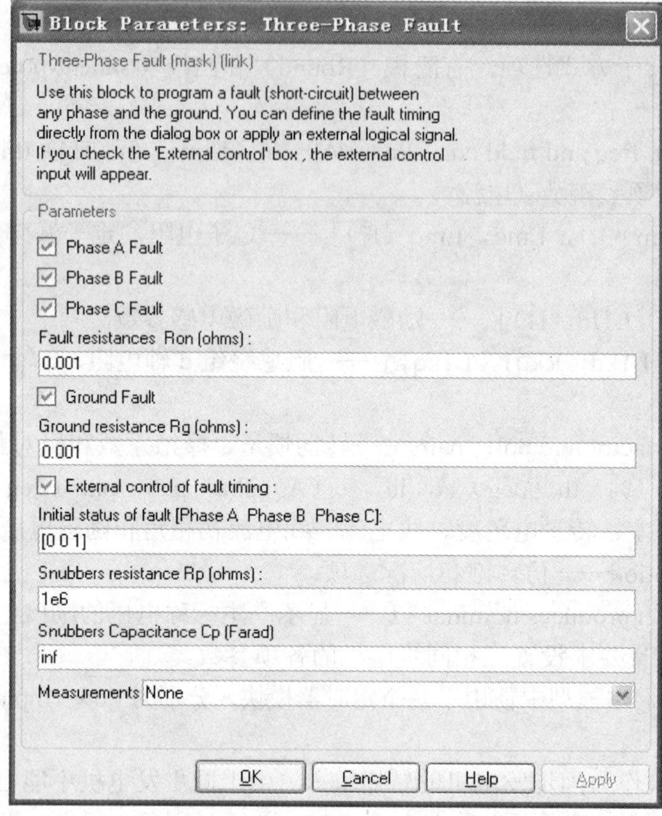

图 10-9 短路模块参数设置

（4）三相串联负载模块。参数设置如图 10-10 所示。模块可以设置的参数有以下几个。

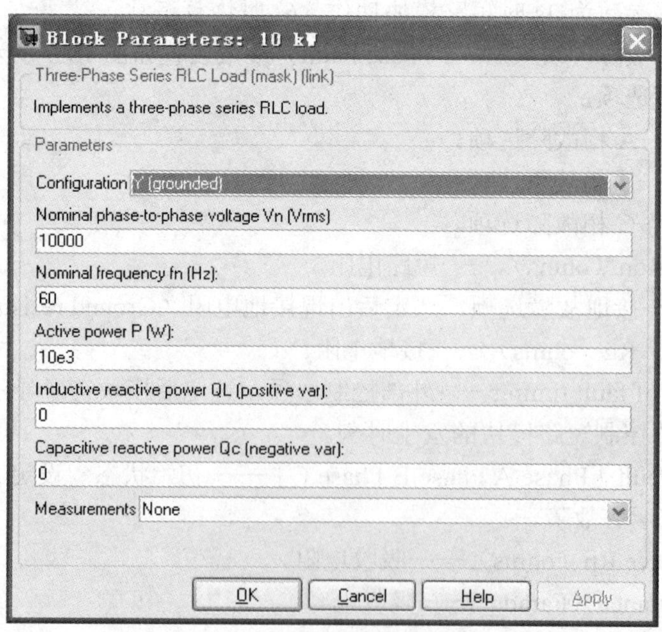

图 10-10 三相串联负载模块参数设定

Configuration——配置方式，有星形接地［Y（grounded）］、星形浮空［Y（floating）］、星形中性点［Y（neutral）］和三角形（Delta）四种连接方式备选。

Nominal phase-to-phase voltage Vn（Vrms）——额定线电压。

Nominal frequency fn（Hz）——额定频率。

Active power P（W）——有功功率。

Inductive reactive power QL（positive var）——感性无功功率。

Capacitive reactive power QL（positive var）——容性无功功率。

Measurement——测量选项，具有测量分支电压（Branch voltage）、分支电流（Branch Current）和分支电压与电流（Branch voltage and current）等选项。

（5）dq0-abc 变换模块。该模块没有可以设定的参数。dq0-abc 变换模块的输入需要有系统电压的同步信号，所以要增加 PLL（锁相环）模块，用于测量系统 a 相电压，锁相环的输出结果值作为 dq0-abc 变换模块的输入。

（6）锁相环模块。参数设定如图 10-11 所示。其中包括以下选项。

Minimum frequency（Hz）——最小频率。

Initial input［Phase（degrees）Frequency（Hz）］——初始相角和频率输入。

Regulator gains［Kp Ki］——稳定器增益、比例增益和积分增益。

Sample time——采样时间。

本例中设定了最小频率为 45Hz，初始输入相角 0°，初始输入频率 50Hz，稳定器比例增益 120，积分增益 2800，采样时间设置为 50e^{-6}s，即 50×10^{-6}s。

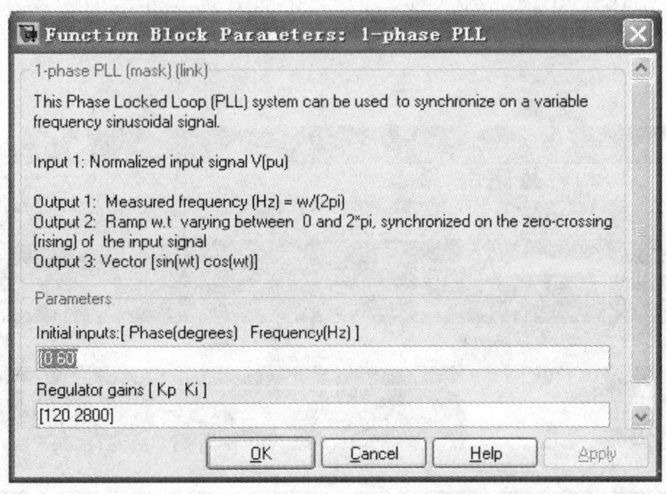

图 10-11　锁相环模块参数设定

（7）总线选择模块。在同步发电机的测量输出端连接了几个总线选择模块（Bus Selector）是为了将需要观察的同步电机参数选择出来连接到示波器（Scope）上进行观察。其中最下面的一个总线选择器选定了测量相电枢电流的分量，同时将输出（Output）设定成了总线模式（Output as bus），如图 10-12 所示。其他的总线选择器（Bus Selector）可以参照设定。设定之后，总线选择器的输出就是数组形式，通过计算输出的两个分量，可以获得同步发电机的电枢电流的方均根值（有效值）。

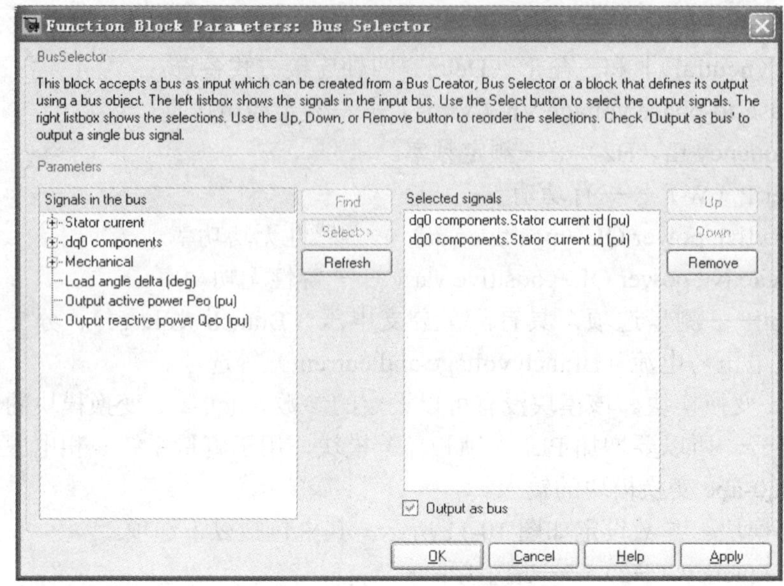

图 10-12 总线选择模块设置

10.3.3 仿真结果及分析

本仿真时间设定为 10s。起动过程的仿真结果如图 10-13、图 10-14 所示。图 10-13 从上到下分别是电磁转矩（标幺值）、功率角、定子 A 电流（标幺值）和转速（标幺值）的暂态过程曲线；图 10-14 给出了 d 轴电流（标幺值）、q 轴电流（标幺值）以及三相定子电流（标幺值）的波形和有效值曲线，从中可以看出发生短路时，发电机的定子电流产生了很大的冲击。

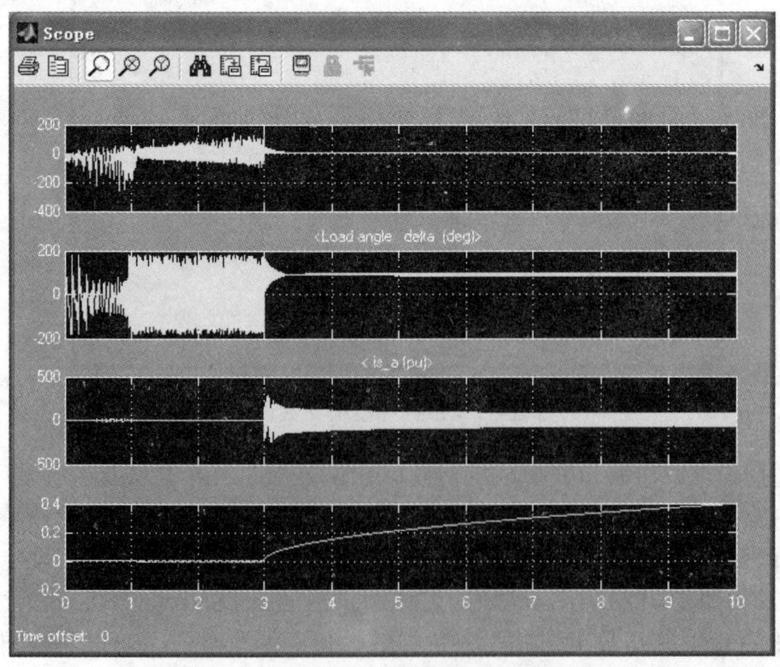

图 10-13 三相同步发电机突然短路的仿真波形

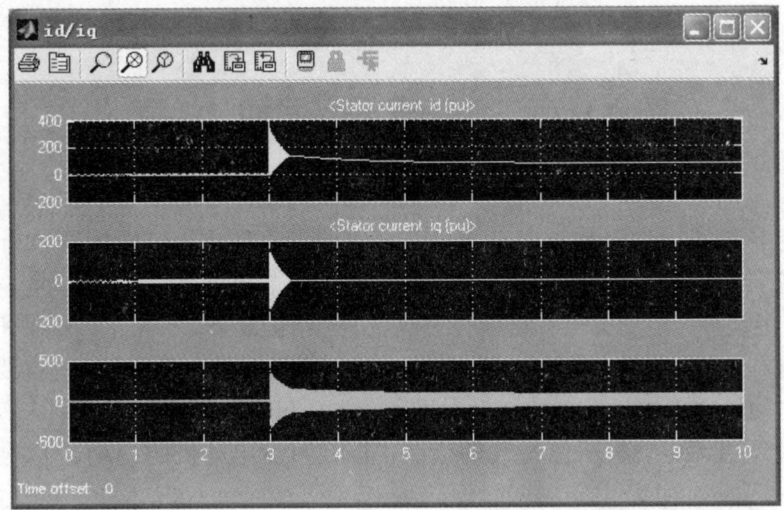

图 10-14　d 轴电流、q 轴电流以及三相定子电流（均为标幺值）的波形

第11章 直流电动机仿真

直流电机包括直流电动机和直流发电机，直流电动机是将直流电能转换为机械能的电动机，与三相交流异步电动机相比，其主要优点是速度调节范围宽广，平滑性、经济性较好，起动转矩较大。但是直流电动机也有它显著的缺点，它结构复杂，价格高，维护不方便，尤其电刷与换向器之间容易产生火花，故障较多，因而运行可靠性较差。直流电动机主要应用于电力拖动性能要求较高的场合，如起重机械、电力机车、大型可逆轧钢机和龙门刨床等生产机械中。

本章主要介绍直流电动机机械特性的绘制，以及直流电动机的起动、制动和调速过程的仿真分析方法。

11.1 直流电动机的机械特性仿真

直流电动机的人为机械特性主要有改变电枢电压、改变电枢电阻和改变磁通等三种方法，根据已知的直流电动机参数，使用MATLAB编制M文件，通过计算可以画出直流电动机的人为机械特性曲线。

11.1.1 他励直流电动机运行特性

直流电动机在 U=U_N=常值时，转速 n 与电磁转矩 T_{em} 之间的关系曲线 n=f（T_{em}）称为机械特性，其基本性质与工作特性中的速率特性相同。

直流电动机的额定值与电动势常数 C_E 、电磁转矩常数 C_T 之间的关系为

$$U_N = C_E \Phi_N n_N + R_a I_{aN} \tag{11-1}$$

$$C_T \Phi_N = 9.55 C_E \Phi_N \tag{11-2}$$

他励直流电动机的机械特性方程为

$$\begin{aligned} n_N &= \frac{U - I_a(R_a + R_j)}{C_e \Phi_N} = \frac{U}{C_e \Phi_N} - \frac{R_a + R_j}{C_e C_T \Phi_N^2} T_{em} \\ &= n_0 - K T_{em} \end{aligned} \tag{11-3}$$

式中：n_N 、Φ_N 、I_a 、R_a 分别为直流电动机的额定转速、每极额定磁通、额定电枢电流和电枢电阻。

式（11-3）称为直流电动机机械特性方程。其中，$n_0 = U / C_e \Phi$ 称为理想空载转速，它表示 T_{em} =0 时的电机转速，此时不仅电动机轴上没有负载，而且电枢电流 I_a =0，是一种理想空载状态，故机械特性很硬。直流电动机机械特性是一簇下倾的直线，如图11-1所示。下面以［例11-1］来进行仿真分析。

11.1.2 他励直流电动机运行特性仿真

【例 11-1】 某他励直流电动机，已知其参数为 $U_N = 220\ \text{V}$，$P_N = 2.2\ \text{kW}$，$I_N = 12.5\ \text{A}$，$n_N = 1500\ \text{r/min}$；电枢电阻 $R_a = 0.4\ \Omega$，励磁电阻 $R_f = 426\ \Omega$。求出并分别画出自然机械特性曲线和改变电枢电压、改变电枢电阻、改变磁通时的人工机械特性曲线。

（1）根据所给参数数据，由式（11-1）和式（11-2）求得 $C_e\Phi_N$ 和 $C_T\Phi_N$。

（2）根据式（11-3）计算不同电枢电压 U 情况下的机械特性曲线。

（3）根据式（11-3）计算不同电枢电阻 R_a 情况下的机械特性曲线。

（4）根据式（11-3）计算不同电枢电压 Φ 情况下的机械特性曲线。

用 M 语言编写他励直流电动机运行特性。仿真计算程序及相关注释如下：

```
%他励直流电动机的机械特性                %转速特性 n=U/(CePhi)-U/(CePhi)Ia
%separately excited generator          %空载特性，外特性
clear;                                  %清除工作空间中的变量
U_N=220;P_N=2.2;I_N=12.5;               %已知额定电压、额定功率、额定电流
n_N=1500;R_a=0.4;R_f=426;               %已知额定转速、电枢电阻、励磁电阻
Ia_N=I_N-U_N/R_f;                       %计算额定电枢电流
C_EPhi_N=(U_N-R_a*Ia_N)/n_N;            %计算电动势常数(CE)*ΦS
C_TPhi_N=9.55*C_EPhi_N;                 %电磁转矩常数(CT)*ΦS
%假定 PHi=Phi_N,U=U_N,If=If_N           %计算转速 n,电磁转矩 Te 和电枢电流 Ia 的关系
Ia=0:Ia_N;                              %建立电枢电流的数组
n=U_N/C_EPhi_N-R_a/(C_EPhi_N)*Ia;       %计算转速
Te=C_TPhi_N*Ia;                         %计算电磁转矩
P1=U_N*Ia+U_N*U_N/R_f;                  %计算总输入功率
T2_N=9550*P_N/n_N;                      %计算额定机械转矩
figure(1);                              %建立 1 号图形窗口
plot(Te,n,'.-');                        %绘制基本机械特性曲线
xlabel('电磁转矩 Te/N.m');               %横轴坐标标注'电磁转矩 Te/N·m'
ylabel('转速 n/rpm');                    %纵轴坐标标注'转速 n/r/min'
ylim([0,1800]);                         %限制纵轴显示范围
%计算转速和转矩的关系，不同的条件下的机械特性
                                        %降低电压人为机械特性
figure(2);                              %建立 2 号图形窗口
plot(Te,n,'rs');                        %绘制基本机械特性曲线
xlabel('电磁转矩 Te/N.m');               %横轴坐标标注'电磁转矩 Te/N·m'
ylabel('转速 n/rpm');                    %纵轴坐标标注'转速 n/r/min'
hold on;                                %保持图形
R_c=0;                                  %临时变量
for coef=1:-0.2:0.02;
    U=U_N*coef;                         %改变电枢电压
    n=U/C_EPhi_N-(R_a+R_c)/(C_EPhi_N*C_TPhi_N)*Te;
                                        %计算对应不同电枢电压的转速
    plot(Te,n,'k-');                    %绘制改变电压的机械特性曲线
    str=strcat('U=',num2str(U),'V');%显示字符串处理
    s_y=1400*coef;                      %显示字符串纵坐标
    text(6,s_y,str);                    %给曲线标注电压值
end;
%计算转速和转矩的关系，不同的条件下的机械特性
                                        %改变磁通人工机械特性
figure(3);                              %建立 3 号图形窗口
R_c=0;
n=U_N/C_EPhi_N-(R_a+R_c)/(C_EPhi_N*C_TPhi_N)*Te;    %计算转速
plot(Te,n,'rs');                        %绘制基本机械特性曲线
xlabel('电磁转矩 Te/N.m');               %横轴坐标标注'电磁转矩 Te/N·m'
ylabel('转速 n/rpm');                    %纵轴坐标标注'转速 n/r/min'
hold on;                                %保持图形
U=U_N;R_c=0;
```

```
for coef=0.6:0.2:1.2;
    C_EPhi=C_EPhi_N*coef;                  %改变磁通值
    C_TPhi=C_TPhi_N*coef;                  %改变转矩值
    n=U/C_EPhi-(R_a+R_c)/(C_EPhi*C_TPhi)*Te;
                                           %计算对应不同磁通下的转速
    plot(Te,n,'k-');                       %绘制改变电压的机械特性曲线
    str=strcat('\phi=',num2str(coef),'\Phi_N'); %显示字符串处理
    s_y=1000*(4-coef*2.4);                 %显示字符串纵坐标
    text(10,s_y,str);                      %给曲线标注电压值
end;
ylim([0,3000]);
                                           %增加电枢电阻人为机械特性
figure(4);                                 %建立 4 号图形窗口
n=U_N/C_EPhi_N-((R_a+R_c)/(C_EPhi_N*C_TPhi_N))*Te;
                                           %计算转速
plot(Te,n,'rs');                           %绘制基本机械特性曲线
xlabel('电磁转矩 Te/N.m');                 %横轴坐标标注'电磁转矩 Te/N·m'
ylabel('转速 n/rpm');                      %纵轴坐标标注'转速 n/r/min'
hold on;                                   %保持图形
U=U_N;R_j=0;
for R_j=0:4:16;
    n=U/C_EPhi_N-((R_a+R_j)/(C_EPhi_N*C_TPhi_N))*Te;
                                           %计算对应不同电阻的转速
    plot(Te,n,'k-');                       %绘制改变电阻的机械特性曲线
    str=strcat('R=',num2str(R_a+R_j),'\Omega'); %显示字符串处理
    s_y=400*(4-R_j*0.18);                  %显示字符串纵坐标
    text(13,s_y,str);                      %给各个曲线标注电阻值
end;
ylim([0,1800]);
```

11.1.3 他励直流电动机运行特性仿真结果及分析

（1）程序运行后，分别绘制出了直流电动机的固有机械特性、降低电枢电压的人工特性、改变磁通的人工机械特性以及增加电枢电阻的人工机械特性曲线，如图 11-1 至图 11-4 所示。

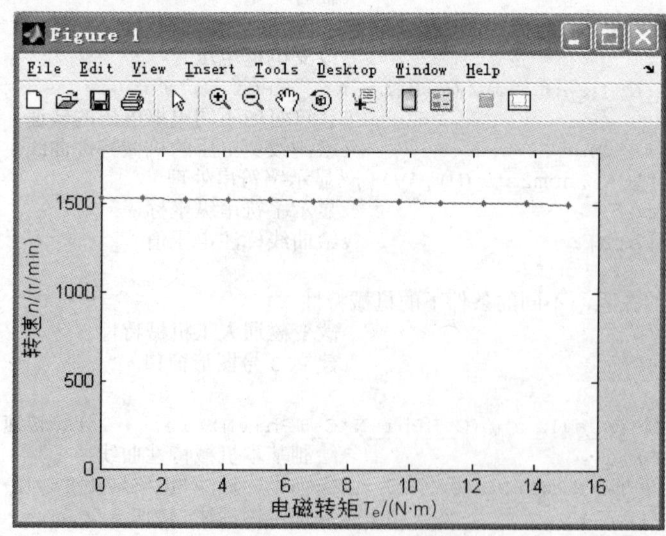

图 11-1 直流电动机固有的机械特性

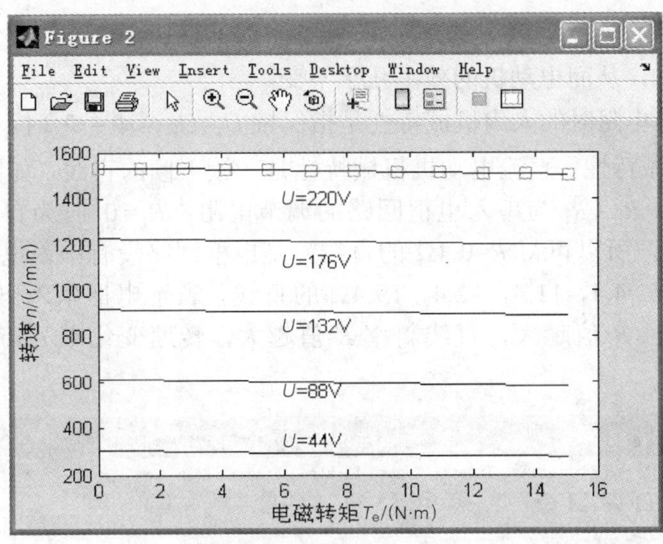

图 11-2 直流电动机降低电压时的人为机械特性

从图 11-1 中可以看出，$n_0=U/C_e\Phi$ 称为理想空载转速，它表示 T_{em}=0 时的电机转速，此时不仅电动机轴上没有负载，而且电枢电流 I_a=0A，是一种理想空载状态，故机械特性很硬。直流电动机机械特性是一条下倾的直线。

（2）降低电枢电压时的人为机械特性。降低电枢电压时的人为机械特性是指当保持 $\Phi=\Phi_N$、$R=R_a$ 时，仅改变（降低）电压时所得到的机械特性，从图 11-2 中可以看出，改变电动机电压 U 时（保持励磁电压不变），理想空载转速 $n_0=U/C_e\Phi$ 相应改变，而机械特性斜率 K 值与电压无关，所以可以得到一簇平行于自然特性的直线特性。

（3）改变气隙磁通时的人为机械特性。改变气隙磁通时的人为机械特性是指保持 $U=U_N$，$R=R_a$，减小磁通时得到的人工机械特性。从图 11-3 可看到，当电压 U 保持不变，改变励磁回路调节电阻，从而减小励磁电流时，磁通减小。由式（11-1）可知，在负载转矩不变的情

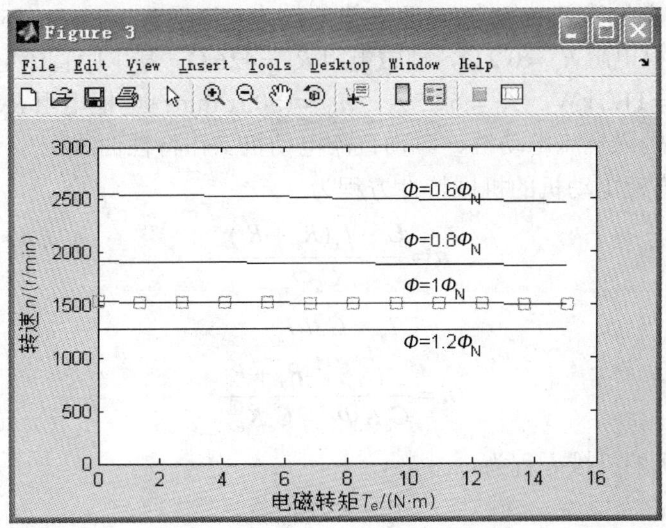

图 11-3 直流电动机改变磁通时的人为机械特性

况下，减小励磁电流将使电动机转速升高，与此同时，电机输出功率随之增加，电枢电流增加，输入功率也增加，从而电动机的效率几乎不变。

（4）电枢回路串电阻时的人为机械特性是指保持 $U=U_N$、$\Phi=\Phi_N$ 时，在电枢回路中串接电阻 R_j 后得到的机械特性。直流电动机机械特性是一簇下倾的直线，如图 11-4 所示。对应于电枢回路电阻 R_a+R_j（R_j 为串入电枢回路的调节电阻，$R_j=0$ 时为自然机械特性，$R_j\neq0$ 时为人工机械特性），所以可得 $R=0.4\Omega$ 的直线，是电枢回路没有串入电阻时的机械特性，称为自然特性。而 $R=4.4$，11.4，12.4，19.4Ω 的直线，表示电枢串入电阻后的机械特性，称为人工特性。并且 R_j 值越大，直线斜率 K 值越大，转速变化率 Δn 越大，机械特性越“软”。

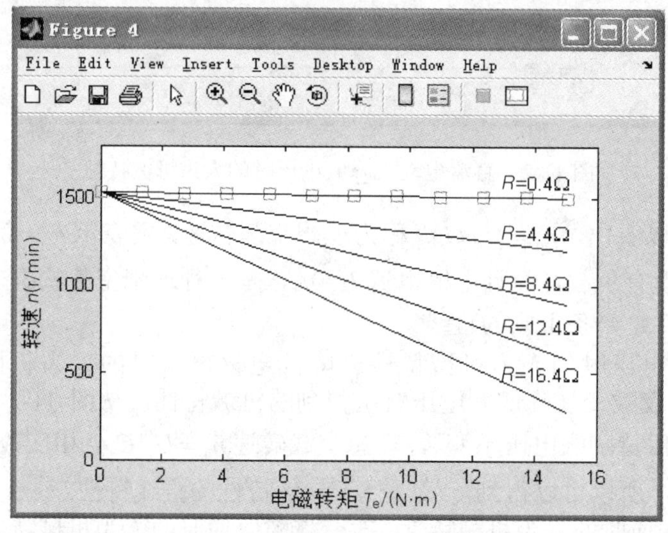

图 11-4　直流电动机增加电枢电阻时的人为机械特性

11.1.4　并励直流电动机与串励直流电动机特性仿真

【例 11-2】 某并励直流电动机，已知其参数为 $U_N=220\text{ V}$，$P_N=5.5\text{ kW}$，$I_N=60\text{ A}$，$n_N=1500\text{ r/min}$；电枢电阻 $R_a=0.2\,\Omega$，励磁电阻 $R_f=426\,\Omega$。某串励直流电动机，已知其参数为 $U_N=220\text{ V}$，$P_N=11.2\text{ kW}$，$I_N=62.5\text{ A}$，$n_N=1500\text{ r/min}$；电枢电阻 $R_a=0.2\,\Omega$，励磁电阻 $R_f=0.5\Omega$。画出并励磁直流电动机、串励直流电动机工作特性曲线。

解　（1）并励直流电动机的机械特性方程为

$$n=\frac{U-I_a(R_a+R_j)}{C_e\Phi} \tag{11-4}$$

$$T_e=C_e\Phi I_a \tag{11-5}$$

$$n=\frac{U}{C_eK\Phi}-\frac{R_a+R_j}{C_eK_e} \tag{11-6}$$

串联直流电动机的机械方程为

$$T_e=KC_T{I_a}^2 \tag{11-7}$$

式中：$\Phi=KI_a$，K 为磁路不饱和时的比例常数；R_j 为直流电动机励磁电阻。

（2）用 M 语言编写计算程序及相关注释如下：

```
clear;                              %清除工作空间中的变量
U_N=220;P_N=5.5;I_N=60;             %已知额定电压、额定功率、额定电流
n_N=1500;R_a=0.18;R_f=426;          %已知额定转速、电枢电阻、励磁电阻

Ia_N=I_N-U_N/R_f;                   %计算额定电枢电流
C_EPhi_N=(U_N-R_a*Ia_N)/n_N;        %计算电动势常数（CE）*ΦS
C_TPhi_N=9.55*C_EPhi_N;             %电磁转矩常数（CT）*ΦS

%假定 PHi=Phi_N,U=U_N,If=If_N       %计算转速 n,电磁转矩阵 Te 和电枢电流 Ia 的关系
Ia=0:Ia_N;                          %建立电枢电流的数组
n=U_N/C_EPhi_N-R_a/(C_EPhi_N)*Ia;   %计算转速
Te=C_TPhi_N*Ia;                     %计算电磁转矩
Te_p=Te*8;                          %电磁转矩放大 8 倍显示
figure(1);                          %建立 1 号图形窗口
plot(Ia,n,'r.-',Ia,Te_p,'b.-');     %绘制转速以电流曲线和转矩对电流曲线
xlabel('电枢电流 Ia/A');            %横轴坐标标注'电枢电流 Ia/A'
ylabel('转速 n/rpm,电磁转矩（Te*8）/N.m');
                                    %纵轴坐标标注'转速 n/r/min','电磁转矩 Te/N·m'
text(30,1400,'转速 n');             %标注转速曲线值
text(50,500,'电磁转矩 Te');         %标注转矩曲线值

%串励直流电动机的机械特性
R_f=0.5;                            %重新设定串励绕组的电阻
k=0.01;                             %比例常数
C_E=C_EPhi_N/k/Ia_N;                %计算电动势常数
n=U_N./(C_E*k.*Ia)-(R_a+R_f)/(C_E*k); %计算转速
start_p=30;                         %设定显示的起始点
Ia_p=Ia(start_p:length(Ia));        %截取电流显示区间
n_p=n(start_p:length(n))./1;        %截取转速显示区间
C_T=C_TPhi_N/k/Ia_N;                %计算电磁转矩常数
Te=k*C_T.*Ia.*Ia;                   %计算电磁转矩
Te_p=Te*40;                         %电磁转矩放大 40 倍显示
figure(2);                          %建立 2 号图形窗口
plot(Ia_p,n_p,'r.-',Ia,Te_p,'b.-'); %绘制转速以电流曲线和转矩对电流曲线
xlabel('电枢电流 Ia/A');            %横轴坐标标注'电枢电流 Ia/A'
ylabel('转速 n/rpm,电磁转矩 Te*（40）/N.m');
                                    %纵轴坐标标注'转速 n/r/min','电磁转矩 Te/N·m'
text(30,3000,'转速 n');             %标注转速曲线值
text(20,1500,'电磁转矩 Te');        %标注转矩曲线值
```

程序运行结果如图 11-5 和图 11-6 所示。从图中可以分析出并励直流电动机与他励直流电动机的工作特性相似，电枢电流对转速的影响较小，而串励直流电动机起动转矩大，过载能力强，具有"软"的机械特性，它的转速随着电枢电流的增大下降较快，轻载时它有很高的转速，所以对串励直流电动机不允许轻载，更不允许空载。在实际生产中，为安全起见，串励电动机应与所驱动的机械负载直接耦合。

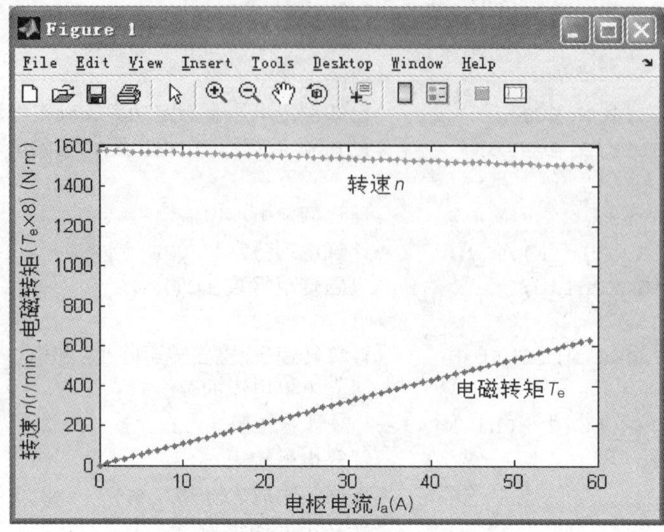

图 11-5 并励直流电动机的工作特性

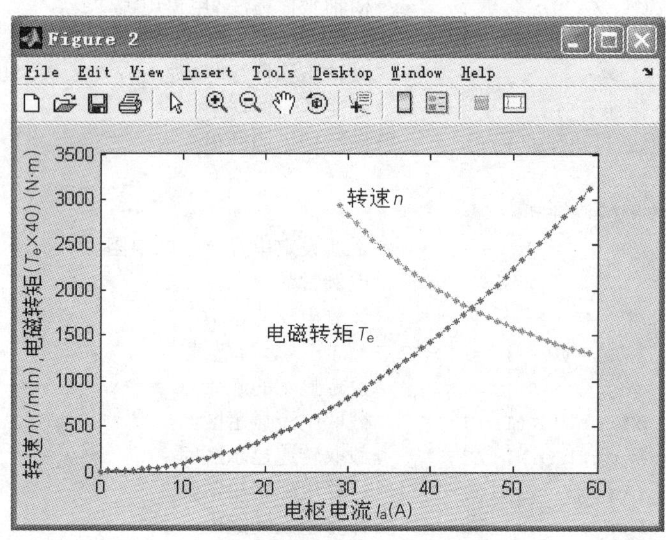

图 11-6 串励直流电动机的工作特性

11.2 直流电动机的直接起动仿真

直流电动机的起动方法主要有直接起动、减压起动和电枢串电阻起动三种方法。不同的起动方法影响直流电动机的暂态过程电磁转矩、暂态过程时间等。直流电动机的制动方式主要有能耗制动、反接制动和反馈制动。

直流电动机起动是指电动机接到电源后，转速从静止开始升速，直到上升到稳定的工作转速的过程称为起动过程。对直流电动机拖动机组起动一般有如下要求：①起动转矩足够大，以缩短起动时间，提高工作效率；②起动电流限制在一定的范围内，避免对电网及电动机本身造成危害；③起动设备要简单、经济可靠、便于控制。由于电枢回路电阻很小，所以起动电流很大，一般可达额定电流的10～20倍。过大的起动电流会引起电网电压下降、影响电网上其他用户的正常用电；使电动机的换向恶化，甚至烧坏电机；同时过大的起动转矩会损坏电枢绕组和传动机构。除了容量很小的电动机外，一般的直流电动机都不允许直接起动。为了限制起动电流，他励直流电动机的起动通常采用电枢回路串电阻或降低电压起动。

使用Simulink对直流电动机的直接起动过程建立仿真模型，通过仿真获得直流电动机的直接起动电流和电磁转矩的变化过程。

11.2.1 建立仿真模型

仿真模型如图11-7所示。图中主要包括直流电动机（DC Machine）模块、直流电源（DC Voltage Source）模块、理想开关（Ideal Switch）模块、开关（Switch）模块、增益（Gain）模块、电阻（RLC branch）模块示波器（Scope）模块等。仿真模型中，通过理想开关模块控制直流电源的接通和断开。使用开关模块控制电动机的转矩，使电动机在运动过程中的转矩为空载起动，当转速达到设定值之后，使电动机工作在给定的负载转矩。

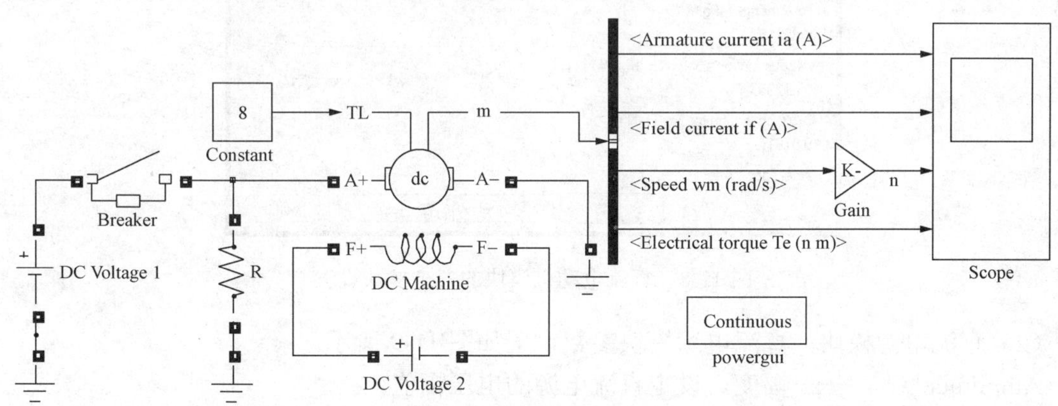

图11-7 他励直流电动机直接起动仿真电路

11.2.2 设置模块参数

（1）直流电动机模块。直流电动机的参数设置窗口如图11-8所示。

Preset model——预设模型选项，有一些模块中预先设定好参数的模型可以使用，本文没有使用预设模型，所以选定了No选项。

Mechanical input——机械输入选项，分为功率输入（Mechanical power Pm）和转速输入（Speed w）方式两种可选，本例选择了功率输入方式，也就是转矩形式输入。

Armature resistance and inductance［Ra（ohms）La（H）］——电枢电阻和电感，用来设定电枢的电阻值和电感值。

Field resistance and inductance［Ra（ohms）La（H）］——励磁绕组电阻和电感，用来设定电枢的电阻值和电感值。

Field-armature mutual inductance Laf（H）——励磁绕组和电枢之间的互感。

Total inertia J（kg.m2）——电动机总转动惯量。

Viscous friction coefficient Bm（N·m·s）——摩擦系数。

Coulomb friction torque Tf（N·m）——库仑摩擦转矩。

Initial speed（rad/s）——初始角速度。

按照图 11-8 中的参数分别设置直流电动机的各个参数。

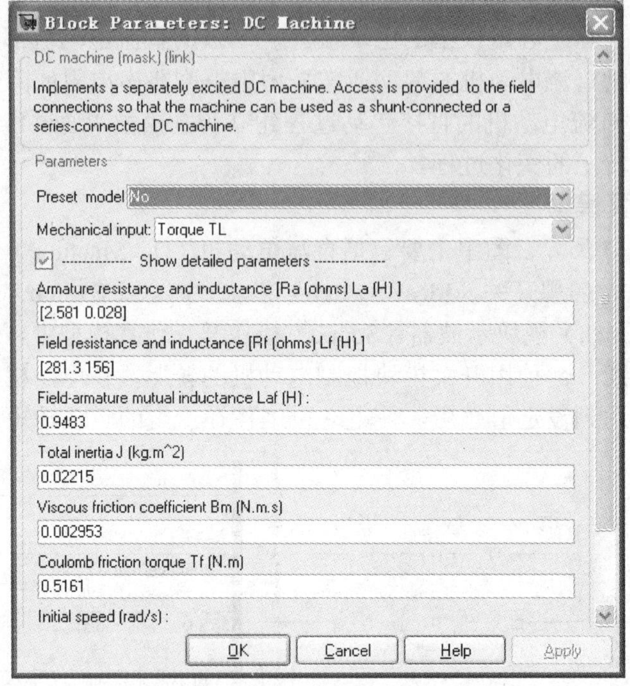

图 11-8 直流电动机模块的各个参数设置

（2）直流电源模块。直流电源模块参数设置如图 11-9 所示。

Amplitude（V）——幅度，设定直流电源的电压幅值。

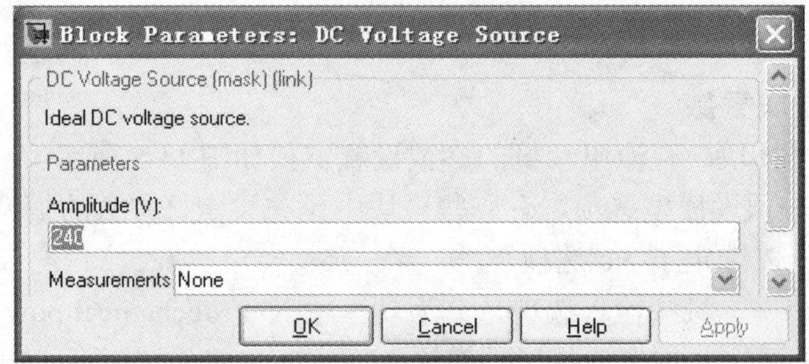

图 11-9 直流电源模块参数设置

Measurements——测量选项，有 None（无）和 Voltage（电压）两个备选项。

（3）理想开关模块。理想开关（Ideal Switch）的参数设置如图 11-10 所示，其中：

Internal resistance Ron（Ohms）——内部导通电阻。

Initial state（0 for “open”，1 for “closed”）——初始状态，0 表示断开，1 表示接通。

Snubber resistance Rs（Ohms）——吸收电阻。

Snubber capacitance Cs（F）——吸收电容。

Show measurement port——测量端口显示控制选项，选定后模块会出现一个标记为 m 的输出端口，可以用来测量模块的电压电流等参数。图 11-10 中的参数为默认设置值，一般情况下不需要设置。

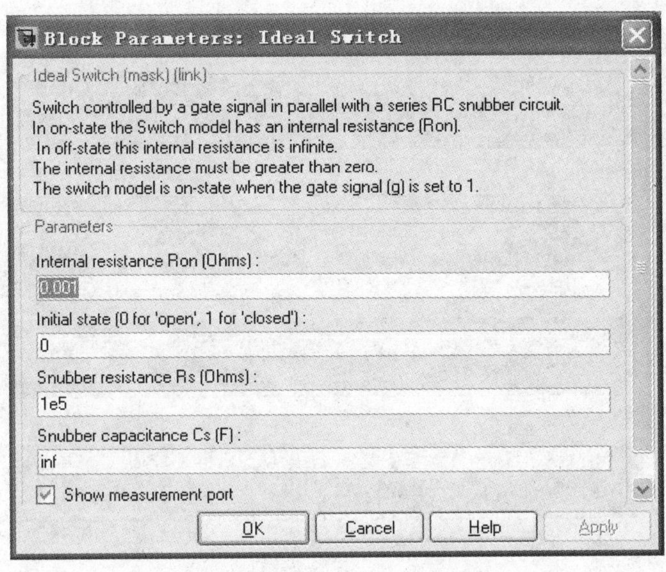

图 11-10 理想开关的参数设置

（4）定时模块。定时器（Timer）模块的参数设置如图 11-11 所示。

Time（s）——时间参数，表示随后一项 Amplitude（幅度）的值改变时刻。

Amplitude——幅度。

图 11-11 中参数的含义为 0s 时刻的输出幅值为 0，0.5s 时刻的输出幅值为 1。

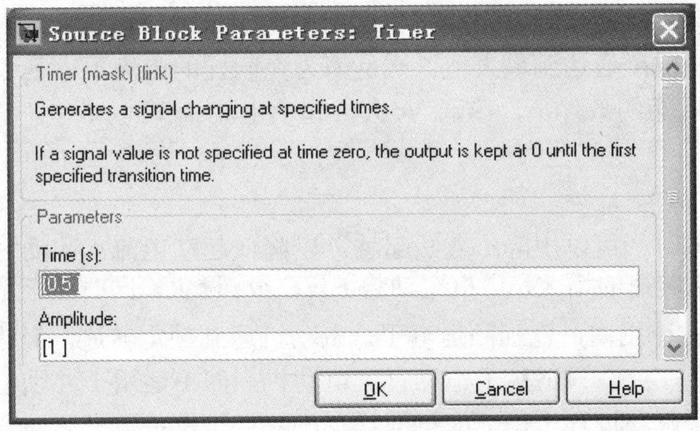

图 11-11 定时器模块的参数设置

（5）常量模块。常量模块参数设定相对简单，只要设定常量值即可，这里不再介绍。

（6）仿真时间设置。仿真设定时间为 10s。

11.2.3 仿真结果及分析

仿真结果如图 11-12 所示。图 11-12 给出了直流电动机在直接起动过程中的电枢电流、励磁电流、转速和电磁转矩的变化。从仿真结果的波形中容易看出起动电流冲击很大，同时电磁转矩的冲击也较大，转速能够在较短的时间内达到稳定。

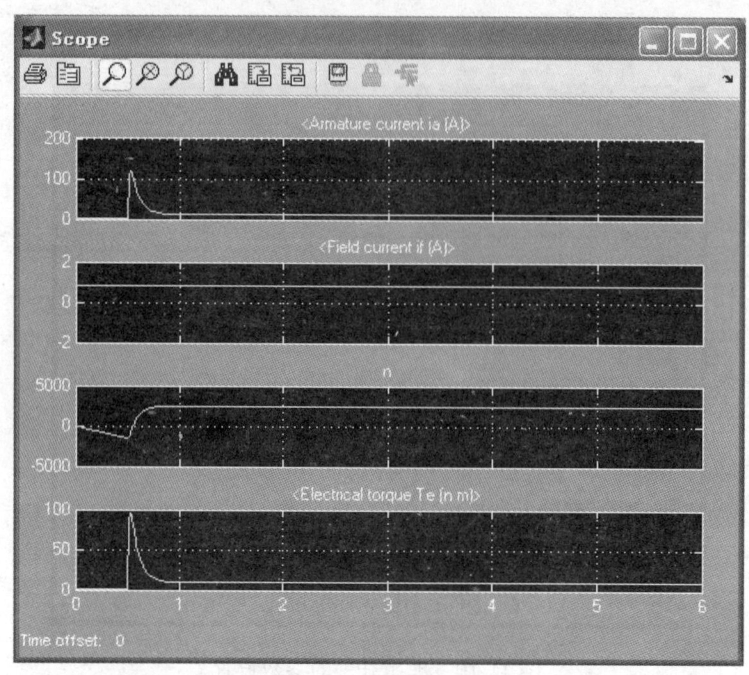

图 11-12　他励直流电动机直接起动仿真结果

11.3　直流电动机电枢串电阻分级起动仿真

除了容量很小的电动机外，一般的直流电动机都不允许直接起动。为了限制起动电流，他励或并励直流电动机的起动通常采用电枢回路串电阻或降低电压起动。无论哪种方法，起动时都应保证电动机的磁通达到最大值，这是因为在同样的电流下，磁通 Φ 越大，起动转矩 T_{st} 越大；而在同样转矩的条件下，磁通 Φ 大，起动电流 I_{st} 可以小些。直流电动机的起动方法有以下两种。

一、降压启动

当电源电压可调时，可以用降压方法起动，以降低起动电流。起动时，以较低的电压起动电动机，随着电机转速的增大，电枢电动势 $E=C_e\Phi n$ 增大，同时逐渐增大电压，则可将起动电流 I_{st} 控制在一定范围内，直到额定电压，电动机达到额定转速。但是，要注意励磁绕组电压不应降低。所以，此法只适用于他励直流电动机，而不适用于并励电动机。采用降低电压的方法起动优点是起动过程平稳，能量消耗少；缺点是设备投资高，需配有专门的可调电源设备，投资较大。

二、电枢回路串电阻起动

起动电阻 R_{st} 限制了起动电流 I_{st}，等到转速上升后，逐级将起动电阻切除，只要 R_{st} 的值选用合适，就可以将 I_{st} 限制在允许范围内。他励直流电动机起动前应使励磁电流最大，使磁通最大，保证起动转矩的大小。起动时，在电枢回路中串接可调的起动电阻，将起动电流限制在允许范围 $I_{st}=$（1.5～2）I_N，起动电流为

$$I_{st}=\frac{U_N}{R_a+R_{st}} \tag{11-8}$$

在起动电流产生的起动转矩的作用下，电动机开始转动并逐渐加速，随着转速的升高，电枢电动势 E_a 逐渐增大，电枢电流随之减小，转速上升的速度下降。为了缩短起动的时间，保持电动机起动过程中的加速度不变，需要在起动过程中维持电枢电流不变，因此随着转速的上升，应将起动电阻平滑地切除。起动完成后，起动电阻全部切除，电动机的转速达到运行值。

一般是在电枢回路中串接多级起动电阻，在起动过程中逐级切除。起动电阻的级数越多，起动过程就越快、越平稳，但所需的控制设备越复杂，所以一般起动电阻分为 2～5 级。在电枢回路串联电阻起动是限制直流电动机起动电流和起动转矩的有效方法之一。建立他励直流电动机电枢串联三级电阻起动的仿真模型，仿真分析其串联电阻起动过程，获得起动过程的电枢电流、转速和电磁转矩的变化曲线。

11.3.1 建立仿真模型

他励直流电机串联电阻起动的仿真模型原理图如图 11-13 所示，和直流电机直接起动仿真模型相比图中主要增加了电阻控制子模块（Motor starter）。

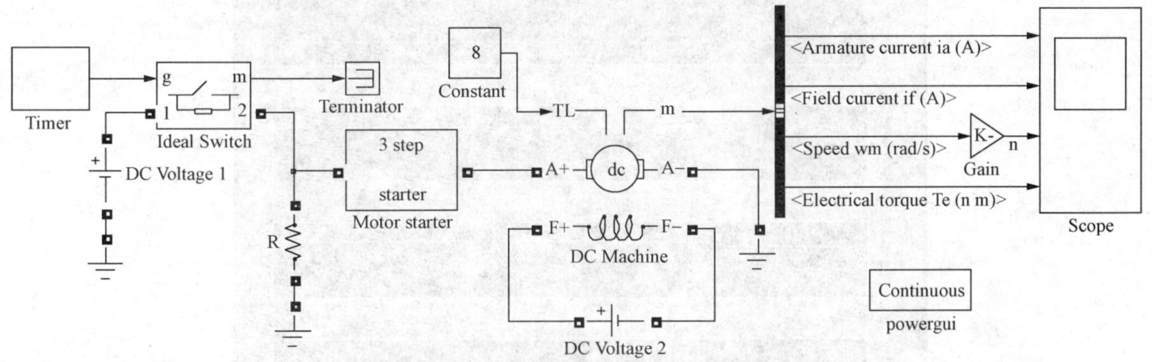

图 11-13 他励直流电动机电枢串联电阻起动的仿真电路

子模块的建立可以采用从 Simulink 库中拖入子系统模块（Subsystem）的方法。鼠标双击子模块打开子模块内部原理图窗口，在该原理图窗口中按照需要修改其他仿真原理图，例如，增加仿真模块和输入、输出端口等。串联起动电阻控制子模块原理图如图 11-14 所示。

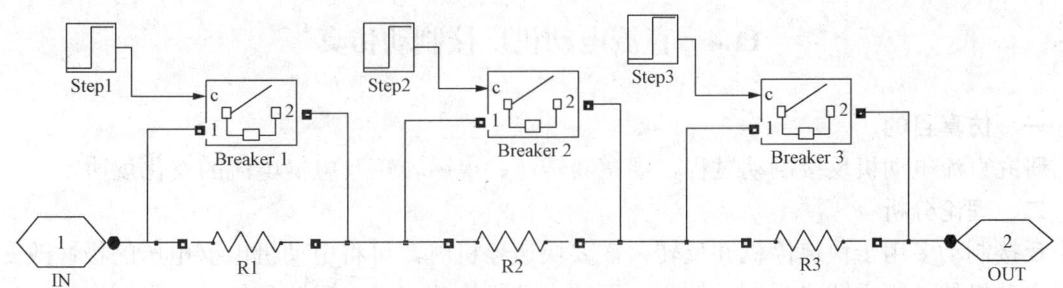

图 11-14 串联起动电阻模块电路

11.3.2 设置模块参数

仿真模块中大多数模块参数可以参照上一节的相关内容进行设置，增益模块是将转速的角速度值（rad/s）转换成转速值（r/min），参数设置为 60/(2π)，开关模块门限参数设置为 1400，使转速上升到 1400r/min 之后电动机才投入负载转矩；子模块中的模块参数可以参照第 16 章相关内容进行设置，其中阶跃信号可参照第 12 章的 Simulink 仿真内容进行设置，控制断路器动作时间分别为 2.8、4.8s 和 9.8s，三个串联电阻分别为 3.66、1.64Ω 和 0.74Ω。仿真时间参数设定为 12s。

11.3.3 仿真结果及分析

仿真结果如图 11-15 所示。图 11-15 给出了直流电动机在起动过程中的电枢电压、转速、电枢电流和电磁转矩的变化。从仿真结果的波形中可以看出通过设定合适的串联起动电阻的投入时间，起动电流可以控制在一定的范围内，同时电磁转矩也能够得到有效的降低。转速需要在较长的时间内才能达到稳定。

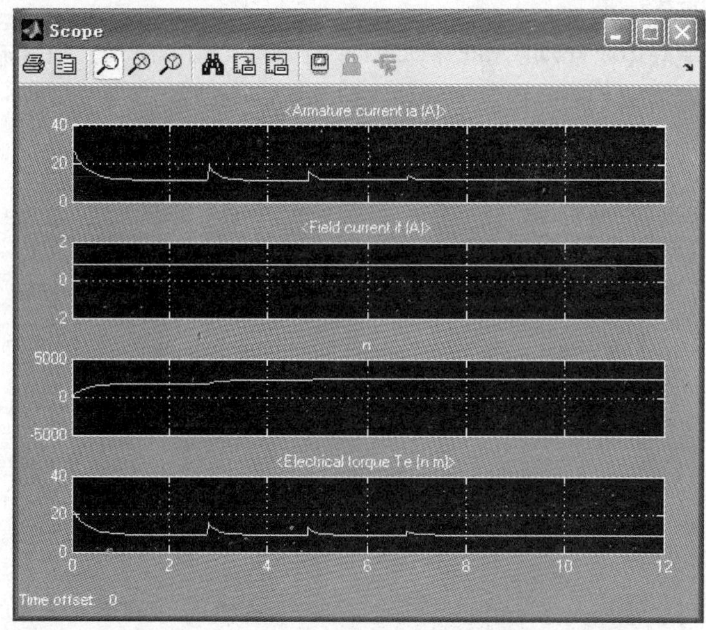

图 11-15 他励直流电动机电枢串联电阻起动仿真结果

11.4 直流电动机反接制动仿真

一、仿真目的

研究直流电动机反接制动过程，观察其转速、电磁转矩及电枢电流的变化规律。

二、理论分析

反接制动多用于快速停机并反转。需要快速停机时，可将电动机电枢电压的极性改变，这时电动机的转矩立即成为制动转矩，可使电动机快速停机，迅速反转。为限制电枢电压极性改变瞬间产生的电枢电流过大，通常反接制动时应在反接后的电枢电路中串入限流电阻。

反接制动根据实现的方法不同，分为反接制动和反馈制动两种。

电压反接制动是指在制动时将电压极性对调，反接在电枢两端，同时还要在电枢电路中串联一制动电阻 R_F，图 11-16 所示为电路原理接线图。当接触器 KM1 闭合，KM2 断开，电

动机运行于电动状态。电动机制动时，KM1断开，KM2闭合，电枢电压为负的，同时电枢回路串联一电阻R_F，电枢电流为

$$I_a=-\frac{U+E_a}{R_a+R_F}<0 \qquad (11\text{-}9)$$

直流电动机的反接制动分为电压反向的反接制动和倒拉反转制动。电压反向反接制动用于电动机的快速停机，而倒拉反接制动用于低速下放位能负载。

由于电枢电流方向改变，电磁转矩方向也随之改变为负值，与电机转速方向相反成为制动转矩，电动机进入制动状态。

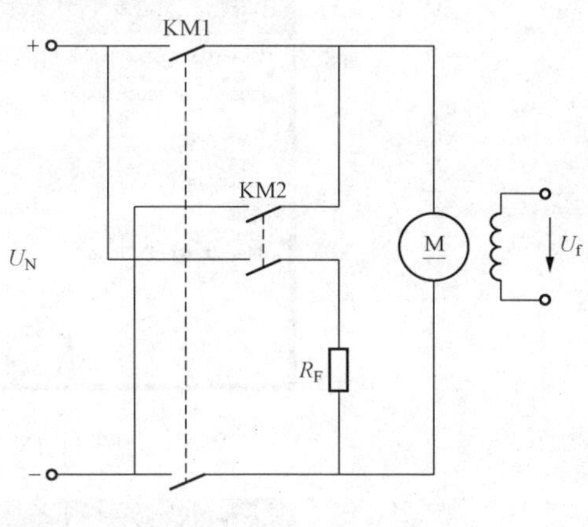

图11-16　反接制动原理图

11.4.1　建立仿真电路

仿真电路如图11-17所示。当开关1和2闭合，开关3和4断开时，电动机运行于电动状态；当开关1和2断开，开关3和4闭合时，电动机处于制动状态。

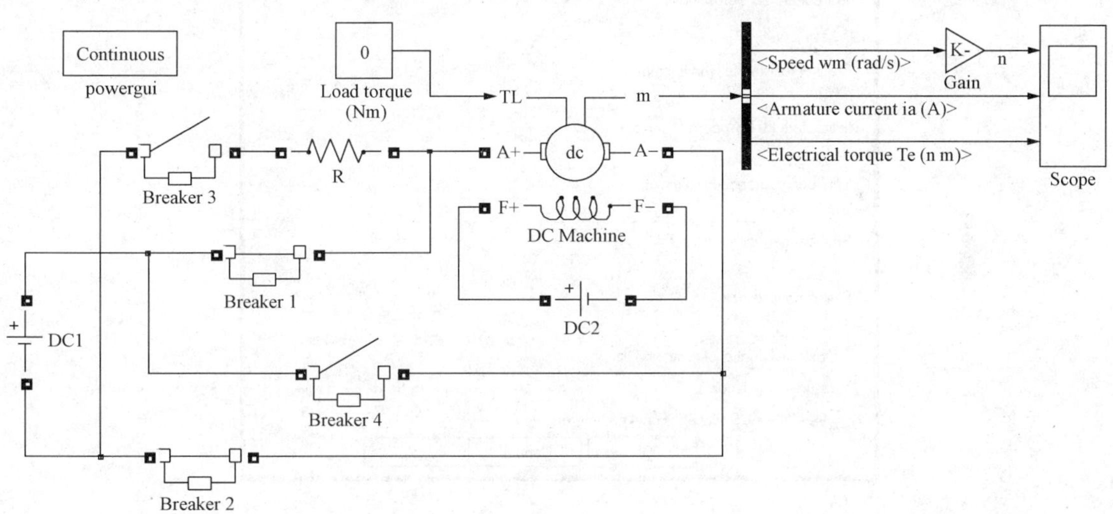

图11-17　直流电动机的反接制动仿真电路

11.4.2　模块参数设置

电源模块参数设置如图11-18所示，开关模块参数设置如图11-19所示，直流电动机总线选择器模块参数设置如图11-20所示。仿真时间设置为1s。在0.5s时，开关1、2断开，开关3、4闭合，直流电动机由电动状态转为制动状态。

11.4.3　仿真结果及分析

仿真结果如图11-21所示。图中给出了他励直流电动机在电压反向反接制动过程中的转速、电枢电流、电磁转矩的变化。直流电动机的转速能够在反接制动开始停车的0.6s时间内达到完全停车（转速为零），能够实现较快的停车速度。在反接制动开始的时刻，可以观察到存在较大的反向电磁转矩和反向电枢电流，这是实现快速停车的根本原因。

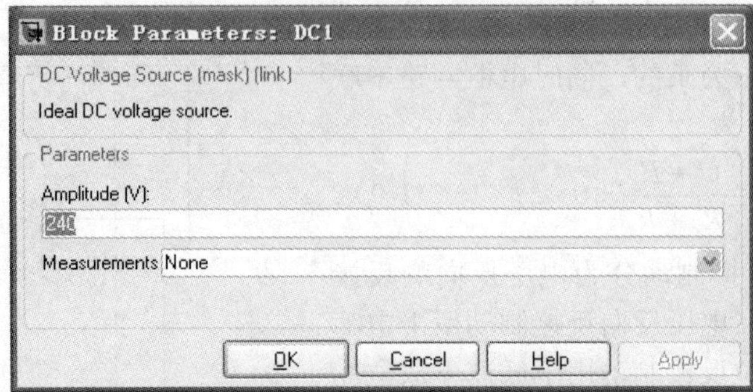

图 11-18　直流电源模块参数设置

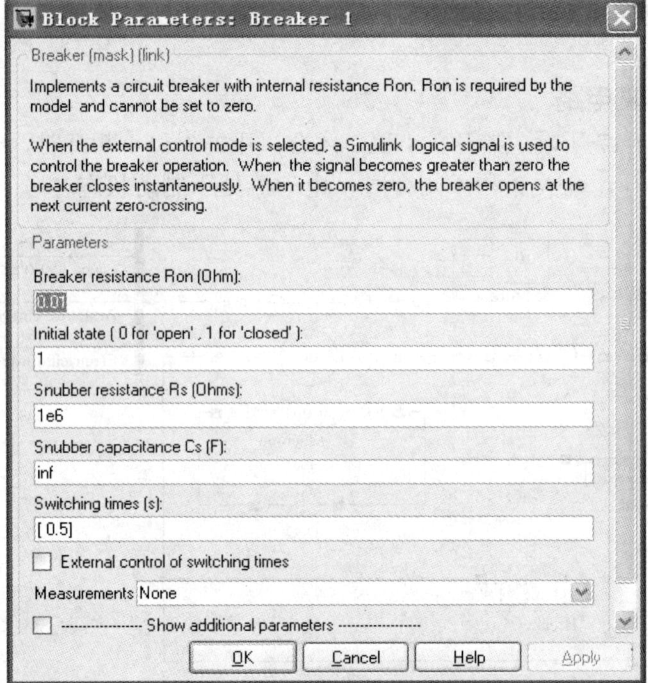

图 11-19　开关模块参数设置

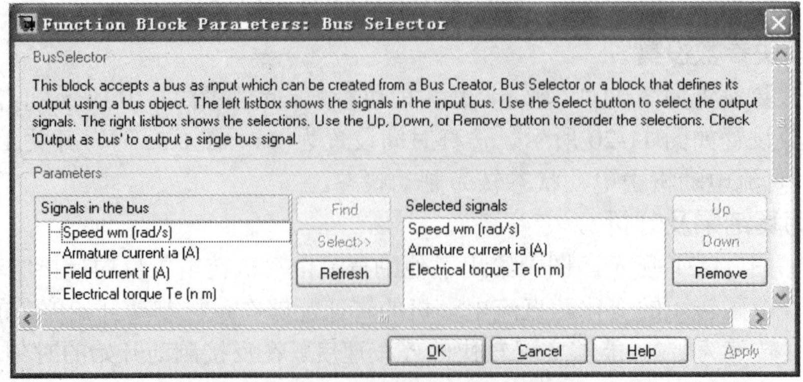

图 11-20　总线选择器模块参数设置

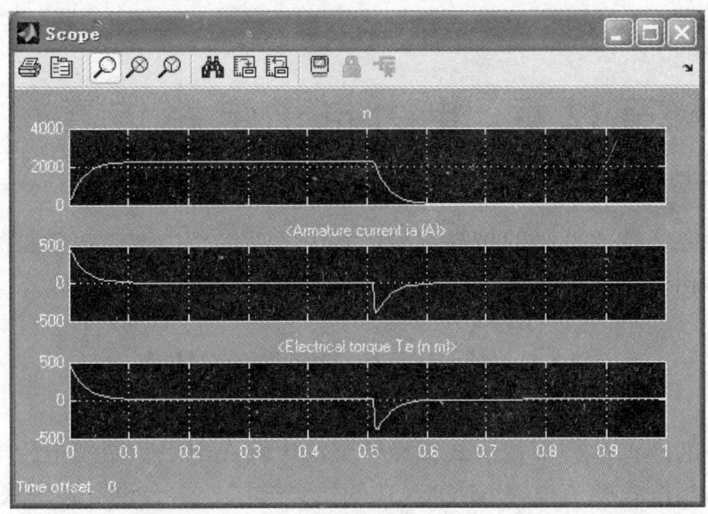

图 11-21　直流电动机的反接制动仿真结果

第 12 章　电力电子电路仿真

本章介绍电力电子技术基础的仿真实验，其中包括单相半波二极管整流电路、单相桥式半控整流电路、单相桥式全控整流电路、三相半波可控整流电路的仿真。

12.1　单相桥式二极管整流仿真

本电路仿真目的：①掌握单相桥式二极管整流电路在电阻负载及电阻电感性负载时的工作特征；②掌握单相桥式整流电路 MATLAB 的仿真方法，学会设置各模块的参数。

12.1.1　建立仿真电路

单相桥式二极管整流仿真电路如图 12-1 所示。

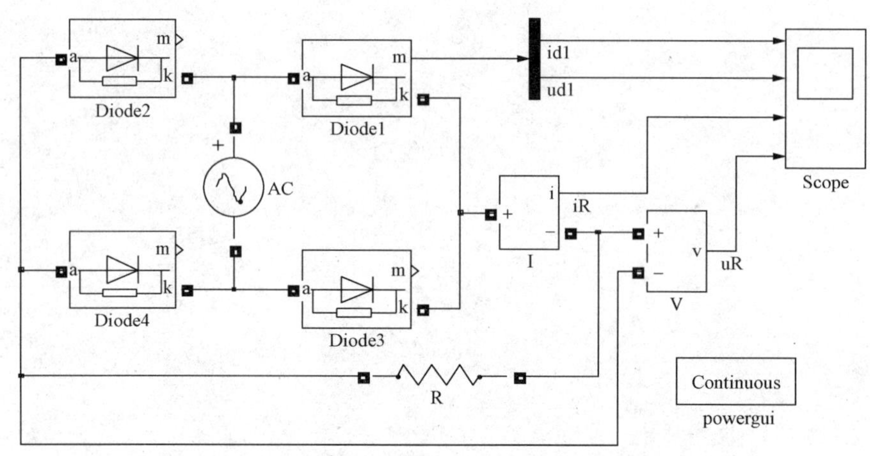

图 12-1　单相桥式二极管整流仿真电路

12.1.2　设置模块参数

整流二极管模块如图 12-2 所示，有两个电气接口（a，k）分别对应于整流二极管的阳极和阴极，还有一个输出接口（m），输出二极管的电流和电压测量值（I_{ak}，U_{ak}），其中，电流单位为 A，电压单位为 V。

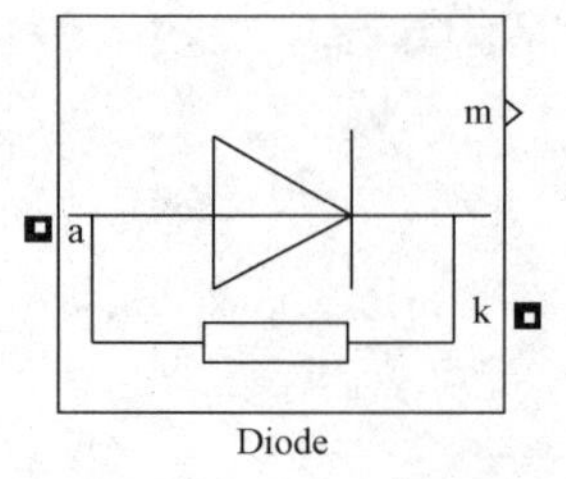

图 12-2　整流二极管模块

双击整流二极管模块，会弹出该模块的参数对话框，如图 12-3 所示。在该对话框中有以下内容。

（1）Resistance Ron——导通电阻（单位为 Ω），当电感为 0 时，电阻不能为 0。

（2）Inductance Lon——电感（单位为 H），当电阻为 0 时，电感不能为 0。

（3）Forward voltage Vf——正向电压，又称导通电压（单位为 V），当整流二极管正向电压大于 0.7V 后，二极管导通。

（4）Initial current Ic——初始电流（单位为 A），设置仿真开始时的初始电流值。通常将初始电流值设置为 0，表示仿真开始时整流二极管为关断状态。设置初始电流值大于 0，表示仿真开始时整流二极管为导通状态。如果初始电流值设置不为 0，则必须设置该线性系统中所有状态变量的初值。

（5）Snubber resistance Rs——缓冲电阻（单位为 Ω），并联缓冲电路中的电阻值，当缓冲电阻设置为 inf 时，将取消缓冲电阻。

（6）Snubber capacitance Cs——缓冲电容（单位为 F），并联缓冲电路中的电容值，当缓冲电阻设置为零时，将取消缓冲电阻。当缓冲电阻设置为 inf 时，缓冲电路为纯电阻性电路。

（7）Show measurement port——测量输出端，选中该复选框时，出现测量输出接口，可以观测整流二极管的电流和电压值。

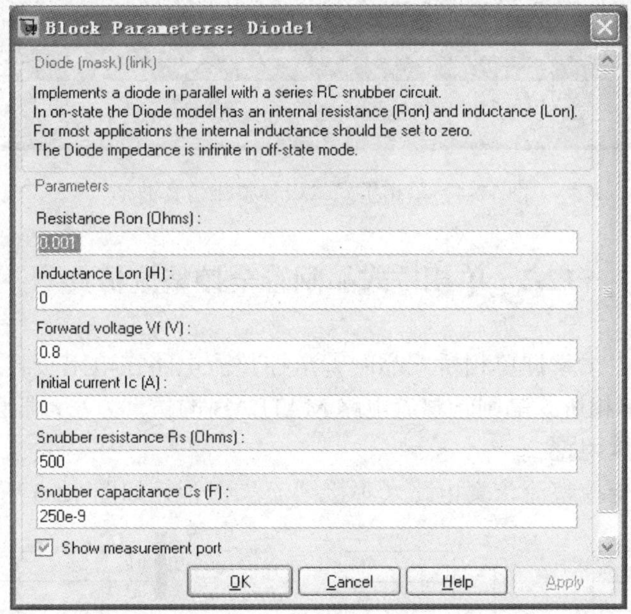

图 12-3　整流二极管模块参数设置对话框

交流电压源的频率设置为 50Hz，幅值设置为 100V，串联 RLC 支路设置为纯电阻负载，其中 R=1Ω。打开菜单 Simulation→Configuration Parameters，选择 ode23t 算法。同时，设置仿真时间为 0.1s。

12.1.3　仿真结果及分析

在仿真电路中，按一下仿真按钮键，就可以开始仿真了，在仿真结束后双击示波器模块，得到整流二极管 VD1 和负载电阻 R 的电流电压波形，如图 12-4 所示。图中波形从上向下分别是二极管电流、二极管电压、电阻电流、电阻电压。从中可见，仿真结果与理论分析一致。

[思考题]

（1）若改变控制角，试对单相桥式二极管整流电路进行仿真，并与理论结果进行比较；

（2）若负载为电感性时，对单相桥式二极管整流电路进行仿真，并与电阻负载时的结果进行比较。

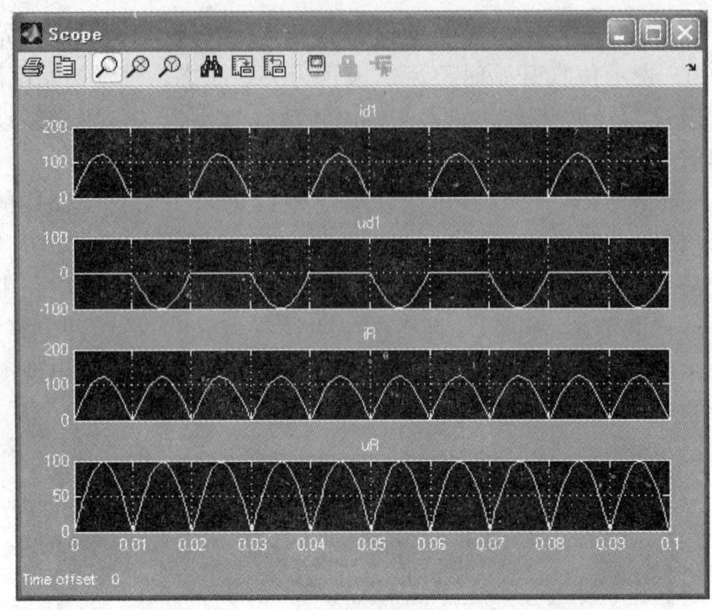

图 12-4 单相桥式二极管整流仿真波形

12.2 单相桥式晶闸管全控整流仿真

本电路仿真目的：①掌握单相桥式晶闸管全控整流电路在电阻负载及电阻电感性负载时的工作特征；②掌握单相桥式晶闸管整流电路 MATLAB 的仿真方法，学会设置各模块的参数。

12.2.1 建立仿真电路

单相桥式晶闸管全控整流仿真电路（不接续流二极管）如图 12-5 所示。

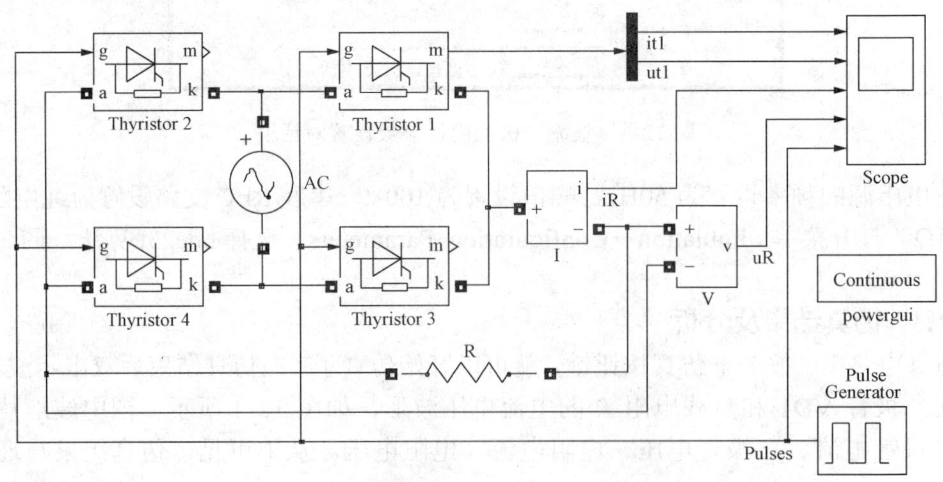

图 12-5 单相桥式晶闸管全控整流仿真电路

12.2.2 设置模块参数

晶闸管模块如图 12-6 所示，有两个电气接口（a，k）分别对应于晶闸管的阳极和阴极，输入接口（g）为门极逻辑信号。还有一个输出接口（m），输出晶闸管的电流和电压测量值

(I_{ak}，U_{ak})，其中，电流单位为 A，电压单位为 V。

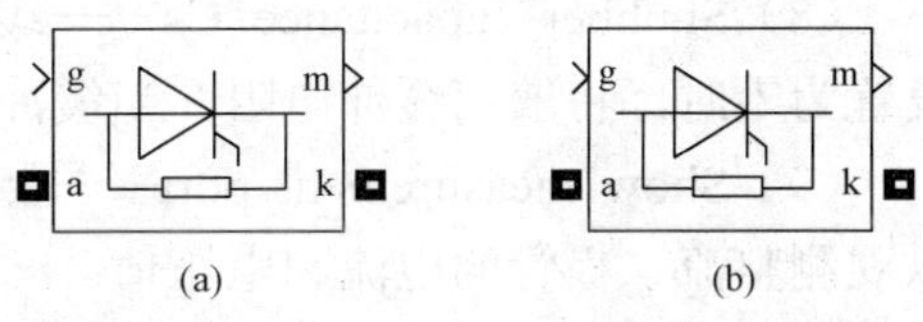

图 12-6　晶闸管模块

（a）详细模块；（b）简化模块

双击晶闸管模块，弹出该模块的参数对话框，如图 12-7 所示。在该对话框中有以下内容。

（1）Resistance Ron——导通电阻（Ω），当电感为 0 时，电阻不能为 0。

（2）Inductance Lon——电感（H），当电阻为 0 时，电感不能为 0。

（3）Forward voltage Vf——正向电压，又称导通电压（V），当二极管正向电压大于 0.7V 后，二极管导通。

（4）Initial current Ic——初始电流（A），设置仿真开始时的初始电流值。通常将初始电流值设置为 0，表示仿真开始时二极管为关断状态。设置初始电流值大于 0，表示仿真开始时二极管为导通状态。如果初始电流值设置不为 0，则必须设置该线性系统中所有状态变量的初值。

（5）Latching current ——擎住电流（A），简单模块没有该项。

（6）Turn-off time Tq——关断时间（s），它包括阳极电流下降到零的时间和晶闸管正向阻断的时间。简单模块没有该项。

（7）Snubber resistance Rs——缓冲电阻（Ω），并联缓冲电路中的电阻值，当缓冲电阻设置为 inf 时，将取消缓冲电阻。

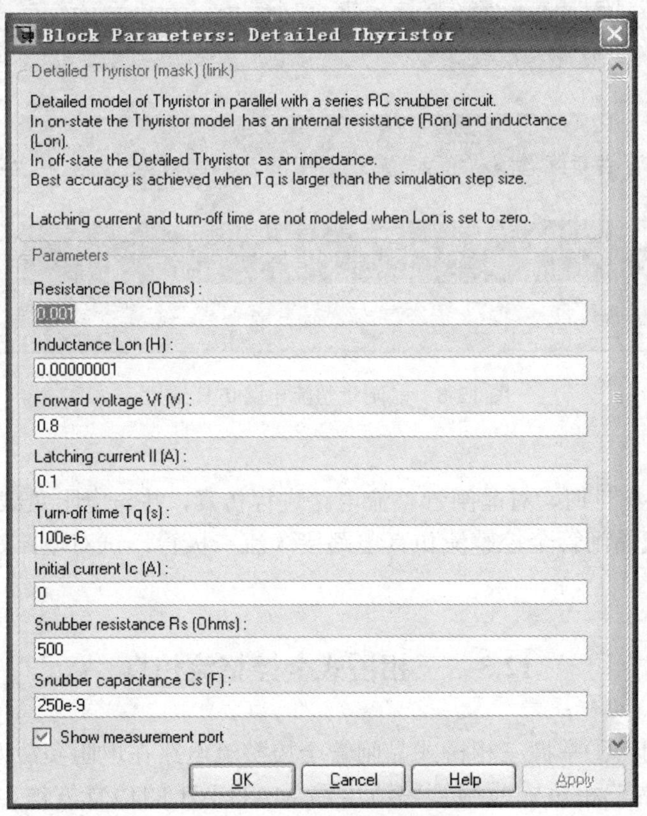

图 12-7　晶闸管模块参数对话框

（8）Snubber capacitance Cs——缓冲电容（F），并联缓冲电路中的电容值，当缓冲电阻设置为零时，将取消缓冲电阻。当缓冲电阻设置为 inf 时，缓冲电路为纯电阻性电路。

（9）Show measurement port——测量输出端，选中该复选框时，出现测量输出接口，可以观测整流二极管的电流和电压值。

脉冲发生器的脉冲周期设定为 0.01s，占空比为 0.5，脉冲延迟 1/6 周期。其他参数设置同前节。

12.2.3　仿真结果及分析

在仿真电路中，按一下仿真按钮，就可以开始仿真了，在仿真结束后双击示波器模块，得到控制角 $\alpha=30°$ 时的晶闸管 VT1 和负载电阻 R 的电流电压波形，如图 12-8 所示。图中波形从上向下分别是晶闸管电流、晶闸管电压、电阻电流、电阻电压和脉冲信号的波形。

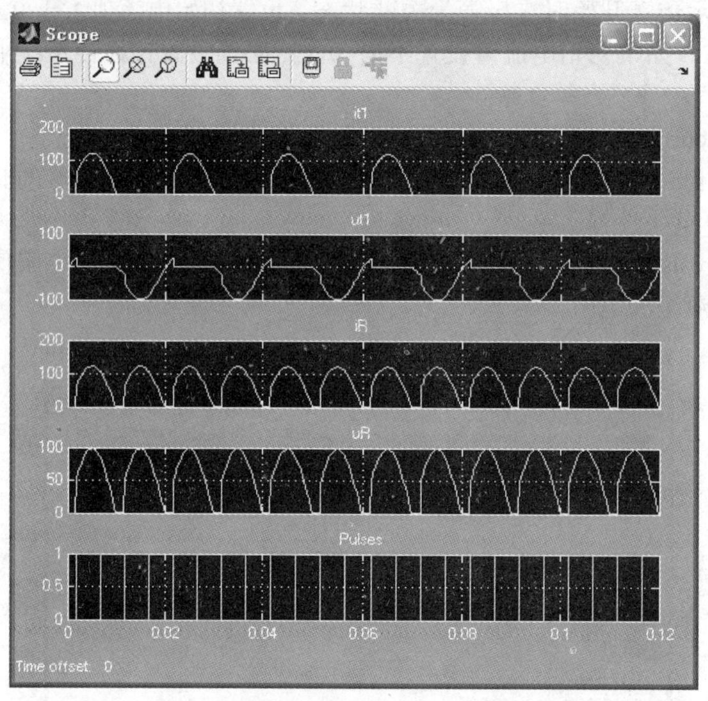

图 12-8　晶闸管整流电路仿真结果

［思考题］

（1）若负载为电感性时，对晶闸管整流电路进行仿真，并与电阻负载时的结果进行比较；

（2）若单相桥式晶闸管全控整流仿真电路接续流二极管，试对电路进行仿真，并与理论结果进行比较。

12.3　三相桥式全控整流仿真

本电路仿真目的：①掌握三相桥式晶闸管全控整流电路在电阻负载及电阻电感性负载时的工作特征；②掌握三相桥式晶闸管整流电路 MATLAB 的仿真方法，学会设置各模块的参数。

12.3.1 建立仿真电路

三相桥式晶闸管全控整流仿真电路如图 12-9 所示。

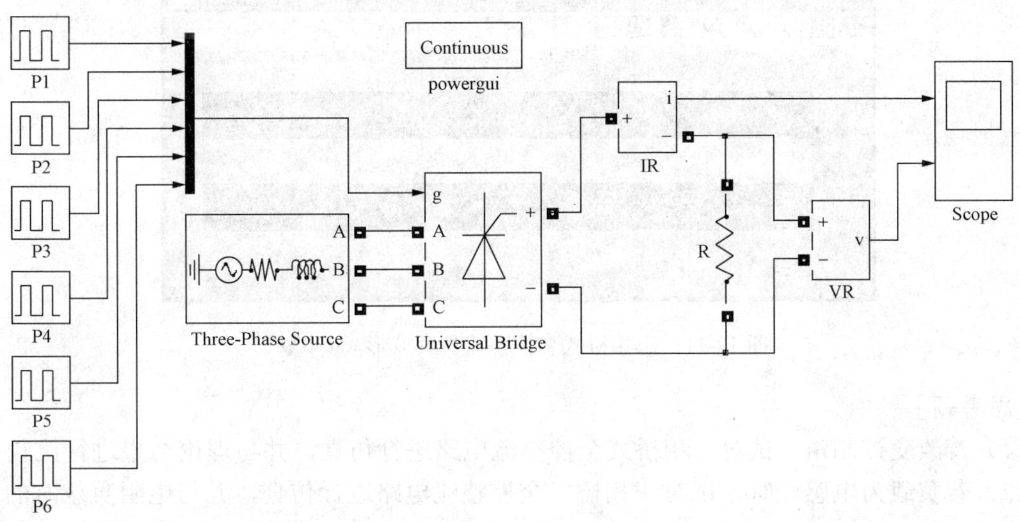

图 12-9 三相桥式全控整流仿真电路

12.3.2 设置模块参数

通用桥式模块参数设置如图 12-10 所示。其他参数同前。脉冲发生器的脉冲周期设定为 0.02s，占空比为 0.25，脉冲延迟 1/6 周期。

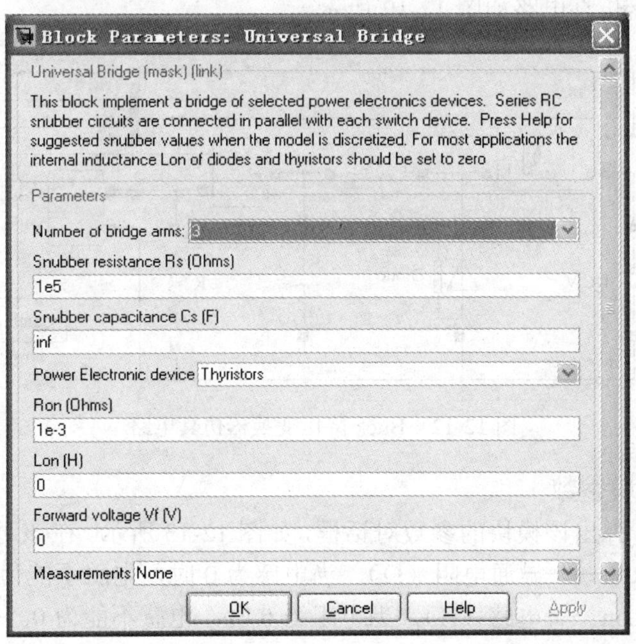

图 12-10 通用桥式模块参数设置对话框

12.3.3 仿真结果及分析

当 α=0°时，仿真结果如图 12-11 所示。图中从上到下，分别是负载 R 的电流、电压波形，结果表明与教材上的理论分析一致。

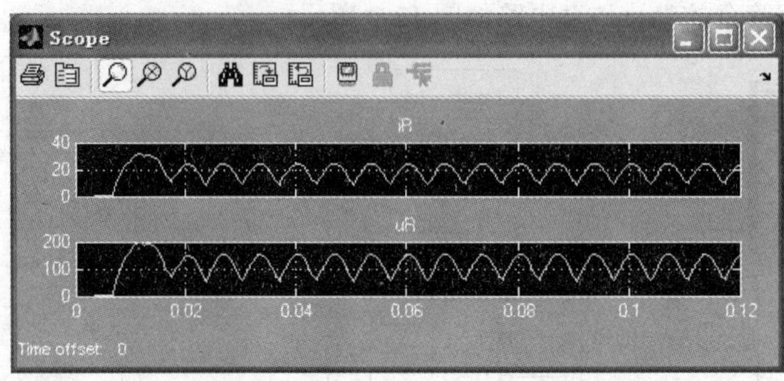

图 12-11　三相桥式全控整流仿真波形（α=0°）

［思考题］

（1）若改变控制角，试对三相桥式全控整流电路进行仿真，并与理论结果进行比较；

（2）若负载为电感性时，试对三相桥式全控整流电路进行仿真，并与电阻负载时的结果进行比较。

12.4　降压变换器电路仿真

12.4.1　建立仿真电路

Buck 降压变换器仿真电路如图 12-12 所示。

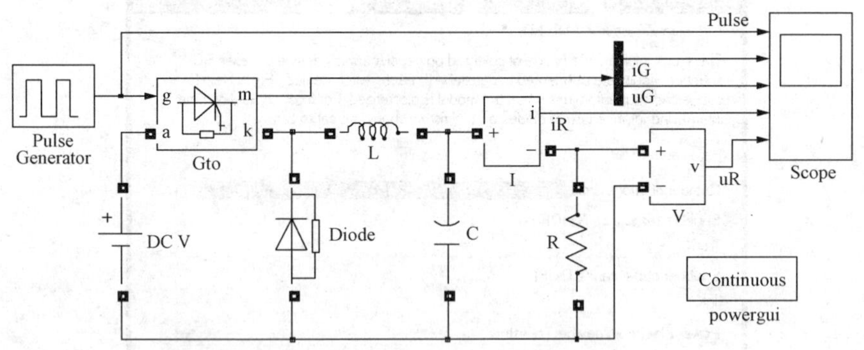

图 12-12　Buck 降压变换器仿真电路

12.4.2　设置模块参数

双击 GTO 模块，弹出该模块的参数对话框，如图 12-13 所示。在该对话框中有以下内容。

（1）Resistance Ron——导通电阻（Ω），当电感为 0 时，电阻不能为 0。

（2）Inductance Lon——电感（H），当电阻为 0 时，电感不能为 0。

（3）Current 10% fall time Tf（s）——电流减小到 10%时的下降时间。

（4）Current tail time Tt（s）——拖尾时间，从 $0.1I_{max}$ 降到 0 的时间。

（5）Forward voltage Vf——正向电压，又称导通电压（V），当二极管正向电压大于 0.7V 后，二极管导通。

（6）Initial current, Ic——初始电流（A），设置仿真开始时的初始电流值。通常将初始电流值设置为 0，表示仿真开始时二极管为关断状态。设置初始电流值大于 0，表示仿真开始时二极管为导通状态。如果初始电流值设置不为 0，则必须设置该线性系统中所有状态变量的初值。

（7）Snubber resistance Rs——缓冲电阻（Ω），并联缓冲电路中的电阻值，当缓冲电阻设置为 inf 时，将取消缓冲电阻。

（8）Snubber capacitance Cs——缓冲电容（F），并联缓冲电路中的电容值，当缓冲电阻设置为零时，将取消缓冲电阻。当缓冲电阻设置为 inf 时，缓冲电路为纯电阻性电路。

（9）Show Measurement port——测量输出端，选中该复选框时，出现测量输出接口，可以观测整流二极管的电流和电压值。

设置直流电压为 100V，电阻 R=1Ω，电感 L=1mH，电容 C=500pF。其他参数设置同前节。

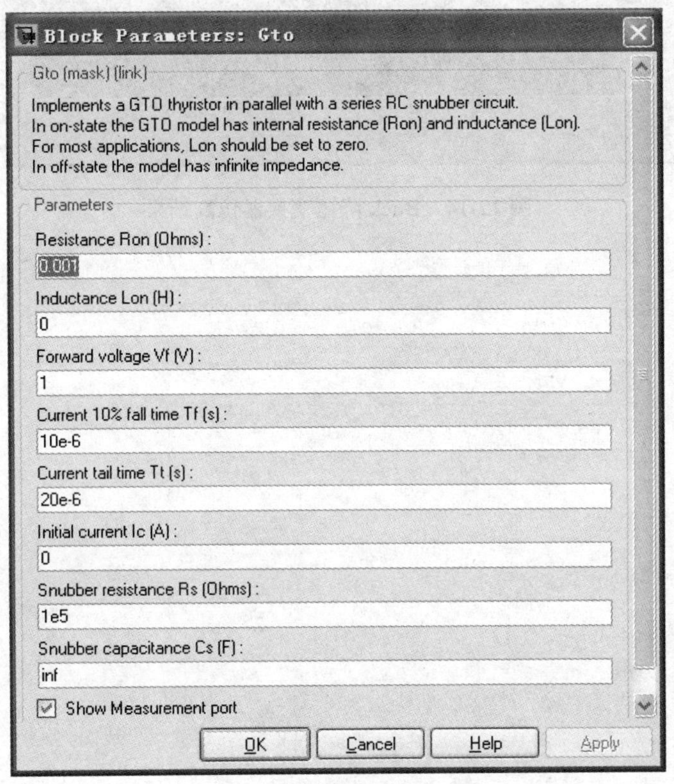

图 12-13　GTO 参数设置对话框

12.4.3　仿真结果及分析

仿真结果如图 12-14 所示。图中从上向下分别是脉冲信号、可关断晶闸管 GTO 电流、GTO 电压、电阻电流、电阻电压的波形。

［思考题］

（1）若改变控制角，试对 Buck 降压变换器电路进行仿真，并与理论结果进行比较；

（2）若负载为电感性时，试对 Buck 降压变换器电路进行仿真，并与电阻负载时的结果进行比较。

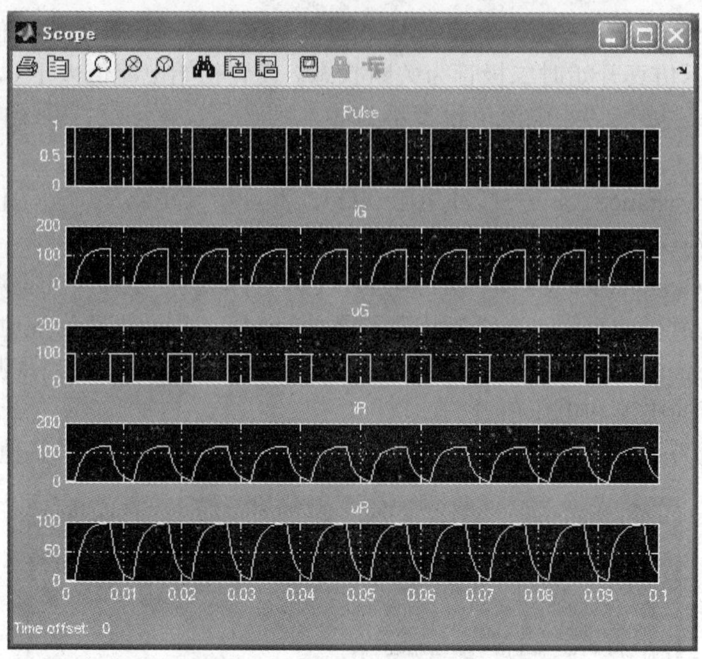

图 12-14 Buck 降压变换器仿真结果

参 考 文 献

1．牛维扬，李祖明．电机学．2版．北京：中国电力出版社，2005.
2．周鹗．电机学．北京：中国电力出版社，1995.
3．徐政．电机实验教程．北京：中国电力出版社，2009.
4．章玮，白亚男．电机学、电机与拖动实验教程．杭州：浙江大学出版社，2006.
5．胡淑珍．电机及拖动技术．北京：冶金工业出版社，2009.
6．张桂金，姚海军．电机及拖动基础实验/实训指导书．西安：西安电子科技大学出版社.
7．李明星，谢胜利，朱彦利．电机实验指导书．北京：中国电力出版社，2009.
8．杜士俊，唐海源．电机与拖动基础实验．北京：机械工业出版社，2006.
9．赵文忠，黄锦，王学治．电路与电机实验．兰州：甘肃科学技术出版社，2009.
10．陈宗涛．电机实验技术教程．南京：东南大学出版社，2008.
11．李先允．电力电子技术．北京：中国电力出版社，2006.
12．王兆安，黄俊．电力电子技术．4版．北京：机械工业出版社，2000.
13．栗书贤．电力电子技术实验书．北京：机械工业出版社，2004.
14．王鲁杨，王兴． 电力电子技术实验指导．北京：中国电力出版社，2011.
15．林飞，杜欣．电力电子应用技术的MATLAB仿真．北京：中国电力出版社，2009.
16．李传琦，盛义发，邹其洪．电力电子技术计算机仿真实验．北京：电子工业出版社，2006.
17．郑琼林，耿学文．电力电子电路精选．北京：机械工业出版社，1996.
18．周渊深．交直流调速系统与MATLAB仿真．北京：中国电力出版社，2007.
19．刘凤春，孙建忠，牟宪民．电机与拖动MATLAB仿真与学习指导．北京：机械工业出版社，2008.
20．潘晓晟，郝世勇．MATLAB电机仿真精华50例．北京：电子工业出版社，2007.
21．芮勇勤，王惠勇．MATLAB语言及其在道路工程中的应用．沈阳：东北大学出版社，2009.
22．王晶，翁国庆，张有兵．电力系统的MATLAB/SIMULINK仿真与应用．西安：西安电子科技大学出版社，2008.
23．李颖，薛海斌，朱伯立，等．Simulink动态系统建模与仿真．西安：西安电子科技大学出版社，2009.